教育部高等学校航空航天类专业教学指导委员会推荐教材

工业和信息化部"十四五"规划教材

高等学校规划教材·航空、航天与航海科学技术

U0192793

飞行器气动弹性力学教程

谷迎松　杨智春　赵令诚　编著

西北工业大学出版社

西　安

【内容简介】　本书共 12 章,内容包括绪论、二元机翼定常气动力理论基础、二元机翼的气动弹性静力学问题、三元机翼的气动弹性静力学问题、结构振动理论基础、颤振的基本概念和机理、二元机翼的颤振分析、三元机翼的颤振分析、操纵面颤振分析、非经典颤振问题及抖振、气动伺服弹性稳定性分析,以及防颤振设计规范与试验验证等,较为系统地介绍了飞行器气动弹性力学中常用的基本概念、原理和方法,涵盖了静气动弹性、颤振和气动伺服弹性等重要内容。

本书可作为高等学校飞行器设计与工程及相关专业高年级本科生和研究生的教材,也可作为相关专业领域工程技术人员的参考书。

图书在版编目(CIP)数据

飞行器气动弹性力学教程/谷迎松,杨智春,赵令诚编著. —西安:西北工业大学出版社,2021.8
教育部高等学校航空航天类专业教学指导委员会推荐教材　工业和信息化部"十四五"规划教材　高等学校规划教材.航空、航天与航海科学技术

ISBN 978 - 7 - 5612 - 7561 - 0

Ⅰ. ①飞⋯　Ⅱ. ①谷⋯　②杨⋯　③赵⋯　Ⅲ. ①飞行器-气动弹性动力学-高等学校-教材　Ⅳ. ①V211.47

中国版本图书馆 CIP 数据核字(2021)第 161595 号

FEIXINGQI QIDONG TANXING LIXUE JIAOCHENG

飞 行 器 气 动 弹 性 力 学 教 程

责任编辑:胡莉巾		**策划编辑**:何格夫	
责任校对:王梦妮		**装帧设计**:李　飞	
出版发行:西北工业大学出版社			
通信地址:西安市友谊西路 127 号		**邮编**:710072	
电　　话:(029)88493844　88491757			
网　　址:www.nwpup.com			
印 刷 者:西安永固印务有限责任公司			
开　　本:787 mm×1 092 mm		1/16	
印　　张:11.75			
字　　数:308 千字			
版　　次:2021 年 8 月第 1 版		2021 年 8 月第 1 次印刷	
定　　价:48.00 元			

前　言

　　飞行器气动弹性力学是飞行器设计工程领域中的一门交叉学科,它研究的是作用在飞行器升力面上的气动力、飞行器结构的弹性力和惯性力三者之间的相互作用及其对飞行器设计的影响。

　　在以飞机为代表的飞行器设计工程中,气动弹性力学占据着重要的地位。从飞行器的总体设计到原型机定型,整个设计过程中的每一个环节,都要进行飞行器气动弹性特性的理论计算和实验研究。尤其是对于新型号飞行器的研制,气动弹性特性更是制约飞行器性能的一个重要因素。

　　随着飞行器速度的不断提高,飞行器的结构重量及刚度不断降低,气动弹性问题在飞行器设计中也越来越突出。特别是近几十年,我国航空航天事业蓬勃发展,飞行器设计中的气动弹性问题得到了前所未有的重视,这极大地推动了我国飞行器气动弹性力学研究的发展,也对飞行器气动弹性力学的研究提出了新的要求和挑战。飞行器气动弹性力学经过半个多世纪的发展,成为飞行器设计工程中一门既系统完整又不断发展的学科,它不仅在飞行器设计领域不断推出新的研究方向,而且其基本原理和基本理论也已经被拓展应用到土木工程、电力工程等民用工程的相关问题研究中,如在大风地区的高层建筑、大跨度桥梁、冷却塔、输电缆的设计等,都必须考虑气动弹性问题。

　　由此可见,作为飞行器设计与工程专业的学生,学习飞行器气动弹性力学的基本原理和分析方法,对于今后从事飞行器设计或其他相关工程结构的设计工作都大有裨益。为了在有限的时间里,使读者了解飞行器气动弹性力学的主要研究内容以及它在飞行器设计工程中的一些具体应用,我们编写了《飞行器气动弹性力学教程》这本教材。本教材中涉及的内容都是飞行器气动弹性力学研究中一些基本概念、基本原理和基本方法等基础理论问题,而作为一门工程性很强的学科,在进行实际飞行器的气动弹性特性分析时,还需要结合飞行器气动弹性工程分析经验和相关学科的知识,综合运用飞行器气动弹性力学的基础理论,才能解决飞行器气动弹性设计中的具体问题。

　　正如一位世界著名的气动弹性力学专家所说的那样——"气动弹性力学是科学与艺术的结合"。我们可以这样理解:飞行器气动弹性力学问题的研究需要综合运用其基础理论(科学),结合具体飞行器设计工程实践中的经验(艺术),才能得到飞行器最佳的气动弹性设计方案。

　　鉴于前述目的,本教材仅涉及飞行器气动弹性分析与设计中一些基本的概念、原理、方法。本教材由 12 章组成,着重介绍飞行器气动弹性静力学、颤振和气动伺服弹性稳定性分析等内容。各章的内容安排如下：

第1章简要介绍飞行器气动弹性力学的概念、定义、主要研究内容、研究方法和特点以及气动弹性力学的发展简史，并简述气动弹性力学研究中的若干重点方向。

第2章介绍二元机翼定常气动力理论基础，包括势流理论的基本概念、二元机翼定常气动力的求解和操纵面气动力的求解等定常气动力基本理论。

第3章介绍二元机翼的气动弹性静力学问题，包括二元机翼的气动载荷重新分布和扭转发散问题、二元机翼的副翼效率和副翼操纵反效问题。

第4章介绍三元机翼的气动弹性静力学问题，包括三元机翼的定常气动力影响系数矩阵计算、三元机翼的柔度影响系数矩阵计算、三元机翼的气动载荷重新分布与扭转发散、三元机翼的副翼操纵效率和副翼操纵反效问题。

第5章介绍结构振动理论基础，包括集中参数系统和连续参数系统的振动方程建立方法、振动模态的概念和结构动力学模型的建立方法。

第6章介绍颤振的基本概念和机理，包括经典弯扭耦合型颤振机理、机翼弯曲/副翼旋转型颤振机理、频率重合理论以及设计参数对颤振特性的定性影响规律。

第7章介绍二元机翼颤振分析的基本方法，包括不可压缩气流中振动二元机翼的准定常气动力和非定常气动力计算方法、颤振方程求解方法。其中，着重介绍西奥道生理论、减缩频率的概念，以及求解颤振临界速度的 $V-g$ 法和 $p-k$ 法的基本原理与步骤。

第8章介绍三元机翼颤振特性的计算方法，包括简谐振动机翼的非定常气动力计算方法简介以及高超声速气动力计算的活塞理论、工程颤振分析方法和典型实例。

第9章介绍飞机操纵面颤振分析和防颤振设计，包括带后缘操纵面的二元机翼颤振方程的建立和颤振分析，质量平衡概念的运用，采用配重设计来消除操纵面颤振的原理和方法，以及一些具体的设计实例。

第10章简要介绍带外挂物机翼的颤振、全动尾面的颤振、T型尾翼的颤振、操纵面嗡鸣和失速颤振等非经典颤振问题以及气动弹性抖振问题。

第11章简要介绍气动伺服弹性力学的基本概念和气动伺服弹性系统的耦合机理，并分别给出了气动伺服弹性系统稳定性的频域分析方法和时域分析方法。

第12章简要介绍飞机设计工程中防颤振设计的一般步骤，对飞机结构强度规范中有关防颤振设计的相关条款进行简要说明，简要介绍飞机防颤振设计中的相关试验工作。

在本教材的编写过程中，得到了成都飞机设计研究所李秋彦研究员、上海飞机设计研究院杨飞研究员、西北工业大学航空学院结构动力学与控制研究所贺顺博士、田玮博士、陈兆林博士的热情帮助，在此对他们表示感谢。

由于水平有限，书中难免存在不足之出，欢迎广大读者批评指正。

编著者
2021年3月

目　　录

第1章 绪 论

1.1 气动弹性力学的基本概念

顾名思义,气动弹性力学是研究弹性体在气流作用下的力学行为的一门学科。弹性体在气动载荷作用下会发生变形或振动,而弹性体的变形或振动运动,反过来又会影响作用在弹性体上的气动载荷的大小与分布,正是这种气流与结构的交互作用,使得结构在气流中产生各种各样的气动弹性现象。在工程界,除航空航天领域的飞行器结构外,民用工程领域的桥梁(主要是悬索桥)以及烟囱、高塔、高楼等高耸结构也会产生气动弹性问题。在现代飞行器的设计中,为了达到高速和高机动飞行的目标,飞行器的减重设计要求使得其结构刚度相对地越来越小,发生气动弹性问题的可能性越来越大。可以说,气动弹性问题已成为现代飞行器及许多民用工程结构设计的重要制约因素。

本教材仅涉及飞行器的气动弹性问题,如上所述,飞行器的气动弹性问题是指飞行器的惯性力、弹性力和气动力的相互作用问题。"气动弹性力学"这个概念,是在 20 世纪 30 年代由航空工程师首先提出的,目前已发展成为一门独立的学科。它是建立在弹性力学、空气动力学、结构振动理论这些专门学科基础上的一门交叉学科。1946 年,英国学者 Collar 绘制了表明气动弹性力学所涉及的各个学科间相互联系的所谓"气动弹性力三角形",使气动弹性问题有了明确的分类。这个三角形直观地表达了气动弹性问题中各种力之间的联系,也区分了各学科的研究范畴,如图 1.1.1 所示,Collar 气动弹性力三角形的三个顶点分别代表气动力(Aerodynamic force,A)、弹性力(Elastic force,E)和惯性力(Inertial force,I)。把三角形任意两个角点联系起来,都会形成一个重要的学科。

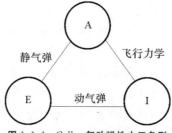

图 1.1.1 Collar 气动弹性力三角形

例如,把气动力和弹性力联系起来,就是通常被称为气动弹性静力学(简称"静气弹")的研究内容。飞机作为一种典型的飞行器,其气动弹性问题通常作为气动弹性力学课程的典型研究内容。对于飞机的气动弹性静力学问题,它主要包含机翼的静力学扭转发散、操纵面的操纵效率与操纵反效、机翼气动载荷的重新分布以及飞机的飞行静稳定性等问题。进一步我们知道,不但机翼的静变形会引起附加的定常气动力,机翼的弹性振动变形也会引起附加的非定常气动力,而附加的非定常气动力作为激励载荷又会使机翼结构产生附加的弹性振动,因此,在这种情况下,不仅要考虑气动力和弹性力之间的相互作用,还要考虑它们与结构弹性振动引起的惯性力之间的相互作用。在 Collar 气动弹性力三角形中,把气动力、弹性力、惯性力联系起来,就是气动弹性动力学(简称"动气弹")所研究的内容。飞机气动弹性动力学的研究内容,主要包括机翼颤振、操纵面嗡鸣、抖振、突风响应等问题。此外,在直升机旋翼桨叶、涡轮机叶片的设计中,都同样存在颤振等气动弹性问题。如前所述,连接 Collar 气动弹性力三角形的任意两个角点都可以形成一门独立的学科,并且都可以认为它们是气动弹性力学的一个特殊分支,但仅仅是由于历史的原因,研究弹性力与惯性力相互作用的机械振动力学,以及研究惯性力与气动力相互作用的飞行力学早已成为了两门独立的学科,因此只有气动弹性静力学与气动弹性动力学这两部分内容相结合,才形成了气动弹性力学这一特定的学科。由此可见,气动弹性力学实际上是跨越了三个完全独立的学科。

气动弹性力学的研究方法,也具有其自身的特点。我们知道,弹性(结构)力学的经典理论研究的是弹性体(结构)在给定外力(载荷)作用下的应力与应变(变形)。在一般情况下,施加在弹性体(结构)上的外力与变形无关,即通常认为小变形不影响外力的作用。但在大多数气动弹性问题中,认为作用在弹性体(结构)上的外力(气动力)是随着弹性体的变形情况(包括变形、变形速度与加速度)而改变的,即外力(气动力)不能事先确定,结构的弹性变形对它起着重要作用,在问题完全求解出来之前,外力(气动力)不是已知的,这就是气动弹性力学研究的特点。

气动弹性力学关心的主要问题之一是弹性结构在气流中的稳定性。因为对于飞行器结构,作用于其上的空气动力将随着飞行速度的增加而增加,而弹性结构的刚度却与飞行速度无关,所以就可能存在一个临界的飞行速度,在此速度下,飞行器结构成为变形不稳定的。根据惯性力是否可以忽略,这种不稳定性又可分为静力学不稳定性和动力学不稳定性。前者主要是飞行器的静力学扭转发散问题,后者主要是飞行器的颤振问题。气动弹性静力学不稳定性和动力学不稳定性都将使飞行器结构产生极大的变形,并最终导致结构的破坏,这在飞行器设计中是决不允许的。当然,气动弹性力学还研究飞行器的其他问题,如气动弹性静力学中的气动载荷重新分布问题,操纵面的操纵效率和操纵反效问题,以及飞行中的飞行器在外载荷作用下的动力响应问题,例如,操纵面偏转、突风等引起的飞机结构动力学响应都属于这类问题。

1.2　气动弹性力学的发展

1940 年,美国的塔科玛悬桥在 42 mi/h(约 18.7 m/s,1 mi=1.609 km)的风速下发生剧烈振动而毁坏的事故,是民用工程领域中最著名的气动弹性案例。事后的研究确认了这是一种与机翼颤振类似的气动弹性事故,由此促使人们在桥梁设计等民用工程结构设计中开始考虑气动弹性问题。

随着飞机设计的发展,气动弹性问题在飞机设计中的地位也发生了深刻的变化。在飞机设计技术发展的早期,气动弹性问题尚未被重视与掌握,因而曾相继发生各种由于气动弹性问题而导致的严重飞行事故。第一次世界大战期间,飞机设计由双翼机向单翼机发展时,因悬臂单翼结构刚度不足导致机翼载荷重新分布问题的出现,多架福克 D-8 飞机在高速俯冲时因机翼结构毁坏而失事。临近第二次世界大战时期,新型飞机设计技术迅速发展,对飞机结构重量的限制也越来越严格,飞机结构的柔性相对增大。由操纵面颤振和尾翼颤振引起的飞行事故经常发生,航空工程师对这些问题的深入研究使得气动弹性力学开始发展成为一门独立的学科。到第二次世界大战末期,飞机的速度突破了声速,操纵面的操纵效率又成为气动弹性力学研究的新问题。对于现代高速飞机,由于飞机性能的发展,薄翼和细长机身结构在飞机设计中得到了大量采用,气动弹性稳定性问题几乎成为所有飞机的临界设计条件之一。特别是现代飞行器设计中严格控制结构质量,结构的柔性相对较大,使得气动弹性稳定性成为现代飞行器设计中的一个制约因素。

随着对飞行器气动弹性现象认识的不断深入,飞行器设计师也开始考虑采用先进的材料和先进的结构设计,或采用被动、主动控制技术,以提高飞机的气动弹性性能。例如:针对前掠翼容易发生静力学扭转发散的问题,开展了复合材料机翼结构的气动弹性剪裁设计;采用主动控制技术的气动伺服弹性综合设计技术也正在趋近实用,其他典型的应用,如抖振/突风载荷减缓技术、颤振主动抑制技术、主动气动弹性机翼技术等新技术正在逐步得到验证。

总之,气动弹性问题往往是飞行器设计中的不利因素,甚至极为有害。学习气动弹性力学课程的主要目的,就是掌握气动弹性问题的基本原理和分析方法,研究气动弹性效应对飞行器设计的影响,寻求减轻或避免其破坏作用的技术途径。

思考题

1. 飞行器气动弹性力学的研究任务是什么?飞行器气动弹性力学主要关心哪些问题?
2. 根据 Collar 气动弹性力三角形,说明气动弹性力学所涉及的主要学科。

参考文献

[1] COLLAR A R. The first fifty years of aeroelasticity[J]. Aerospace,1978,5(2):12 - 20.

[2] FUNG Y C. An introduction to the theory of aeroelasticity[M]. New York：Dover Publications,1969.

[3] BISPLINGHOFF R L, ASHLEY H, HALFMAN R L. Aeroelasticity[M]. New York：Dover Publications,1996.

[4] DOWELL E H, CLARK R, COX D, et al. A modern course in aeroelasticity[M]. Dordrecht：Kluwer Academic Publishers,2004.

[5] DONE G T S. Past and future progress in fixed and rotary wing aeroelasticity[J]. Aeronautical Journal,1996,100(997):269 - 279.

[6] SCANLAN R H, ROSENBAUM R. Introduction to the study of aircraft vibration and flutter[M]. New York：The MacMillan Company,1951.

[7] BATTOO R S. An introductory guide to literature in aeroelasticity[J]. Aeronautical Journal,1999,103(1029):511 - 518.

第 2 章　二元机翼定常气动力理论基础

作为二元机翼气动弹性静力学研究的理论基础,本章简要介绍势流理论的基本概念,应用薄翼理论推导二元机翼定常气动力公式,并给出对称翼型及其后缘操纵面的气动导数计算公式。

2.1　无旋流动、速度势与涡的概念

空气动力学的理论研究显示,在高雷诺数流动中,除附面层和尾流区域之外的流场可以近似假定是无旋、无黏的。

考虑流体速度向量 $\boldsymbol{q} = u\boldsymbol{i} + v\boldsymbol{j} + w\boldsymbol{k}$ 在单连通域上的曲线积分:

$$\int_C \boldsymbol{q}\,\mathrm{d}\boldsymbol{l} = \int_C u\,\mathrm{d}x + v\,\mathrm{d}y + w\,\mathrm{d}z \tag{2.1.1}$$

式中, $\mathrm{d}\boldsymbol{l} = \mathrm{d}x\boldsymbol{i} + \mathrm{d}y\boldsymbol{j} + \mathrm{d}z\boldsymbol{k}$,如果流场在此区域是无旋的,则 $u\,\mathrm{d}x + v\,\mathrm{d}y + w\,\mathrm{d}z$ 实际上就是势函数 Φ 的微分,且该积分结果仅是曲线始点、终点坐标的函数,即

$$\Phi(x, y, z) = \int_{P_0}^{P} u\,\mathrm{d}x + v\,\mathrm{d}y + w\,\mathrm{d}z \tag{2.1.2}$$

其中, Φ 称为速度势,此无旋流场区域内各点的速度向量可以表示为速度势的梯度,即

$$\boldsymbol{q} = \nabla\Phi \tag{2.1.3}$$

在笛卡儿坐标系下,梯度算子矢量 ∇ 的定义为 $\nabla = \boldsymbol{i}\dfrac{\partial}{\partial x} + \boldsymbol{j}\dfrac{\partial}{\partial y} + \boldsymbol{k}\dfrac{\partial}{\partial z}$,则各速度分量可表示为

$$u = \frac{\partial\Phi}{\partial x}, \quad v = \frac{\partial\Phi}{\partial y}, \quad w = \frac{\partial\Phi}{\partial z} \tag{2.1.4}$$

将式(2.1.3)代入下述连续性方程:

$$\nabla \cdot \boldsymbol{q} = 0 \tag{2.1.5}$$

可得

$$\nabla \cdot \boldsymbol{q} = \nabla \cdot \nabla\Phi = \nabla^2\Phi = 0 \tag{2.1.6}$$

这就是拉普拉斯方程,其对应于无旋、不可压缩流动的连续性方程。注意:该方程为线性偏微分方程。由于忽略了黏性,不再需要满足流-固边界上的无滑移条件,仅需要满足如下的物面无穿透条件:

$$\boldsymbol{n} \cdot (\boldsymbol{q} - \boldsymbol{q}_{\mathrm{B}}) = 0 \tag{2.1.7}$$

即流-固边界上,流体速度 $\boldsymbol{q}$ 和固体速度 $\boldsymbol{q}_{\mathrm{B}}$ 之差在流-固边界法向上的分量为零。

在确定流-固边界上的流体速度分布后,可以根据伯努利方程获得压力分布,从而可沿边界表面积分确定对应的气动力和气动力矩。拉普拉斯方程是线性方程,其解满足叠加原理,即任意几何形状物体的绕流,都可以通过若干典型的简单几何形状物体的流动结果来叠加获得,这给流场的求解带来了极大便利。

根据流场中的速度向量,可以定义旋度、流线、流管的概念,同样,可以引入涡线、涡管的概念,这在气动弹性升力面的气动力分析中具有极为重要的作用。

旋度(vorticity)是向量分析中的一个算子,可以表示三维向量场对某一点附近的微元造成的旋转程度。这个算子给出了向量场在这一点的旋转性质。根据旋度的概念,可以定义某点的涡矢量(即旋度)为

$$\zeta = \nabla \times \boldsymbol{q} \tag{2.1.8}$$

如图 2.1.1 所示的曲线,若各点切线方向 $\mathrm{d}\boldsymbol{l}$ 平行于该处涡矢量 ζ 的方向,则称其为涡线,即满足:

$$\zeta \times \mathrm{d}\boldsymbol{l} = \boldsymbol{0} \tag{2.1.9}$$

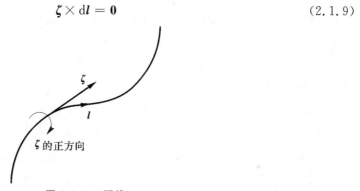

图 2.1.1　涡线

通过一个开放曲线的所有涡线即形成所谓的涡面,而通过一个空间闭合曲线的所有涡线就形成所谓的涡管,如图 2.1.2 所示。具有无限小截面积的涡管称为涡丝。

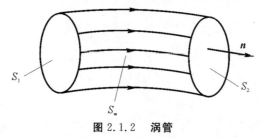

图 2.1.2　涡管

散度(divergence)可用于表征空间各点矢量场发散的强弱程度,散度的物理意义对应于场的有源性,散度是一个标量。旋度的散度为零,即

$$\nabla \cdot \zeta = \nabla \cdot \nabla \times \boldsymbol{q} = 0 \tag{2.1.10}$$

考虑任意时刻,有空间区域 R,其边界曲面为 S。根据散度定理,并利用式(2.1.10)的结果,可以将体积分等价为面积分:

$$\oiint_S \zeta \cdot \boldsymbol{n}\mathrm{d}S = \iiint_V \nabla \cdot \zeta \mathrm{d}V = 0 \tag{2.1.11}$$

　　某一时刻,流场内一段涡管如图 2.1.2 所示,由管壁曲面 S_w 和两端的 S_1 和 S_2 曲面形成封闭的涡管区域。由于管壁曲面 S_w 上的涡矢量方向处处平行于管壁曲面的切线方向(垂直于管壁曲面的法向),因此在式(2.1.11)的积分中,S_w 曲面没有贡献,可得

$$\oiint_S \boldsymbol{\zeta} \cdot \boldsymbol{n} \mathrm{d}S = \iint_{S_1} \boldsymbol{\zeta} \cdot \boldsymbol{n} \mathrm{d}S + \iint_{S_2} \boldsymbol{\zeta} \cdot \boldsymbol{n} \mathrm{d}S = 0 \qquad (2.1.12)$$

　　注意,其中的 $\boldsymbol{n}$ 均为曲面外法线方向。定义各曲面的法向沿涡矢量方向为正,计为 $\boldsymbol{n}_v$,则式(2.1.12)可变换为

$$\iint_{S_1} \boldsymbol{\zeta} \cdot \boldsymbol{n}_v \mathrm{d}S = \iint_{S_2} \boldsymbol{\zeta} \cdot \boldsymbol{n}_v \mathrm{d}S \qquad (2.1.13)$$

　　这表明,在任意瞬时,式(2.1.13)的积分结果在该涡管任意横截面处均守恒。令 C 为环绕涡管并位于管壁上的任意封闭曲线,其形成的曲面为 S,则可定义如下积分

$$\varGamma_C = \iint_S \boldsymbol{\zeta} \cdot \boldsymbol{n}_v \mathrm{d}S = \mathrm{const} \qquad (2.1.14)$$

　　在涡管上该积分为常数,$\varGamma_C$ 即为沿封闭曲线 C 的环量。式(2.1.13)和式(2.1.14)的结果说明,环量是空间守恒的,并且只具有运动学意义。

　　如果将式(2.1.14)应用于一个涡丝(具有无穷小的截面,记微元面积为 $\mathrm{d}S$),截面法向 $\boldsymbol{n}_v$ 平行于涡矢量 $\boldsymbol{\zeta}$,则有环量

$$\varGamma_C = \zeta \mathrm{d}S = 常数 \qquad (2.1.15)$$

其中,ζ 为旋度的幅值。这样一来,涡丝上任意截面处的旋度反比于其截面积,对应的结果就是,涡丝在流场中只能无限延伸,无法终止,因为零截面积将会导致无穷大的旋度。这种极限情况对于流场建模却是有用的,我们可以很方便地定义一根涡丝,其具有固定的环量、零截面积,旋度为无穷大。

　　由式(2.1.14),根据斯托克斯定理,结合旋度的定义式(2.1.8),还可得到沿封闭曲线 C 的环量 $\varGamma_C$ 为

$$\varGamma_C = \iint_S \boldsymbol{\zeta} \cdot \boldsymbol{n}_v \mathrm{d}S = \iint_S (\nabla \times \boldsymbol{q}) \cdot \boldsymbol{n} \mathrm{d}S = \oint_C \boldsymbol{q} \cdot \mathrm{d}\boldsymbol{l} \qquad (2.1.16)$$

其中,曲线积分沿顺时针方向为正。

　　德国科学家 Hermann von Helmholtz(1821—1894)发展了无黏流的涡理论,其要素如下:

　　(1)涡丝的强度(环量)沿长度方向恒定。

　　(2)在流场内涡丝没有"始"与"终"的概念(要么是封闭的涡环,要么是两端延伸到无穷远)。

　　(3)形成涡管的流体经过一段时间后仍会形成涡管,且涡管的环量保持不变,这对于所有的涡元素,如涡线、涡管和涡面均适用。

　　其中第(1)条基于式(2.1.15)导出,第(2)条可由第(1)条导出。

　　在二元机翼的气动力分析中,常用的一种涡模型是二维涡元素,其流场物理图像可类比匀速旋转圆柱所形成的流场,具体描述如下。

　　考虑二维刚性圆柱,半径为 R,绕其轴线做匀速转动,角速度为 ω_y,如图 2.1.3(a)所示。

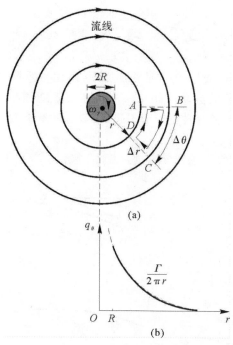

图 2.1.3　刚性圆柱匀速旋转引起的二维流场

此运动的结果是形成绕圆柱的环形流线,沿径向的流体速度分量为零($q_r = 0$)。根据极坐标下的连续性方程和 N-S 方程,并忽略体力,可得到流场各点的切向速度为

$$q_\theta = -\frac{R^2 \omega_y}{r} \tag{2.1.17}$$

利用式(2.1.16),绕圆柱中心、半径为 r 的圆环沿顺时针方向积分,得到沿该圆环的环量为

$$\Gamma = \int_{2\pi}^{0} q_\theta r \, \mathrm{d}\theta = 2\omega_y \pi R^2 \tag{2.1.18}$$

其结果为一个常数,利用式(2.1.17),半径 r 处的切向速度可表示为

$$q_\theta = -\frac{\Gamma}{2\pi r} \tag{2.1.19}$$

该速度分布如图 2.1.3(b) 所示,对应于二维涡引起的流场。在涡核,即 $r \rightarrow 0$ 处,速度趋于无穷大,在图中以虚线表示该趋势。

综上可知,流场中环量 Γ 的效果等价于旋转圆柱的运动。当然,在流场中,除了涡核之外,还可对图 2.1.3(a) 中的封闭曲线 ABCD(包含虚线部分),沿图示顺时针箭头方向进行流场速度的积分,注意径向速度为零,由式(2.1.16) 可得,沿封闭曲线 ABCD 的环量为

$$\oint \boldsymbol{q} \mathrm{d}\boldsymbol{l} = 0 \cdot \Delta r + \frac{\Gamma}{2\pi(r+\Delta r)}(r+\Delta r)\Delta\theta - 0 \cdot \Delta r - \frac{\Gamma}{2\pi r}r\Delta\theta = 0 \tag{2.1.20}$$

这说明,除了涡核中心处,二维涡引起的流动处处无旋,也就是说所有的环量 Γ 都是由涡核产生的。当涡核或者说圆柱的半径趋于零时,这种流动称为无旋的涡(涡核中心除外)。

计算这种涡单元所诱导的三维速度场需要使用毕奥 - 萨伐尔(Biot-Savart) 定律,这里不再讨论,在计算三维升力面的定常气动力时将直接使用其理论公式。实际上,式(2.1.19) 是毕奥 - 萨伐尔定律在平面上的应用结果。

2.2　薄　翼　理　论

如前所述,速度势方程式(2.1.6)满足叠加原理,因此一般翼型的小扰动流动,可以视为一个有厚度对称翼型、零攻角的流动问题与一个具有弯度、攻角的无厚度翼型流动问题的叠加。前一个问题在势流中的气动弹性分析中不起作用,这里不予考虑。本书后续的讨论均针对零厚度、有弯度的薄翼翼型。

设自由来流速度为 V_∞,翼型弦线(Ox 轴)相对于来流的攻角为 α,如图 2.2.1 所示。

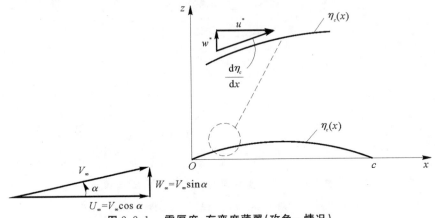

图 2.2.1　零厚度、有弯度薄翼(攻角 α 情况)

考虑流动为无黏、不可压、无旋的,连续性方程(即拉普拉斯方程)为

$$\nabla^2 \Phi = 0 \tag{2.2.1}$$

有弯度薄翼翼型的中弧线靠近 x 轴,其前缘点位于坐标原点 $x=0$,后缘点坐标为 $x=c$。中弧线可表示为已知函数 $\eta_c = \eta_c(x)$,它描述了翼型弯度的几何形状。由于假定翼型为零厚度,物面边界条件为流体不穿透物面(中弧线),考虑中弧线的函数表达式后,可以将此边界条件在 $z=0$ 平面上表达。

考虑小攻角情况,在物面边界($z=0$ 平面)的法向上,由于翼型弯度和攻角引起的速度分量为

$$\frac{\partial \Phi}{\partial z}(x, 0\pm) = V_\infty \cos\alpha \frac{\mathrm{d}\eta_c}{\mathrm{d}x} - V_\infty \sin\alpha \approx V_\infty \left(\frac{\mathrm{d}\eta_c}{\mathrm{d}x} - \alpha \right) \tag{2.2.2a}$$

其中,$V_\infty \cos\alpha$ 为来流在弦向(Ox)的速度分量(图 2.2.1 中 U_∞),$V_\infty \sin\alpha$ 为来流在法向(Oz)的速度分量(图 2.2.1 中 W_∞)。

翼型表面的 z 向流速 $w(x, 0\pm)$ 必须与式(2.2.2a)一致,即

$$w(x, 0\pm) - V_\infty \left(\frac{\mathrm{d}\eta_c}{\mathrm{d}x} - \alpha \right) = 0 \tag{2.2.2b}$$

该方程即保证了流-固边界上的法向速度之差为零,从而满足物面不穿透条件。$z=0\pm$ 代表物面边界的上下表面附近。

注意,翼型弯度对应的边界条件也可以通过流体速度必须与中弧线相切获得,即局部速度的斜率与此处的中弧线斜率相等:

$$\frac{w^*}{u^*} = \frac{\partial \Phi^*/\partial z}{\partial \Phi^*/\partial x} = \frac{\mathrm{d}\eta_c}{\mathrm{d}x} \tag{2.2.2c}$$

其中,$u^* = V_\infty \cos\alpha$,即来流在弦向($Ox$)的速度分量。

式(2.2.1)的经典求解方法,是在翼型中弧线上布置连续的二维涡元素,假定弯度函数值 $\eta_c \ll c$,根据小扰动假设,这些涡元素可以布置在 $z = 0$ 平面上,在 xOz 平面上,可视为分布在 x 轴上连续的点涡。考虑在点$(x_0, 0)$ 处有一个点涡,涡强为 γ_0,即当 $x = x_0$ 时,$\gamma_0 = \gamma(x_0)\mathrm{d}x$,对应的涡强分布如图 2.2.2 所示。

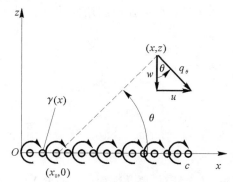

图 2.2.2　薄翼连续分布涡示意图

根据式(2.1.19),在极坐标下,涡元素 γ_0 在点(x, z) 处诱导的速度仅有切线分量,径向分量为零,即

$$q_\theta = -\frac{\gamma_0}{2\pi r}, \quad q_r = 0 \tag{2.2.3}$$

其中,$r = \sqrt{(x - x_0)^2 + z^2}$。其负号是因为图中定义 θ 角沿逆时针方向增大为正。

根据式(2.1.30),可得该点涡在平面上任意一点(x, z) 处产生的速度势为(极坐标表示)

$$\Phi_{\gamma_0} = \int_0^\theta q_\theta r \mathrm{d}\theta_0 = -\frac{\gamma_0}{2\pi}\theta = -\frac{\gamma_0}{2\pi}\arctan\left(\frac{z}{x - x_0}\right) \tag{2.2.4}$$

在笛卡儿坐标系下,xOz 平面上速度的分量为$(u, w) = (q_\theta \sin\theta, -q_\theta \cos\theta)$,对式(2.2.4) 微分得到

$$u = \frac{\partial \Phi_{\gamma_0}}{\partial x} = \frac{\gamma_0}{2\pi}\frac{z}{(x - x_0)^2 + z^2} \tag{2.2.5a}$$

$$w = \frac{\partial \Phi_{\gamma_0}}{\partial z} = -\frac{\gamma_0}{2\pi}\frac{x - x_0}{(x - x_0)^2 + z^2} \tag{2.2.5b}$$

如果考虑的点(x, z) 位于 x 轴上,$z = 0$,那么上述点涡的诱导速度将垂直于 x 轴,即仅有垂向分量 w:

$$w = -\frac{\gamma_0}{2\pi(x - x_0)} \tag{2.2.6}$$

根据上述对一个点涡的分析,可知对于沿翼型中弧线(从前缘 $x = 0$ 到后缘 $x = c$)连续布涡的翼型的扰流问题,其诱导速度势和诱导速度场可分别表示为

$$\Phi(x, z) = \int_0^c \Phi_{\gamma_0} \mathrm{d}x_0 = -\frac{1}{2\pi}\int_0^c \gamma(x_0)\arctan\left(\frac{z}{x - x_0}\right)\mathrm{d}x_0 \tag{2.2.7}$$

$$u(x, z) = \int_0^c \frac{\partial \Phi_{\gamma_0}}{\partial x}\mathrm{d}x_0 = \frac{1}{2\pi}\int_0^c \gamma(x_0)\frac{z}{(x - x_0)^2 + z^2}\mathrm{d}x_0 \tag{2.2.8}$$

$$w(x, z) = \int_0^c \frac{\partial \Phi_{\gamma_0}}{\partial z}\mathrm{d}x_0 = -\frac{1}{2\pi}\int_0^c \gamma(x_0)\frac{x - x_0}{(x - x_0)^2 + z^2}\mathrm{d}x_0 \tag{2.2.9}$$

其中，$\gamma(x_0)$ 是 x_0 处单位长度上的涡强。

由于在 $z=0$ 处应满足前述边界条件，即式(2.2.2b)，则对应诱导速度的 z 向分量为

$$w(x,0) = -\frac{1}{2\pi}\int_0^c \gamma(x_0)\frac{\mathrm{d}x_0}{x-x_0} \tag{2.2.10}$$

涡强分布 $\gamma(x)$ 应满足流体相对翼型中弧线的法向速度分量为零，将式(2.2.10)代入边界条件式(2.2.2a)，得到

$$\frac{\partial\Phi(x,0)}{\partial z} = w(x,0) = V_\infty\left(\frac{\mathrm{d}\eta_c}{\mathrm{d}x} - \alpha\right) \tag{2.2.11}$$

或者

$$-\frac{1}{2\pi}\int_0^c \gamma(x_0)\frac{\mathrm{d}x_0}{x-x_0} = V_\infty\left(\frac{d\eta_c}{\mathrm{d}x} - \alpha\right), \quad 0 < x < c \tag{2.2.12}$$

这就是关于 $\gamma(x_0)$ 的积分方程。然而，该方程的解并不唯一，还需要附加物理条件以获得唯一解。该条件就是库塔(Kutta)条件：流体光滑地离开后缘(无分离)，且速度为有限值，即后缘满足：

$$\nabla\Phi < \infty \tag{2.2.13}$$

对应的物理解释是后缘的压差 Δp 或者 $\gamma(c)$ 为零，即

$$\gamma(x=c) = 0 \tag{2.2.14}$$

式(2.2.12)的经典解法具体过程可参考空气动力学教材，其基本思路是对积分中的 $x, \mathrm{d}x$ 用三角函数进行变量代换：

$$x = \frac{c}{2}(1-\cos\theta) \tag{2.2.15}$$

$$\mathrm{d}x = \frac{c}{2}\sin\theta\mathrm{d}\theta, \quad \theta \in [0,\pi] \tag{2.2.16}$$

对应的后缘库塔条件(流动无分离)转化为

$$\gamma(\pi) = 0 \tag{2.2.17}$$

对被积函数 $\gamma(\theta)$ 采用三角级数展开并代入式(2.2.12)，然后进行逐项积分，比较等式左右两端的同类项系数，可以解出其具体的表达式。这里直接给出零厚度、有弯度翼型的涡强分布结果，即

$$\gamma(\theta) = 2V_\infty\left[A_0\frac{1+\cos\theta}{\sin\theta} + \sum_{n=1}^\infty A_n\sin(n\theta)\right] \tag{2.2.18}$$

其中

$$A_0 = \alpha - \frac{1}{\pi}\int_0^\pi \frac{\mathrm{d}\eta_c(\theta)}{\mathrm{d}x}\mathrm{d}\theta, \quad n=0 \tag{2.2.19}$$

$$A_n = \frac{2}{\pi}\int_0^\pi \frac{\mathrm{d}\eta_c(\theta)}{\mathrm{d}x}\cos n\theta\mathrm{d}\theta, \quad n=1,2,3,\cdots \tag{2.2.20}$$

注意，式中 η_c 为中弧线的函数表达式。

根据涡强分布式(2.2.18)，由库塔 - 茹可夫斯基(Kutta-Joukowski)定理计算得到翼型表面各点的压差为

$$\Delta p = \rho V_\infty\gamma \tag{2.2.21}$$

沿弦线积分,可得到作用在翼型上的法向合力,即升力 L:

$$L = \int_0^c \Delta p \, \mathrm{d}x = \int_0^c \rho V_\infty \gamma(x) \, \mathrm{d}x = \rho V_\infty \Gamma \tag{2.2.22}$$

其中,翼型上总的环量定义为

$$\Gamma = \int_0^c \gamma(x) \, \mathrm{d}x \tag{2.2.23}$$

根据库塔-茹可夫斯基定理,升力垂直于来流速度方向。

下面来具体计算翼型上总的环量积分。注意其中

$$\Gamma = \int_0^c \gamma(x) \, \mathrm{d}x = \int_0^\pi \gamma(\theta) \frac{c}{2} \sin\theta \mathrm{d}\theta = 2V_\infty \int_0^\pi \left[A_0 \frac{1+\cos\theta}{\sin\theta} + \sum_{n=1}^\infty A_n \sin(n\theta) \right] \frac{c}{2} \sin\theta \mathrm{d}\theta \tag{2.2.24}$$

并且

$$\left. \begin{array}{l} \displaystyle\int_0^\pi (1+\cos\theta) \mathrm{d}\theta = \pi \\[2mm] \displaystyle\int_0^\pi \sin(n\theta) \sin\theta \mathrm{d}\theta = \begin{cases} \pi/2, & n = 1 \\ 0, & n \neq 1 \end{cases} \end{array} \right\} \tag{2.2.25}$$

故有

$$\Gamma = V_\infty c \pi \left(A_0 + \frac{A_1}{2} \right) \tag{2.2.26}$$

对于无限展长的二维机翼,单位展长上的升力为

$$L = \rho V_\infty^2 c \pi \left(A_0 + \frac{A_1}{2} \right) \tag{2.2.27}$$

绕翼型前缘的气动力矩为

$$M_0 = \int_0^c x \Delta p \, \mathrm{d}x = -\frac{c}{2} L + \rho \frac{c^2}{4} V_\infty^2 \pi \left(A_0 + \frac{A_2}{2} \right) = -\rho \frac{c^2}{4} V_\infty^2 \pi \left(A_0 + A_1 - \frac{A_2}{2} \right) \tag{2.2.28}$$

以下定义单位展长二维机翼的气动力系数,包括升力系数和力矩系数等。

升力系数:

$$C_L = \frac{L}{\frac{1}{2}\rho V_\infty^2 c} = 2\pi \left(A_0 + \frac{A_1}{2} \right) = 2\pi (\alpha - \alpha_{L_0}) \tag{2.2.29}$$

其中,α_{L_0} 称为零升攻角,它是翼型弯度的函数:

$$\alpha_{L_0} = -\frac{1}{\pi} \int_0^\pi \frac{\mathrm{d}\eta_c}{\mathrm{d}x} (\cos\theta - 1) \mathrm{d}\theta \tag{2.2.30}$$

薄翼的升力线斜率(lift slop)为升力系数对攻角的导数,即

$$C_{L\alpha} = \frac{\partial C_L}{\partial \alpha} = 2\pi \tag{2.2.31}$$

对前缘的力矩系数为

$$C_{m0} = \frac{M_0}{\frac{1}{2}\rho V_\infty^2 c^2} = -\frac{C_L}{4} + \frac{\pi}{4}(A_2 - A_1) \tag{2.2.32}$$

对 1/4 弦线处的气动力矩系数为

$$C_{mc/4} = \frac{\pi}{4}(A_2 - A_1) \qquad (2.2.33)$$

可见,对 1/4 弦线点的气动力矩系数与攻角无关,该点(坐标 $x_{AC} = c/4$)称为气动中心,这是薄翼理论中的一个重要结果。

2.3 对称翼型及其后缘操纵面的气动导数

本节介绍薄翼理论的两个典型结果,分别是对称翼型及带有后缘操纵面的对称翼型的气动力计算公式。

2.3.1 对称翼型

对称翼型没有弯度,中弧线函数 $\eta_c(x)$ 始终为零,对应系数 $A_0 = \alpha$,$A_n = 0$,$n = 1,2,3,\cdots$,其环量结果为

$$\Gamma = V_\infty c\pi\alpha \qquad (2.3.1)$$

由式(2.2.27)和式(2.2.28)可得升力和绕前缘的气动力矩分别为

$$L = \rho V_\infty^2 c\pi\alpha \qquad (2.3.2)$$

$$M_0 = -\rho \frac{c^2}{4} V_\infty^2 \pi\alpha \qquad (2.3.3)$$

绕 1/4 弦线(即气动中心)的气动力矩为

$$M_{AC} = M_{c/4} = 0 \qquad (2.3.4)$$

从力系的等效理论可知,此时,对称翼型气动力的合力恰好作用在 1/4 弦线处,即气动中心处,故而气动力对气动中心的合力矩为零。

类似地,可以分别定义升力系数和对气动中心的力矩系数为

$$C_L = C_{L\alpha}\alpha, \quad C_{mAC} = 0 \qquad (2.3.5)$$

其中,升力线斜率 $C_{L\alpha} = 2\pi$。

2.3.2 带有后缘操纵面的对称翼型

为了分析后缘操纵面偏角对气动力的贡献,在图 2.3.1 中的对称翼型后缘,设置一个可偏转的操纵面,主翼面弦线位于 x 轴上,操纵面前缘点(铰链点)到翼型前缘点 O 的距离为 k_c,这里 $k_c < 1$,为无量纲系数。操纵面绕其铰链点的偏角为 β,令后缘下偏为正。假定翼型在铰链点处几何连续,没有缝隙。由于小扰动速度势方程满足线性叠加原理,带有后缘偏角的翼型的流场可以视为有攻角对称薄翼流场与零攻角有弯度薄翼流场的叠加。

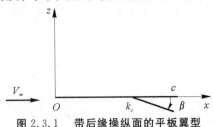

图 2.3.1 带后缘操纵面的平板翼型

考虑小量的后缘偏转角 β(弧度单位) 引起的弯度,即中弧线的斜率分布为

$$\frac{\mathrm{d}\eta_c}{\mathrm{d}x} = 0, \quad 0 < x < k_c \tag{2.3.6a}$$

$$\frac{\mathrm{d}\eta_c}{\mathrm{d}x} = -\beta, \quad k_c < x < c \tag{2.3.6b}$$

在第 2.2 节中进行式(2.2.27) 和式(2.2.28) 的积分时,用角度变量 θ 对变量 x 进行了代换,假定铰链点位置对应的角度参数为 θ_k,则可由如下变量代换方程求得 k_c 对应的角度,即

$$k_c = \frac{c}{2}(1 - \cos\theta_k) \Rightarrow \cos\theta_k = 1 - 2k_c \tag{2.3.7}$$

由于铰链点之前没有弯度,所以前述系数 A_n 的计算仅需考虑积分限 $[\theta_k, \pi]$,即从铰链点到翼型后缘,可得

$$A_0 = \alpha + \frac{1}{\pi}\int_{\theta_k}^{\pi}\beta\mathrm{d}\theta = \alpha + \frac{\beta}{\pi}(\pi - \theta_k) \tag{2.3.8}$$

$$A_n = -\frac{2}{\pi}\int_{\theta_k}^{\pi}\beta\cos n\theta\,\mathrm{d}\theta = \frac{2\beta}{n\pi}\sin n\theta_k, \quad n = 1,2,3,\cdots \tag{2.3.9}$$

将其代入有弯度薄翼升力系数、力矩系数[式(2.2.29) 和式(2.2.32)],可得

$$C_L = 2\pi\left\{\alpha + \beta\left[\left(1 - \frac{\theta_k}{\pi}\right) + \frac{1}{\pi}\sin\theta_k\right]\right\} \tag{2.3.10}$$

$$C_{m0} = -\frac{\pi}{2}\left[\alpha + \beta\left(1 - \frac{\theta_k}{\pi}\right) + \frac{2\beta}{\pi}\sin\theta_k - \frac{\beta}{2\pi}\sin2\theta_k\right] \tag{2.3.11}$$

攻角为零时,后缘操纵面偏角引起的系数增量分别为

$$\Delta C_L = 2\pi\beta\left[\left(1 - \frac{\theta_k}{\pi}\right) + \frac{1}{\pi}\sin\theta_k\right] \tag{2.3.12}$$

$$\Delta C_{m0} = -\frac{\beta}{2}\left[(\pi - \theta_k) + 2\sin\theta_k - \frac{1}{2}\sin2\theta_k\right] \tag{2.3.13}$$

由此,可分别定义升力系数、绕前缘力矩系数关于操纵面偏角的气动导数为

$$C_{L\beta} = \frac{\partial C_L}{\partial \beta} = 2\pi\left[\left(1 - \frac{\theta_k}{\pi}\right) + \frac{1}{\pi}\sin\theta_k\right] \tag{2.3.14}$$

$$C_{m0\beta} = \frac{\partial C_{m0}}{\partial \beta} = -\frac{1}{2}\left[(\pi - \theta_k) + 2\sin\theta_k - \frac{1}{2}\sin2\theta_k\right] \tag{2.3.15}$$

对气动中心(1/4 弦线) 处的气动力矩系数为

$$\Delta C_{mAC} = \left(-\frac{1}{2}\sin\theta_k + \frac{1}{4}\sin2\theta_k\right)\beta \tag{2.3.16}$$

由此,可定义绕气动中心的操纵力矩系数关于后缘操纵面偏角的气动导数为

$$C_{mAC\beta} = \frac{\partial C_{mAC}}{\partial \beta} = -\frac{1}{2}\sin\theta_k + \frac{1}{4}\sin2\theta_k \tag{2.3.17}$$

至此,基于薄翼理论,本节获得了二维机翼的气动力和气动力矩的理论结果,采用这些结果,就可以开展后续气动弹性静力学问题的研究。需要再次明确的是,在势流范围内:

(1)翼型的弯度和攻角对升力系数和力矩系数的贡献可以通过线性叠加的方式进行考虑;

（2）翼型的弯度对气动力系数的贡献不随攻角改变，即翼型的弯度不影响气动导数。

关于势流理论更为详细的论述可参考本章所列的文献。注意这些结论在势流范围内是足够精确的，若攻角增大到足以发生流动分离甚至失速时，则情况要复杂得多。

思考题

1.对于对称翼型，在 1/4 弦线后有一点 E，其到翼型 1/4 弦线的距离为 e，试推导绕 E 点的气动力矩公式。

2.试推导后缘操纵面的铰链力矩公式 $M_\beta = -\int_{k_c}^{c} (x - k_c) \Delta p \mathrm{d}x$。

3.仿照式（2.3.6a）和式（2.3.6b），定义前缘操纵面（令其偏角 γ 向上为正），试推导前缘操纵面的铰链力矩公式。

参考文献

［1］ KATZ J，PLOTKIN A. Low-speed aerodynamics：from wing theory to panel methods［M］. New York：McGraw-Hill，Inc. ，1991.

［2］ ANDERSON J D. Fundamentals of aerodynamics［M］. New York：McGraw-Hill Higher Education，1990.

第3章　二元机翼的气动弹性静力学问题

3.1　引　　言

在气动弹性静力学问题中,主要研究弹性升力面结构在气动力和弹性力相互作用下的力学行为,即研究升力面结构的弹性变形对气动升力分布的影响,以及在气动力作用下,结构产生的静变形及其变形的稳定性。从气动弹性力学及飞行器设计的观点来看,这方面的研究对飞行器中升力面和操纵面的结构设计具有特别重要的意义。

在研究气动弹性静力学问题时,通常认为升力面结构的静变形是一个十分缓慢的运动过程,所以结构变形运动(即速度和加速度)引起的附加气动力很小,可以忽略不计。即在气动弹性静力学问题中,不需要把时间作为一个独立的变量来考虑,可以用定常气动力理论来计算气动载荷。从数学解析的观点来看,描述气动弹性静力学问题的数学方程是比较简单的。按定义,这时的气动弹性静力学方程中不考虑非定常效应,在结构的力平衡方程中,不考虑惯性力。

气动弹性静力学问题的主要研究内容可分为两类:第一类是气动载荷重新分布问题;第二类是操纵面的操纵效率和操纵反效问题。一般来说,气动弹性静力学问题对大展弦比升力系统的设计分析具有重要意义。本章以具有典型代表意义的二元机翼为开始分析的对象,因为这并不影响所研究问题的实质,且便于加深对气动弹性静力学问题的物理现象和力学机理的理解。此外,所采用的研究方法和得出的结论还可推广到长直机翼气动弹性静力学问题的分析中。

容易理解的是,就产生空气动力这一点而言,飞行器在静止的空气中以某一速度飞行(即飞行器的实际飞行),与静止飞行器处于相同速度的气流中(比如,气动弹性问题研究中的各种模型风洞试验)是完全等效的。为了研究和叙述方便,在后面各章节的讨论中,除非专门说明,都采用气动弹性风洞模型试验的情形,即不用"飞行速度"这一术语,而采用"气流速度"或"风速"这一术语。

3.2　二元机翼的静力扭转发散

本节以二元机翼为研究对象来讨论飞行器的气动弹性静力学问题,以便对气动弹性静力学问题有一个比较清楚的认识。

所谓二元机翼,是指这样一种理论上的假想机翼,它的每个剖面都是相同的,各剖面弦向刚硬且剖面之间没有相对的移动和转动,机翼的弯曲和扭转变形可以分别用机翼刚轴(各剖面刚心连线,又叫弹性轴)的上下平移及绕刚轴的俯仰转动来表示。但由于在气动弹性静力学问题中,机翼的上下平移并不引起附加的气动力,故可以不考虑上下平移自由度。因此,在研究气动弹性静力学问题时,二元机翼可以用一个仅有俯仰自由度的刚硬二元翼段(通常展向长度取为单位长度)来表示。从而,在气动弹性静力学问题中,二元机翼和二元翼段是同义的,在实际研究时,只需画出其一个剖面(即翼型),如图3.2.1和图3.2.2所示。二元机翼的扭转刚度通常用一个可提供扭转恢复力矩的扭转弹簧来表示,以模拟实际弹性机翼的扭转刚度。

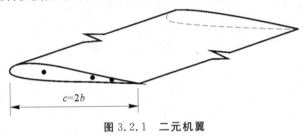

图 3.2.1 二元机翼

3.2.1 物理现象

设想将上述刚硬二元翼段(以下简称为"机翼")通过扭转弹簧安装在风洞中,扭转弹簧一端固定在风洞壁上,另一端固定在机翼刚心 E 处,如图3.2.2所示。图中,气动中心位于 A 点,e 为机翼的气动中心 A 到机翼刚心 E 的距离,且约定刚心在气动中心 A 之后时 e 为正。现在,将整个机翼连同刚心 E 处的扭转弹簧一起扭转一个初始角度(初始攻角)α_0,然后开启风洞,设风速为 V,由于机翼是通过扭转弹簧弹性连接在洞壁上的,所以在气动力(表现为对刚心的气动力矩)作用下,由于弹簧的扭转变形,机翼的攻角会增大,而同时机翼又受到扭转弹簧恢复力矩的作用,在风速不太大时,在气动力矩和弹簧恢复力矩的共同作用下,假定机翼将在一个新的攻角 $\alpha = \alpha_0 + \theta$ 下达到平衡。

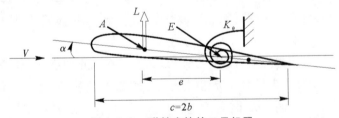

图 3.2.2 弹性支持的二元机翼

显然,附加产生的攻角 θ 就是因为机翼具有弹性支持而产生的扭转变形,正是这个扭转变形体现了机翼结构在气流中的弹性变形效应,即气动弹性效应。可以想象,如果弹簧刚度很大,或者风洞的风速很低,则扭转角 θ 会很小;如果弹簧刚度很小,或者风洞的风速很高,则扭转角 θ 会很大,甚至当气动力矩远远大于扭转弹簧的弹性恢复力矩时,扭转弹簧会扭转到一个非常大的角度(对应于实际机翼的弹性结构,就会超过其弹性变形极限而导致破坏)。

现在假定弹簧刚度保持为 K_θ,如果风速为 V 时处于平衡状态机翼的扭转角 θ 很小,则当风速开始增大时,会看到机翼的扭转角逐渐增大,当风速增大到某一个较高的值时,机翼的扭转角会突然增大甚至使机翼绕其刚轴发生翻转。这种现象,就是气动弹性力学中的"静力学扭转发散"现象,又称为"静发散"或简称"发散"。由此可知,当扭转弹簧刚度一定时,附加攻角 θ 的大小与气流速度有密切关系。

前面提到的使机翼产生发散失稳的那一个较高的风速,在气动弹性静力学问题中,用一个术语来表述,称为"扭转发散临界速度"或简称"发散速度",记为 V_D。上述过程也可以用下面的符号来表达:

$$\alpha_0 \xrightarrow{V} \alpha_0 + \theta_1 \xrightarrow{V + \Delta V_1} \alpha_0 + \theta_1 + \theta_2 \xrightarrow{V + \Delta V_1 + \Delta V_2} \alpha_0 + \theta_1 + \theta_2 + \cdots \begin{cases} \theta, & V < V_D \\ \infty, & V > V_D \end{cases}$$

∞ 表示当逐渐提高风速时,机翼最终不能维持有限变形的平衡状态。

请注意,初始攻角 α_0 的正负并不影响上述讨论结果的性质。

3.2.2　扭转发散临界速度

研究气动弹性静力学的目的之一,就是要解出某一给定机翼的扭转发散临界速度,分析影响扭转发散临界速度大小的诸多因素,找到提高扭转发散临界速度的设计措施。

对于二元机翼的扭转发散问题,由于不涉及操纵面的偏转,从而在研究时可设操纵面的偏转角为零而随主翼面一起变形,因此不必将其在翼剖面中画出。如图 3.2.2 所示,设机翼未发生扭转时的初始攻角为 α_0,由第 2 章介绍的定常气动力理论可知,翼型(二元机翼)上的气动力可以表示为:作用于气动中心点的升力 L(向上为正)和绕气动中心 A 的气动力矩 M_{AC}(使机翼抬头为正,对于对称翼型 $M_{AC} = 0$)。根据薄翼理论,绕气动中心 A 的气动力矩 M_{AC} 与攻角大小无关。

升力 L 以及气动力矩 M_{AC} 对刚心的力矩 M_E 会使机翼绕其刚心发生扭转,假定平衡状态下的扭转角为 θ,此扭转角同时还是附加的攻角,则机翼在气流中的总攻角 α 为

$$\alpha = \alpha_0 + \theta \tag{3.2.1}$$

这里,弹性扭转角 θ 体现了气动弹性效应对攻角的贡献。

结合薄翼理论和以上分析,翼型上的气动升力和绕刚心的气动力矩分别表示为

$$\left. \begin{aligned} L &= C_L q S = \frac{\partial C_L}{\partial \alpha}(\alpha_0 + \theta) q S \\ M_E &= M_{AC} + L \cdot e \end{aligned} \right\} \tag{3.2.2}$$

其中,C_L 为升力系数,$\dfrac{\partial C_L}{\partial \alpha}$ 为升力系数对攻角的导数(即升力线斜率);ρ 为空气密度;V 为风速;$q = \dfrac{1}{2}\rho V^2$ 为动压;S 为机翼面积;e 为机翼的气动中心到机翼刚心的距离,且约定刚心在气动中心之后时 e 为正。

假定机翼在扭转变形到 θ 角时恰好达到力矩平衡,则根据气动力矩与弹性恢复力矩相平衡的条件,可写出对刚心 E 点的力矩平衡方程为

$$K_\theta \theta = M_{AC} + L \cdot e = M_{AC} + \frac{\partial C_L}{\partial \alpha}(\alpha_0 + \theta) q S e \tag{3.2.3}$$

将式(3.2.3)关于 θ 的项整理后可得

$$\left(K_\theta - \frac{\partial C_L}{\partial \alpha} qSe\right)\theta = \frac{\partial C_L}{\partial \alpha} qSe\alpha_0 + M_{AC} \tag{3.2.4}$$

由式(3.2.4)可解出

$$\theta = \frac{\left(\frac{\partial C_L}{\partial \alpha} qSe\alpha_0 + M_{AC}\right)/K_\theta}{1 - \frac{\partial C_L}{\partial \alpha} qSe/K_\theta} \tag{3.2.5}$$

这就是考虑气动弹性效应后，机翼达到平衡时的实际弹性扭转角。

式(3.2.5)中的分子实际上是在初始攻角 α_0 所产生的气动力和气动力矩作用下(即不考虑弹性扭转引起的附加气动力)机翼产生的扭转角,暂记为 θ^r,有

$$\theta^r = \frac{\frac{\partial C}{\partial \alpha} qSe\alpha_0 + M_{AC}}{K_\theta} \tag{3.2.6}$$

则式(3.2.5)可改写为

$$\frac{\theta}{\theta^r} = \frac{1}{1 - qSe\frac{\partial C_L}{\partial \alpha}/K_\theta} \tag{3.2.7}$$

这个比值表示的就是在考虑气动弹性效应后,机翼弹性扭转变形的放大因子。一般来说,刚心是位于气动中心之后的,即 $e > 0$,故 $\theta/\theta^r > 1$,而且由式(3.2.7)还可明显看出,当机翼结构参数确定后,随着速压 q(或风速)的增加,式(3.2.7)的分母会减小,从而使比值 θ/θ^r 增大,当 q 达到某一特定值时,式(3.2.7)的分母为零,弹性扭角 θ 就趋于无穷大,机翼成为扭转不稳定的,如图3.2.3所示,在气动弹性静力学中称这种情况为机翼的扭转发散,这一个特定的速压,称为扭转发散临界速压(简称"发散速压",记为 q_D),相应的速度称为扭转发散临界速度(简称"发散速度",记为 V_D)。由式(3.2.7)可知,分母为零时对应了扭转发散临界条件,即

$$1 - qSe\frac{\partial C_L}{\partial \alpha}/K_\theta = 0 \tag{3.2.8}$$

可解出扭转发散临界速压为

$$q_D = \frac{K_\theta}{\frac{\partial C_L}{\partial \alpha}Se} \tag{3.2.9}$$

从而得到机翼的扭转发散临界速度为

$$V_D = \sqrt{\frac{2K_\theta}{\rho\frac{\partial C_L}{\partial \alpha}Se}} \tag{3.2.10}$$

根据式(3.2.9),可以将式(3.2.7)改写成

$$\frac{\theta}{\theta^r} = \frac{1}{1 - q/q_D} \tag{3.2.11}$$

可见,当速压趋于发散临界速压时,机翼的弹性扭角将趋于无穷大(即扭转变形发散)。当然,这只是从理论上来说明扭转发散的物理现象。对这里研究的二元机翼来讲,在机翼弹性扭

转变形达到无穷大之前,扭转弹簧已经破坏了;而且对于真实机翼结构,其允许的弹性扭转变形更是有限的,弹性扭转角更不可能达到无穷大。同时注意到,机翼结构的弹性恢复力矩与机翼弹性扭转变形之间的线性关系,以及气动力与机翼攻角之间的线性关系,都只是在小攻角条件下才成立,攻角稍大,这种线性关系就不再成立,即式(3.2.11)是建立在线性结构和线性气动力理论基础上的。从这个角度来讲,实际机翼结构的弹性扭转变形也不会达到无穷大,当扭转角足够大时,就会使机翼结构发生破坏(见图 3.2.3)。

应该强调,从扭转发散稳定性分析的角度来看,上述结果不仅代表了二元机翼的扭转发散特性,而且足以代表真实机翼的扭转发散特性。为此,飞机设计的结构强度规范(对军用飞机)或适航条例(对民用飞机)中也规定了,飞机在其飞行包线内的飞行速度都必须低于其机翼的扭转发散速度,并满足一定的安全余量。其实,真实机翼与二元机翼的扭转发散问题之间的差别,并不在于扭转发散的基本物理现象和产生扭转发散的物理机理,而在于计算真实机翼扭转发散临界速度的理论分析过程,要比上述二元机翼的扭转发散速度的分析过程更复杂而已。

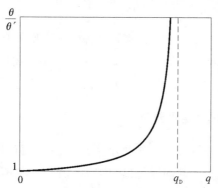

图 3.2.3　二元机翼弹性扭角随速压变化曲线

3.2.3　气动载荷重新分布

从上面的讨论我们知道,当气流的速压小于机翼的扭转发散速压时,机翼并不会发生扭转发散,其扭转角应该是一个确定的有限值,从而机翼上产生的气动升力也是一个确定的有限值,并且升力随着速压的变化而改变。对于二元机翼,这种改变表现为机翼上升力大小的变化,对于真实机翼,由于在机翼的分布气动力作用下,机翼展向各站位处的局部弹性扭转角不一样,相应的每个剖面上的局部气动升力的改变量也就不同。与原来未变形的机翼上分布的气动力相比,气动弹性效应在这里则表现为翼面上气动升力分布的变化,机翼的这种气动弹性现象就是所谓的"气动载荷重新分布"。虽然对二元机翼来讲,只有一个变化的升力,为了表述的统一,我们在分析这个问题时仍然采用了"气动载荷重新分布"这个术语。

当 $q < q_D$ 时,对应初始攻角为 α_0,在达到气动弹性平衡状态后,扭转角(亦即附加攻角)为 θ,则机翼上的升力为

$$L = C_L qS = \frac{\partial C_L}{\partial \alpha}(\alpha_0 + \theta)qS = \frac{\partial C_L}{\partial \alpha}\left[\alpha_0 + \frac{\left(\dfrac{\partial C_L}{\partial \alpha}qSe\alpha_0 + M_{AC}\right)/K_\theta}{1 - \dfrac{\partial C_L}{\partial \alpha}qSe/K_\theta}\right]qS$$

$$= \frac{\partial C_L}{\partial \alpha}\left(\alpha_0 + \frac{\theta^r}{1-q/q_D}\right)qS = \frac{\partial C_L}{\partial \alpha}qS\alpha_0 + \frac{\frac{\partial C_L}{\partial \alpha}qS\theta^r}{1-q/q_D} = L_0 + \frac{L_r}{1-q/q_D} \quad (3.2.12)$$

式(3.2.12)右端中的第一项 L_0 就是在初始攻角下产生的升力,第二项为考虑机翼弹性变形及气动弹性效应后的附加升力,显然 $L > L_0$(假定 $\alpha_0 > 0$),其中 L_r 表示刚性机翼在攻角 θ^r 下产生的升力。

由第2章结论可知,对于对称翼型,$M_{AC} = 0$,因此,考虑气动弹性效应后的实际升力可以写为:

$$L = C_L qS = \frac{\partial C_L}{\partial \alpha}(\alpha_0 + \theta)qS = \frac{\partial C_L}{\partial \alpha}\left[\alpha_0 + \frac{\frac{\partial C_L}{\partial \alpha}qSe\alpha_0/K_\theta}{1-\frac{\partial C_L}{\partial \alpha}qSe/K_\theta}\right]qS$$

$$= \frac{\partial C_L}{\partial \alpha}qS\left(\alpha_0 + \frac{\alpha_0 q/q_D}{1-q/q_D}\right) = \frac{\partial C_L}{\partial \alpha}qS\alpha_0 \frac{1}{1-q/q_D} = \frac{\partial C_L}{\partial \alpha}qS\alpha_0\beta = \beta L_0 \quad (3.2.13)$$

其中,$\beta = \frac{1}{1-q/q_D}$。

显然,当 $q < q_D$ 时,$\beta > 1$,故 β 称为考虑气动弹性效应后的升力放大因子。前面已经说过,对于二元机翼,式(3.2.13)表现为其升力的改变,而对于真实机翼,则表现为翼面上各个站位局部升力的变化,即机翼发生弹性变形后,翼面上的气动载荷进行了重新分布。

3.2.4　气动弹性静力学稳定性分析

气动弹性静力学稳定性分析也称为气动弹性静稳定性分析。从系统稳定性的角度来看,二元机翼的气动弹性静力学扭转发散问题可以归结为一个闭环正反馈系统的稳定性问题。机翼气动弹性反馈系统框图如图3.2.4所示,令初始攻角 α_0 为二元机翼气动弹性系统的输入,升力 L 为系统的输出,弹性扭角 θ 为系统的反馈量。由此可见,机翼的气动弹性静力学扭转发散问题,就是研究具有弹性扭角反馈时机翼升力面的定常气动力分布问题。由式(3.2.13)可知,考虑气动弹性效应后的机翼升力面系统,由于弹性扭转变形的正反馈,实际上对机翼的升力起到增益放大的作用。

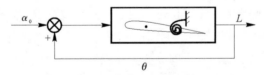

图 3.2.4　机翼气动弹性反馈系统

为了方便在后面章节对三元机翼气动弹性静力学扭转发散问题的研究,这里采用系统稳定性的观点来研究二元机翼的扭转发散问题。从前面的分析可知,机翼之所以产生扭转发散这一静力学不稳定现象,是因为机翼在气动力作用下发生了弹性扭转变形,而且在求解扭转发散临界速度的过程中也看到,扭转发散速度与初始攻角无关。因此,我们可以从初始攻角为零的机翼在具有一个弹性扭转角 θ 后力矩平衡的角度,来研究其扭转发散这一气动弹性静力学稳定性问题。

首先考虑结构系统的变形,机翼由于弹性扭转变形 θ 而产生的弹性恢复力矩为

$$\Delta M_e = K_\theta \theta \tag{3.2.14}$$

然后考虑气动系统的升力,视机翼的弹性扭转变形 θ 为攻角增量,所引起的附加升力对刚心的力矩为

$$\Delta M_A = \frac{\partial C_L}{\partial \alpha} q S e \theta \tag{3.2.15}$$

当刚心位于气动中心之后时,这两个力矩的方向相反,从稳定性的角度来看,ΔM_A 起减稳的作用,而 ΔM_e 起增稳的作用。图 3.2.5 画出了这两个力矩随速压的变化曲线。

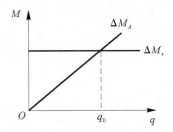

图 3.2.5　机翼上的力矩随速压变化示意图

可见,在同样的 θ 下,随着速压的增加,气动力矩逐渐增大,而弹性恢复力矩却与速压无关,是一个固定的值。当 $\Delta M_e > \Delta M_A$,即弹性恢复力矩大于气动力矩时,扭转角 θ(附加攻角)将会不断减小,此时机翼处于静力稳定状态;当 $\Delta M_e < \Delta M_A$,即气动力矩大于弹性恢复力矩时,机翼扭转角 θ(附加攻角)就会不断增大而发生扭转变形失稳;当 $\Delta M_e = \Delta M_A$ 时,机翼任意扭转变形 θ 引起的攻角改变所导致的气动力矩增量与弹性恢复力矩增量相等,系统始终处于平衡状态,这时的速压就是扭转发散临界速压 q_D。这种气动弹性静力学稳定性问题,从数学上可以表示为一个静力平衡方程,即

$$K_\theta \theta = \frac{\partial C_L}{\partial \alpha} \theta q S e \tag{3.2.16}$$

或

$$\left(K_\theta - \frac{\partial C_L}{\partial \alpha} q S e \right) \theta = 0 \tag{3.2.17}$$

显然,这是一个以 θ 为变量的齐次方程,方程除了有 $\theta = 0$ 的平凡解以外,还可以有任意非零解,其条件是 θ 的系数为零,即

$$K_\theta - \frac{\partial C_L}{\partial \alpha} q S e = 0 \tag{3.2.18}$$

从而解出:

$$q_D = \frac{K_\theta}{\frac{\partial C_L}{\partial \alpha} S e} \tag{3.2.19}$$

这正是前面得出的扭转发散临界速压 q_D 的表达式。上述求解过程,在数学上属于求解式(3.2.17)表示的代数特征值问题,q_D 就是所求的特征值。在第 4 章我们会看到,这也是求解三元机翼扭转发散临界速压的一般方法。

3.2.5 对扭转发散临界速度 V_D 的讨论

由扭转发散临界速度 V_D 的公式可以看到，V_D 与初始攻角 α_0 以及绕气动中心的气动力矩 M_A 无关。而且从式(3.2.5)还可以看到，只有当 e 为正值时，在一定速压下，分母才可能变为零，扭转发散临界速度公式才有意义。从物理意义上讲，就是机翼在刚心位于气动中心之后才可能发生扭转发散现象。如果 e 为零或为负，即刚心与气动中心重合或位于气动中心之前，则机翼在所有的速度下，都是气动弹性静力扭转稳定的，不可能产生扭转发散现象。这个结论在物理意义上是明显的，而且具有实际意义。例如在超声速飞行时，机翼的气动中心会后移到机翼翼弦中点附近，而使发生扭转发散的危险性大大降低。因此，气动弹性静力学扭转发散是一个典型的亚声速现象，而且主要发生于大展弦比长直机翼和前掠机翼，这一点在第4章中还要讨论。

由扭转发散速度公式 $V_D = \sqrt{\dfrac{2K_\theta}{\rho \dfrac{\partial C_L}{\partial \alpha} Se}}$ 知，影响扭转发散速度 V_D 的因素主要有以下几点：

(1) 随着机翼扭转刚度的增加，扭转发散速度 V_D 也增大。显然，如果机翼在扭转自由度上是绝对刚硬的，则任何速度下都不会发生扭转发散失稳。可见，机翼扭转刚度不足是引起扭转发散的主要原因。

(2) 设计机翼时，使刚心向前缘靠近，即减小 e 值，也会使扭转发散临界速度 V_D 增加，这一点在前面已经提到过。

(3) 从扭转发散临界速度公式还可以看到，如果大气密度 ρ 减小，扭转发散临界速度也会增大。我们知道，飞行高度越高，当地的大气密度越低，因此，这一点说明了飞机在低空飞行时，机翼容易出现扭转发散问题。

3.3 二元机翼的操纵效率与操纵反效问题

3.2节讨论的是飞机在垂直对称面内作定直飞行时，机翼的静气动弹性现象。本节将讨论在操纵副翼产生偏转，使飞机绕机身纵轴进行滚转时所产生的静气动弹性现象，即所谓的操纵效率与操纵反效问题。我们仍然先用一个带有副翼的二元机翼来阐明这个问题的物理现象和基本原理。

3.3.1 物理现象

如图3.3.1所示，将带副翼的二元机翼用一个扭转弹簧支持在风洞壁上，使初始攻角为零，然后操纵副翼使其向下偏转 β 角(约定副翼下偏为正)，同时启动风洞，此时，由于副翼的偏转，机翼上的气动力会发生相应的变化。根据2.3节的知识可知，副翼向下偏转相当于使机翼弯度增加，从而在气动中心处有升力增量 L_β，且 $L_\beta = \dfrac{\partial C_L}{\partial \beta}\beta qS$，同时产生绕气动中心的力矩 $M_{AC\beta}$，且 $M_{AC\beta} = \dfrac{\partial C_{mAC}}{\partial \beta}\beta qSc$。通常 $M_{AC\beta}$ 是一个使机翼低头的力矩，即 $\dfrac{\partial C_{mAC}}{\partial \beta}$ 为负值。假如该力系对刚心的合力矩为低头力矩,由于该机翼在刚心处是弹性支持的,故该低头力矩会使机翼向减小攻角的方向产生一个弹性扭转变形,即向攻角减小的方向扭转一个 θ 角,这将在机翼气动中心处产生一个向下的附加气动力 $L_\theta = \dfrac{\partial C_L}{\partial \alpha} \theta q S$,从而使得机翼上实际的总升力增量(通常简称为"增升")为 $\Delta L = L_\beta - L_\theta$。这种由于机翼弹性变形而使得偏转副翼所产生的实际增升减小的效应,就是所谓的操纵效率(副翼效率)问题。

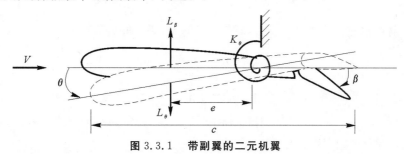

图 3.3.1　带副翼的二元机翼

由于低头气动力矩与 V^2 成正比,故随着风速 V 的增加,机翼的弹性扭转角也增加,从而使实际增升减小更多,副翼的效率会继续降低。当 V 增加到某一个临界值时,副翼的偏转将不再产生实际的增升而完全失去效用,这种现象称为操纵失效(副翼失效),这时操纵面的操纵效率为零。如果速度 V 继续增加,则将产生相反的操纵效果,即副翼的向下偏转反而会产生负的增升,从而导致总升力降低,这种现象就是所谓的操纵反效(副翼反效)。应该注意,当操纵效率为零时,是因为副翼偏转 β 角引起的增升为零,此时副翼偏转 β 角引起的升力增加等于弹性变形扭转角 θ 引起的升力减少,而机翼上原有的总升力保持不变。在第 4 章介绍三元机翼副翼效率问题时我们可以看到,对整架飞机来讲,其物理现象就是操纵副翼偏转不能产生所需要的绕机身纵轴的滚转力矩。

3.3.2　副翼操纵反效的临界速度

从上述的物理现象描述和讨论中我们知道,在副翼操纵效率问题中涉及的仅是副翼偏转 β 角后的升力增量,而与操纵副翼偏转前机翼上原有的升力无关。故在研究副翼操纵效率问题时,可以假定在副翼未发生偏转前,机翼的攻角为零,这对问题的讨论不会有实质上的影响,而且下面所提到的升力系数也是指与副翼偏转后所引起的机翼升力增量相关的部分,不涉及副翼偏转前,机翼上原有的升力对应的升力系数。

根据上述分析,副翼偏转 β 角后,实际增升的作用点位于气动中心之后。现将其等效为作用于气动中心的升力 L_β 以及绕气动中心的气动力矩 $M_{AC\beta}$,在该力系对机翼刚心的合力矩作用下,机翼会产生弹性扭转变形 θ,同时在气动中心处产生一个附加的升力 L_θ,从而机翼上总的增升为

$$L = L_\beta + L_\theta = C_L q S = \left(\frac{\partial C_L}{\partial \alpha} \theta + \frac{\partial C_L}{\partial \beta} \beta \right) q S \qquad (3.3.1)$$

式(3.3.1)中的加号表示升力增量的代数和,即考虑到机翼的弹性扭转可能是低头扭转(θ 为负),也可能是抬头扭转(θ 为正)。这时对刚心的总气动力矩为

$$M = L \cdot e + M_{AC\beta} = \left(\frac{\partial C_L}{\partial \alpha}\theta + \frac{\partial C_L}{\partial \beta}\beta \right)qSe + \frac{\partial C_{mAC}}{\partial \beta}\beta qSc \qquad (3.3.2)$$

由于机翼弹性扭转而引起的弹性恢复力矩为

$$M_e = K_\theta \theta \qquad (3.3.3)$$

假定机翼在扭转了 θ 角后达到平衡,则对刚心的力矩平衡方程为

$$K_\theta \cdot \theta = \left(\frac{\partial C_L}{\partial \alpha}\theta + \frac{\partial C_L}{\partial \beta}\beta \right)qSe + \frac{\partial C_{mAC}}{\partial \beta}\beta qSc \qquad (3.3.4)$$

因此,在副翼偏转 β 角后,机翼在气动力矩与弹性恢复力矩的共同作用下产生的扭转角为

$$\theta = \frac{\left(e\dfrac{\partial C_L}{\partial \beta} + c\dfrac{\partial C_{mAC}}{\partial \beta} \right)qS}{\left(K_\theta - \dfrac{\partial C_L}{\partial \alpha}qSe \right)}\beta \qquad (3.3.5)$$

根据升力系数公式,可以求得此时机翼的升力系数,它由两部分组成,一部分由弹性扭转角 θ 引起,另一部分由副翼偏转角 β 引起,即

$$C_L = \frac{\partial C_L}{\partial \alpha}\theta + \frac{\partial C_L}{\partial \beta}\beta = \frac{\dfrac{\partial C_L}{\partial \alpha}\dfrac{\partial C_{mAC}}{\partial \beta}qSc + K_\theta\dfrac{\partial C_L}{\partial \beta}}{K_\theta - \dfrac{\partial C_L}{\partial \alpha}qSe}\beta \qquad (3.3.6)$$

由于 $\dfrac{\partial C_{mAC}}{\partial \beta} < 0$,故随着风速 V 的增加,式(3.3.6)中分子会越来越小。可以证明,在满足 $e\dfrac{\partial C_L}{\partial \beta} + c\dfrac{\partial C_{mAC}}{\partial \beta} < 0$ 的条件下[实际上这个条件也保证了随风速 V 的增加,式(3.3.6)中的分子先于分母为零],随着风速 V 的增加,C_L 会越来越小,即总增升 L 越来越小,如果在速度未达到扭转发散临界速度之前(即分母为零之前),V 加到使式(3.3.6)分子为零,也即使升力系数 C_L,则在此速度下,操纵副翼偏转任何角度都不会产生增升,这时,副翼失去作用而处于失效状态;如果 V 继续增大,就会使升力系数 C_L 成为负值,操纵副翼偏转实际所产生的升力增量的方向就会与所需的相反,而出现所谓的操纵反效现象。由此我们知道,副翼反效的临界条件为

$$\frac{\partial C_L}{\partial \beta}K_\theta + \frac{\partial C_L}{\partial \alpha}\frac{\partial C_{mAC}}{\partial \beta}qSc = 0 \qquad (3.3.7)$$

从而解出反效临界速压为

$$q_R = -\frac{\dfrac{\partial C_L}{\partial \beta}K_\theta}{\dfrac{\partial C_L}{\partial \alpha}\dfrac{\partial C_{mAC}}{\partial \beta}Sc} \qquad (3.3.8)$$

反效临界速度为

$$V_R = \sqrt{-\frac{2\dfrac{\partial C_L}{\partial \beta}K_\theta}{\rho\dfrac{\partial C_L}{\partial \alpha}\dfrac{\partial C_{mAC}}{\partial \beta}Sc}}, \qquad \frac{\partial C_{mAC}}{\partial \beta} < 0 \qquad (3.3.9)$$

3.3.3 二元机翼的副翼操纵效率

副翼操纵功能的降低程度可以用操纵效率来表示。假定机翼是刚性支持的,显然这时操纵

副翼偏转 β 角后所产生的升力增量仅与 β 角有关,其升力系数为

$$C_L^r = \frac{\partial C_L}{\partial \beta} \cdot \beta \tag{3.3.10}$$

定义二元机翼的副翼操纵效率为:弹性支持机翼的升力系数 C_L 与刚性支持机翼的升力系数 C_L^r 之比为

$$\eta = \frac{C_L}{C_L^r} = \frac{\frac{\partial C_L}{\partial \alpha} \frac{\partial C_{mAC}}{\partial \beta} qSc + K_\theta \frac{\partial C_L}{\partial \beta}}{\left(K_\theta - \frac{\partial C_L}{\partial \alpha} qSe\right) \frac{\partial C_L}{\partial \beta}} = \frac{1 - q/q_R}{1 - q/q_D} = \frac{1 - q/q_R}{1 - (q_R/q_D)(q/q_R)} \tag{3.3.11}$$

即副翼操纵效率 η 随气流速压与反效临界速压之比 q/q_R 而变化,其参变量为反效临界速压与扭转发散临界速压之比 q_R/q_D。值得注意的是,对于一个参数确定的机翼,q_R/q_D 是一个定值。图 3.3.2 画出了副翼操纵效率随速压的变化曲线,从操纵效率 η 的计算公式或图 3.3.2 可以看到存在下列三种情况:

(1) 若 $q_R < q_D$,即反效临界速压低于扭转发散临界速压,则当 q 趋于 q_R 时,操纵效率 η 趋于零,如图 3.3.2(a) 所示。

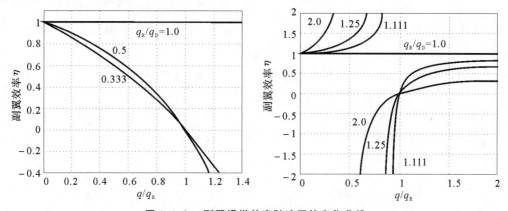

图 3.3.2   副翼操纵效率随速压的变化曲线

(a) $q_R < q_D$; (b) $q_R > q_D$

(2) 若 $q_R > q_D$,即反效临界速压高于扭转发散临界速压,则扭转发散将发生在副翼操纵反效之前,当 q 趋于 q_D 时,操纵效率 η 趋于无穷,如图 3.3.2(b) 所示。这说明操纵副翼向下偏转很小的偏转角,都将会使机翼产生无穷大的负增升(这时扭转角 θ 趋于负无穷),因此,在这种情况下,q_D 成了实际的反效临界速压。由此可见,操纵反效在 q 等于 q_R 或 q_D 时都会发生,但究竟在哪个速压下发生,要取 q_R 和 q_D 中的较小者,就是说,如果对于一个机翼,其 $q_R > q_D$,则 q_D 实际上既是扭转发散临界速压,同时也是操纵反效临界速压,虽然 q_R 也能计算出来,但没有实际意义,因为在 q 达到 q_R 之前,机翼已经产生扭转发散而破坏了。

(3) 若 $q_R = q_D$,即反效临界速压等于扭转发散临界速压($q_D/q_R = 1$),则 $\eta \equiv 1$,故使 $q_R = q_D$ 的设计就可以获得弹性支持二元机翼的最佳副翼操纵效率。由 q_R 和 q_D 的计算公式可以得到 $\eta \equiv 1$ 时,机翼参数应满足下列关系式:

$$\frac{q_R}{q_D} = 1 = -\frac{e}{c} \frac{\partial C_L/\partial \beta}{\partial C_{mAC}/\partial \beta} \tag{3.3.12}$$

根据薄翼理论,二元机翼的气动导数$\frac{\partial C_{mAC}}{\partial \beta}$与$\frac{\partial C_L}{\partial \beta}$都取决于操纵面的相对弦$\bar{c}_\beta(\bar{c}_\beta = c_\beta/c$, c_β为副翼弦长),对于薄翼,可应用第2章的式(2.3.14)和式(2.3.17),经过化简,得到其气动导数理论公式为

$$\left.\begin{array}{l}\frac{\partial C_L}{\partial \beta} = 2\left[2\sqrt{c_\beta(1-\bar{c}_\beta)} + \arccos(1 - 2\bar{c}_\beta)\right] \\ \frac{\partial C_{mAC}}{\partial \beta} = -2\sqrt{c_\beta(1-\bar{c}_\beta)^3}\end{array}\right\} \quad (3.3.13)$$

在设计时可以调节这些参数来得到最佳操纵效率。例如,根据薄翼理论,对于二维不可压缩流场中的机翼,若刚心位于前缘之后40%弦长处(即$e = 0.15c$),则操纵面相对弦长取为31%,就可得到最佳操纵效率。

对于$\eta \equiv 1$的物理意义,我们可以做出如下的解释:副翼(包括其他操纵面)是用来产生增升的装置,从前面的讨论知,为了避免气动弹性效应引起的操纵效率降低,在操纵副翼等操纵面偏转时,不希望产生对机翼刚心的附加气动力矩。显然,如果我们操纵副翼(或其他操纵面)只产生纯的增升而不产生对刚心的附加气动力矩,就不会使机翼产生附加的弹性扭转,从而也就不会使操纵面偏转所产生的实际增升发生变化。这时,从产生增升的效果来讲,操纵弹性机翼的副翼与操纵刚性机翼的副翼是完全一样的,从工程角度来看,则认为这时的操纵效率是最佳的。现在,我们来看看$\eta \equiv 1$时是否如此呢?当$\eta \equiv 1$时,将式(3.3.10)改写为

$$\frac{\partial C_L}{\partial \beta} + \frac{c}{e}\frac{\partial C_{mAC}}{\partial \beta} = 0 \quad (3.3.14)$$

我们注意到,如果机翼是刚性的,当操纵副翼偏转β角后,由偏转角β直接引起的对机翼刚心的气动力矩为

$$\overline{M}_\beta = \frac{\partial C_L}{\partial \beta}\cdot\beta qSe + \frac{\partial C_{mAC}}{\partial \beta}\cdot\beta qSc = \left(\frac{\partial C_L}{\partial \beta} + \frac{c}{e}\frac{\partial C_{mAC}}{\partial \beta}\right)qS\beta e \quad (3.3.15)$$

从而使$\eta \equiv 1$的条件,也正是使$\overline{M}_\beta = 0$的条件。从物理意义上来讲,就是在副翼操纵效率$\eta \equiv 1$时,操纵副翼偏转β角不直接引起对刚心的附加气动力矩增量,即操纵副翼偏转所产生的增升正好作用于机翼的刚心,这样操纵副翼偏转时就不会受到机翼气动弹性效应的影响,这时弹性机翼的操纵效率与刚性机翼的操纵效率一样,因而认为它是最佳的。

3.3.4 影响操纵反效临界速度与操纵效率的因素

根据前面的讨论,我们可以总结出影响操纵反效临界速度与操纵效率的主要因素,以及提高反效临界速度与操纵效率的措施,具体如下:

(1)由操纵反效临界速度计算公式[式(3.3.9)]可知,V_R与刚心到气动中心的距离e无关。我们知道,这是因为当$V = V_R$时,增升为零,增升不产生气动力矩,刚心到气动中心的距离e起不到力臂的作用。

(2)增加机翼扭转刚度K_θ,可使反效临界速度V_R增加,即提高反效临界速度的有效方法之一是增加机翼扭转刚度。

（3）理论上说，减小机翼弦长 c 也可使反效临界速度 V_R 增加，但会使机翼面积减小而降低机翼的升力，如果采取这个措施来提高反效临界速度，需要权衡考虑。

（4）操纵效率与刚心到气动中心的距离 e 有关，因为由式（3.3.5）可见，随 $e\dfrac{\partial C_L}{\partial \beta}+c\dfrac{\partial C_{mAC}}{\partial \beta}$ 值的变化，扭角 θ 将为正、为负或为零，分别讨论如下：

1）当 $e\dfrac{\partial C_L}{\partial \beta}+c\dfrac{\partial C_{mAC}}{\partial \beta}<0$ 时，θ 与 β 符号相反，故考虑气动弹性效应的影响后，副翼的效率是降低的。

2）当 $e\dfrac{\partial C_L}{\partial \beta}+c\dfrac{\partial C_{mAC}}{\partial \beta}>0$ 时，θ 与 β 符号相同，故由于气动弹性效应的影响，副翼的效率反而提高了。显然，这时 $q_R>q_D$（注意到 $\dfrac{q_R}{q_D}=-\dfrac{e}{c}\dfrac{\partial C_L/\partial \beta}{\partial C_{mAC}/\partial \beta}$），结合图 3.3.2（b）可知，一旦气流速压超过 q_D，则操纵效率突变为趋于 $-\infty$，即 q_D 成为实际上的操纵反效临界速压。

3）当 $\dfrac{\partial C_L}{\partial \beta}+\dfrac{c}{e}\dfrac{\partial C_{mAC}}{\partial \beta}=0$ 时，达到最佳操纵效率 $\eta\equiv 1$。

（5）提高操纵效率的方法仍然是增加机翼的扭转刚度，适当增加操纵面的弦长也有利于提高操纵效率。

此外，从 η 的计算公式［式（3.3.11）］来看，增加机翼刚心到气动中心的距离 e，虽然也可以提高操纵效率，但使机翼的扭转发散临界速度降低，故通常在工程中不采用这种措施。

至此，本章讨论了二元机翼的两大类气动弹性静力学问题的基本现象、物理意义和相应的计算方法，目的是弄清这两类问题产生的机理以及避免其产生的措施。具体来说，两类气动弹性静力学问题的产生都存在一个临界速压，设法提高这个临界速压，是研究气动弹性静力学问题和飞机气动弹性设计的主要任务之一。

对于机翼的扭转发散问题，当机翼刚心位于气动中心之后时，由于气动弹性效应，机翼将存在一个临界速压 q_D，当气流速压达到 q_D 时，机翼成为静力扭转不稳定的。提高扭转发散临界速度的主要途径，是增大机翼扭转刚度或减小机翼剖面的气动中心与刚心之间的距离。

操纵反效现象说明，带有副翼的机翼系统还存在另一个临界速压 q_R，当速压达到这个临界速压时，操纵面的操纵功能将完全失效。对同一机翼结构，如果 $q_R<q_D$，则速压增大将导致操纵效率降低；如果 $q_R>q_D$，则 q_D 既是扭转发散临界速压，也是操纵反效临界速压；当 $q_R=q_D$ 时，操纵效率最佳，始终为 1。提高操纵反效临界速压和操纵效率的主要方法仍然是增大机翼的扭转刚度。

需要指出的是，虽然本章的分析和讨论都是针对二元机翼气动弹性系统的，但在实际飞机设计的工程实践中，对真实弹性机翼的静气动弹性特性进行分析时，可以将本章的方法作为第一次近似估算的方法来使用，这时可取距翼根 70% ～ 80% 半展长处的机翼典型剖面的参数作为二元机翼的参数，把该剖面的参数代入二元机翼的静气动弹性临界速度计算公式中进行估算，得到机翼临界发散速度和（或）反效临界速度的估算值。如果要得到更精确的静气动弹性临界速度的计算结果，则要采用第 4 章介绍的三元机翼气动弹性静力学分析方法。

思考题

1. 对一个二元机翼的气动力计算，考虑其弹性效应和考虑其气动弹性效应的异同点是什么？

2. 二元机翼的气动弹性放大因子是如何定义的？

3. 为什么说扭转发散是典型的亚声速现象？

4. 以二元机翼为例，说明扭转发散和气动载荷重新分布问题的区别和联系。

5. 提高扭转发散临界速度的设计措施有哪些？

6. 给定二元机翼的扭转刚度为 $K_\theta = 5\,000$ N·m/rad，弦长为 $c = 1$ m，刚心到气动中心的距离为 $e = 0.15$ m，升力系数斜率 $\partial C_L / \partial \alpha = 2\pi$，试求其在海平面处的扭转发散速度 V_D。

7. 研究思考题 6. 中机翼的扭转发散速度 V_D 随飞行高度的变化规律。

8. 对带副翼的二元机翼，如何定义其操纵效率？

9. 以二元机翼-副翼系统为例，说明操纵反效和操纵效率问题的区别和联系。

10. 提高操纵效率和操纵反效临界速度的设计措施有哪些？

11. 推导二元机翼的扭转发散临界速度公式和操纵面反效临界速度公式。

12. 如果思考题 6 的机翼带有一个弦长为 $c_\beta = 0.31$ m 的副翼，试求其反效临界速度，并分别求其在 $V = 10$ m/s，20 m/s，30 m/s 时的副翼操纵效率。

13. 研究思考题 12. 中的反效临界速度随飞行高度的变化规律。

参考文献

[1] ANDERSON J D. Fundamentals of aerodynamics[M]. New York：McGraw-Hill Higher Education，1990.

[2] DOWELL E H，BLISS D B，CLARK R L. Aeroelastic wing with leading-and trailing-edge control surfaces[J]. Journal of Aircraft，2003，40(3)：559 - 564.

第4章　三元机翼的气动弹性静力学问题

4.1　引　　言

本章主要研究大展弦比机翼的气动弹性静力学问题,并进一步给出一般三元机翼气动弹性静力学问题的求解方法。从第3章的分析和讨论可知,求解二元机翼气动弹性静力学问题的力学途径,实际上是先分别建立机翼作为升力面时,其攻角(对三元机翼为分布的局部攻角)与气动力(对三元机翼为分布的气动力)的关系式(由空气动力学理论解决),以及机翼作为承载结构时,其弹性扭转变形(对三元机翼为分布的局部弹性变形)与气动力外载荷(对三元机翼为分布的气动力外载荷)之间的关系式(由结构力学理论解决)。然后,根据作为升力面的机翼的弹性附加攻角(对三元机翼为分布的局部攻角)就是作为承载结构的机翼的弹性扭转变形(对三元机翼为分布的局部弹性变形),作为升力面的机翼的气动力就是作为承载结构的机翼所受的外载荷这一物理事实,将上述两个力学关系式联立起来,就可以求解机翼的各种气动弹性静力学问题。

对于三元机翼的气动弹性静力学问题,其求解的力学途径也同样是两方面的:一方面是如何求出弹性机翼在分布的气动载荷作用下产生的分布弹性变形;另一方面是如何由机翼的分布弹性变形所形成的气动构型(分布的局部攻角)求出其所产生的附加气动力。然后将这两个方面所得到的力学关系式联立起来,就可以求解三元机翼的各种气动弹性静力学问题。

对于第一个方面的问题,根据结构力学中的知识,可知如下关系:

外载荷列阵 ＝ 刚度矩阵 × 变形列阵

需要注意的一点是,在气动弹性静力学问题中,所用到的变形不是各个局部结点(又称为变形控制点)处的垂直位移,而是机翼在各个局部结点处的顺气流转角(局部攻角)θ,即我们在这里要使用的载荷与变形的关系具有如下所示的数学表达式:

$$L = K\theta \tag{4.1.1}$$

或

$$\theta = FL \tag{4.1.2}$$

这里,θ为机翼翼面各个局部结点处的顺气流转角列阵;K为机翼结构的刚度矩阵;F为机翼结构的柔度矩阵;L为机翼结构上各个局部结点处的气动力列阵。至于如何求机翼结构的刚度

（柔度）矩阵,将在后面专门讨论。

对于第二方面的问题,即局部攻角分布 $\boldsymbol{\theta}$ 与局部气动力分布 $\boldsymbol{L}$ 之间的关系,可以用相应的空气动力学理论来建立,如适合于大展弦比直机翼的升力线理论和适合于小展弦比机翼的升力面理论等。下面以升力面理论中的马蹄涡格网法为例,来说明在研究气动弹性静力学问题时,如何应用这些气动力理论来计算机翼上的气动力分布。

4.2 空气动力影响系数矩阵的计算

马蹄涡格网法又称为"涡格法",它是空气动力学升力面理论中比较简单的一种。用马蹄涡格网法计算空气动力影响系数矩阵,首先要计算马蹄涡对流场中任意一点产生的诱导速度。

4.2.1 马蹄涡对任意一点的诱导速度

顾名思义,马蹄涡是由附着在翼面上的一段附着涡,以及由其两个端点沿着顺气流方向延伸至无穷远处的两个自由涡组成,因其形似马蹄铁而得名。沿马蹄涡的涡线具有均匀的涡强分布,如图 4.2.1 所示,涡矢量方向定义为:附着涡由 A 指向 B,左自由涡由下游无限远处指向 A 点,右自由涡由 B 点指向下游无限远处。为简单起见,这里只讨论马蹄涡与任意一点 P 共面的情况。马蹄涡与任意一点不共面的情况,只需在下述公式中加入相应的 Z 坐标分量即可。下面首先分析附着涡对任意一点 P 的诱导速度。

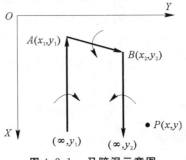

图 4.2.1 马蹄涡示意图

在附着涡 $\overline{AB}$ 上,距 A 端为 s 处取微元涡线 $\mathrm{d}s$,根据毕奥 - 萨伐尔定律,涡强为 Γ 的微涡线 $\mathrm{d}s$ 在任意一点 P 处产生的诱导速度矢量 $\mathrm{d}\boldsymbol{w}$ 为

$$\mathrm{d}\boldsymbol{w} = \frac{\Gamma}{4\pi}\frac{\mathrm{d}\boldsymbol{s} \times \boldsymbol{r}}{r^3} \qquad (4.2.1)$$

其大小为

$$\mathrm{d}w = |\mathrm{d}\boldsymbol{w}| = \frac{\Gamma}{4\pi}\frac{\sin\varphi \mathrm{d}s}{r^2} \qquad (4.2.2)$$

其中,$\mathrm{d}s = |\mathrm{d}\boldsymbol{s}|$,$r = |\boldsymbol{r}|$。

如图 4.2.2 所示,$\boldsymbol{r}_0$ 为附着涡始点 A 到终点 B 的矢径,$\boldsymbol{r}_1$ 为点 A 到点 P 的矢径,$\boldsymbol{r}_2$ 为点 B 到点 P 的矢径,ϕ_1 为 $\boldsymbol{r}_1$ 与 $\boldsymbol{r}_0$ 的夹角,ϕ_2 为 $\boldsymbol{r}_2$ 与 $\boldsymbol{r}_0$ 的夹角。r 为 $\mathrm{d}s$ 始点到点 P 的矢径,$r+\mathrm{d}r$ 为 $\mathrm{d}s$ 终点到点 P 的矢径,ϕ 为 r 与 $\mathrm{d}s$ 的夹角,$\phi+\mathrm{d}\phi$ 为 $r+\mathrm{d}r$ 与 $\mathrm{d}s$ 的夹角。

根据式 (4.2.1) 的矢量运算,$\mathrm{d}\boldsymbol{w}$ 的方向可由右手法则确定,它垂直于 $\mathrm{d}s$ 和 P 点所决定的平面,按图 4.2.2 所示情况应沿 Z 轴负向(垂直于纸面向内)。

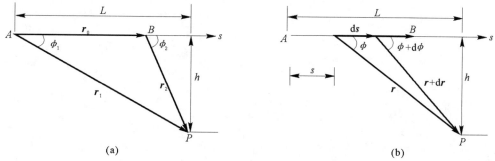

图 4.2.2　涡段对一点的诱导速度

为便于积分,由图 4.2.2 (b) 可知,式 (4.2.2) 中的长度微分 $\mathrm{d}s$ 可经如下分析转换为角度微分。

$$(L-s)\tan\phi = h \tag{4.2.3}$$

其中,L 为 P 点在矢量 $\overline{AB}$ 上的投影距 A 点的距离,h 为 P 点到矢量 $\overline{AB}$ 的垂直距离,当 A、B、P 点的位置给定后,L 和 h 都为定值,仅 s 和 ϕ 为变量。对式 (4.2.3) 两边微分可得

$$\mathrm{d}s = (L-s)\frac{\sec^2\phi}{\tan\phi}\mathrm{d}\phi = \frac{(L-s)\mathrm{d}\phi}{\sin\phi\cos\phi} \tag{4.2.4}$$

将 $\sin\phi = \dfrac{h}{r}$,$\cos\phi = \dfrac{L-s}{r}$ 代入式 (4.2.4),得到

$$\frac{\mathrm{d}s}{r^2} = \frac{\mathrm{d}\phi}{h} \tag{4.2.5}$$

对式 (4.2.2) 沿直线涡段 $\overline{AB}$ 进行积分,并利用式 (4.2.5) 将其转换为角度积分,可知涡强为 Γ 的直线涡段 $\overline{AB}$ 在 P 点产生的诱导速度的幅值大小为

$$w = |\boldsymbol{w}| = \frac{\Gamma}{4\pi}\int_{AB}\frac{\sin\phi}{r^2}\mathrm{d}s = \frac{\Gamma}{4\pi h}\int_{\phi_1}^{\phi_2}\sin\phi\,\mathrm{d}\phi = \frac{\Gamma}{4\pi h}(\cos\phi_1 - \cos\phi_2) \tag{4.2.6}$$

结合图 4.2.2 中的几何关系,可将 $h = \dfrac{|\boldsymbol{r}_0 \times \boldsymbol{r}_1|}{r_0}$,$\cos\phi_1 = \dfrac{\boldsymbol{r}_0 \cdot \boldsymbol{r}_1}{r_0 r_1}$,$\cos\phi_2 = \dfrac{\boldsymbol{r}_0 \cdot \boldsymbol{r}_2}{r_0 r_2}$ 代入式 (4.2.6),并注意 w 的矢量方向可表示为单位向量 $\dfrac{\boldsymbol{r}_0 \times \boldsymbol{r}_1}{|\boldsymbol{r}_0 \times \boldsymbol{r}_1|}$,则 $\boldsymbol{w}$ 的矢量形式为

$$\boldsymbol{w}(x,y) = \frac{\Gamma}{4\pi}\frac{r_0}{|\boldsymbol{r}_0 \times \boldsymbol{r}_1|}\frac{\boldsymbol{r}_0 \times \boldsymbol{r}_1}{|\boldsymbol{r}_0 \times \boldsymbol{r}_1|}\left(\frac{\boldsymbol{r}_0 \cdot \boldsymbol{r}_1}{r_0 r_1} - \frac{\boldsymbol{r}_0 \cdot \boldsymbol{r}_2}{r_0 r_2}\right) = \frac{\Gamma}{4\pi}\frac{\boldsymbol{r}_0 \times \boldsymbol{r}_1}{|\boldsymbol{r}_0 \times \boldsymbol{r}_1|^2}\left(\frac{\boldsymbol{r}_0 \cdot \boldsymbol{r}_1}{r_1} - \frac{\boldsymbol{r}_0 \cdot \boldsymbol{r}_2}{r_2}\right) \tag{4.2.7}$$

根据 P 点及 A、B 两点的直角坐标 $P(x,y)$,$A(x_1,y_1)$,$B(x_2,y_2)$ 与矢径 $\boldsymbol{r}_0$,$\boldsymbol{r}_1$,$\boldsymbol{r}_2$ 之间的关系式:

$$\left.\begin{array}{l} \boldsymbol{r}_0 = (x_2 - x_1)\boldsymbol{i} + (y_2 - y_1)\boldsymbol{j} + 0 \cdot \boldsymbol{k} \\ \boldsymbol{r}_1 = (x - x_1)\boldsymbol{i} + (y - y_1)\boldsymbol{j} + 0 \cdot \boldsymbol{k} \\ \boldsymbol{r}_2 = (x - x_2)\boldsymbol{i} + (y - y_2)\boldsymbol{j} + 0 \cdot \boldsymbol{k} \end{array}\right\} \tag{4.2.8}$$

其中,$\boldsymbol{i}$,$\boldsymbol{j}$,$\boldsymbol{k}$ 分别为直角坐标系中 X,Y,Z 轴的单位矢量,还可以得到

$$\left.\begin{aligned}
\boldsymbol{r}_0 \times \boldsymbol{r}_1 &= \left[(x_2 - x_1)(y - y_1) - (x - x_1)(y_2 - y_1)\right]\boldsymbol{k} \\
|\boldsymbol{r}_0 \times \boldsymbol{r}_1|^2 &= \left[(x_2 - x_1)(y - y_1) - (x - x_1)(y_2 - y_1)\right]^2 \\
\boldsymbol{r}_0 \cdot \boldsymbol{r}_1 &= (x_2 - x_1)(x - x_1) + (y_2 - y_1)(y - y_1) \\
\boldsymbol{r}_0 \cdot \boldsymbol{r}_2 &= (x_2 - x_1)(x - x_2) + (y_2 - y_1)(y - y_2) \\
r_1 &= \sqrt{(x - x_1)^2 + (y - y_1)^2} \\
r_2 &= \sqrt{(x - x_2)^2 + (y - y_2)^2}
\end{aligned}\right\} \tag{4.2.9}$$

由此可得,附着涡段 $\overline{AB}$ 对 P 点的诱导速度矢量为

$$\boldsymbol{w}_{AB}(x, y) = \frac{\Gamma}{4\pi} E \left[(x_2 - x_1)(y - y_1) - (x - x_1)(y_2 - y_1)\right]\boldsymbol{k} \tag{4.2.10}$$

其中

$$\left.\begin{aligned}
E &= \frac{B - C}{D} \\
B &= \frac{\boldsymbol{r}_0 \cdot \boldsymbol{r}_1}{r_1} = \frac{(x_2 - x_1)(x - x_1) + (y_2 - y_1)(y - y_1)}{\sqrt{(x - x_1)^2 + (y - y_1)^2}} \\
C &= \frac{\boldsymbol{r}_0 \cdot \boldsymbol{r}_2}{r_2} = \frac{(x_2 - x_1)(x - x_2) + (y_2 - y_1)(y - y_2)}{\sqrt{(x - x_2)^2 + (y - y_2)^2}} \\
D &= |\boldsymbol{r}_0 \times \boldsymbol{r}_1|^2 = \left[(x_2 - x_1)(y - y_1) - (x - x_1)(y_2 - y_1)\right]^2
\end{aligned}\right\} \tag{4.2.11}$$

式(4.2.11)中,下标 1,2 分别代表附着涡段的始点和终点,涡矢量由始点指向终点,从而由式(4.2.10)和式(4.2.11)可以推导出左、右自由涡对 P 点的诱导速度。注意到左自由涡的始点坐标为 (∞, y_1),终点坐标为 (x_1, y_1);右自由涡的始点坐标为 (x_2, y_2),终点坐标为 (∞, y_2),则直接应用附着涡段对 P 点的诱导速度矢量公式(4.2.10),得到

$$\begin{aligned}
\boldsymbol{w}_{\mathrm{L}} &= \lim_{u \to \infty} \frac{\Gamma}{4\pi} \frac{(x_1 - u)(y - y_1)}{(x_1 - u)^2 (y - y_1)^2} \left[\frac{(x_1 - u)(x - u)}{\sqrt{(x - u)^2 + (y - y_1)^2}} - \frac{(x_1 - u)(x - x_1)}{\sqrt{(x - x_1)^2 + (y - y_1)^2}}\right]\boldsymbol{k} \\
&= -\frac{\Gamma}{4\pi} \frac{1}{y - y_1} \left[1 + \frac{x - x_1}{\sqrt{(x - x_1)^2 + (y - y_1)^2}}\right]\boldsymbol{k} \tag{4.2.12}
\end{aligned}$$

$$\begin{aligned}
\boldsymbol{w}_{\mathrm{R}} &= \lim_{u \to \infty} \frac{\Gamma}{4\pi} \frac{(u - x_2)(y - y_2)}{(u - x_2)^2 (y - y_2)^2} \left[\frac{(u - x_2)(x - x_2)}{\sqrt{(x - x_2)^2 + (y - y_2)^2}} - \frac{(u - x_2)(x - u)}{\sqrt{(x - u)^2 + (y - y_2)^2}}\right]\boldsymbol{k} \\
&= \frac{\Gamma}{4\pi} \frac{1}{y - y_2} \left[1 + \frac{x - x_2}{\sqrt{(x - x_2)^2 + (y - y_2)^2}}\right]\boldsymbol{k} \tag{4.2.13}
\end{aligned}$$

结合式(4.2.10)、式(4.2.12)和式(4.2.13),得到整个马蹄涡对点 $P(x, y)$ 的诱导速度矢量为

$$\boldsymbol{w}(x, y) = \boldsymbol{w}_{AB}(x, y) + \boldsymbol{w}_{\mathrm{L}} + \boldsymbol{w}_{\mathrm{R}} \tag{4.2.14}$$

诱导速度的大小为

$$\begin{aligned}
w(x, y) = \Bigg\{ &\frac{E}{4\pi} \left[(x_2 - x_1)(y - y_1) - (x - x_1)(y_2 - y_1)\right] - \\
&\frac{1}{4\pi} \frac{1}{y - y_1} \left[1 + \frac{x - x_1}{\sqrt{(x - x_1)^2 + (y - y_1)^2}}\right] +
\end{aligned}$$

$$\frac{1}{4\pi}\frac{1}{y-y_2}\left[1+\frac{x-x_2}{\sqrt{(x-x_2)^2+(y-y_2)^2}}\right]\Bigg\}\Gamma \tag{4.2.15}$$

在上面的推导中,已经考虑了诱导速度的方向约定,即诱导速度正方向与 Z 轴正方向相同,因此在进行数值计算时,如果算出的 $w(x,y)$ 为正,则其方向与 Z 轴正方向相同,$w(x,y)$ 为负,则其方向与 Z 轴正方向相反。

4.2.2　空气动力影响系数矩阵

在求得了马蹄涡对一点的诱导速度计算公式以后,就可以计算三元机翼的空气动力影响系数矩阵。首先要将翼面按一定的规则划分为有限的网格。如图 4.2.3 所示,根据薄翼理论,可不考虑机翼的厚度,将机翼投影到 XOY 平面内来计算局部攻角产生的气动力。将机翼沿展向划分成若干平行于 X 轴的列,然后沿弦向划分成若干行,这样,就把机翼分成了有限个网格。现在,在每个网格上布置一个马蹄涡,根据薄翼理论,应使每个网格上马蹄涡的附着涡线与该网格的四分之一弦线重合,两条自由涡从四分之一弦线的两端点顺气流方向(平行于 X 轴)伸向下游无穷远处,每个网格上的马蹄涡强度为常量,并取每个网格的四分之三弦线中点为下洗控制点,二元机翼的薄翼理论及计算实践表明,这样处理可以使机翼后缘的库塔条件(后缘流动无分离)自动得到满足。

在进行网格划分时,可以是均匀划分,也可以是不均匀划分,一般在气动载荷变化比较剧烈的地方划分密一些,在气动载荷分布均匀的地方可以划分疏一些,但是要注意,当机翼前、后缘为折线或有操纵面时,折点、操纵面两侧及操纵面铰链线都必须正好在网格边界上。此外,同一列上的网格左右边界(自由涡线)必须重合,以避免下洗控制点与自由涡线重合而不能正确模拟流场的诱导速度。

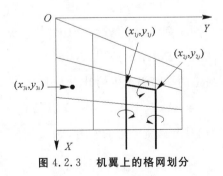

图 4.2.3　机翼上的格网划分

如图 4.2.3 所示,假定机翼上共划分了 N 个网格,在第 j 个网格上马蹄涡的涡强为 Γ_j,其附着涡的始点及终点坐标分别记为 (x_{1j},y_{1j}),(x_{2j},y_{2j}),第 i 个网格的下洗控制点坐标为 (x_{3i},y_{3i}),则由马蹄涡对任意点的诱导速度计算公式［式(4.2.10)～式(4.2.15)］,可以直接写出第 j 个网格上涡强为 Γ_j 的马蹄涡对第 i 个控制点的诱导速度,即

$$w_{ij}=(k_w)_{ij}\Gamma_j \tag{4.2.16}$$

其中

$$(k_w)_{ij} = k_w(x_{3i},y_{3i},x_{1j},y_{1j},x_{2j},y_{2j}) =$$

$$\frac{\widetilde{E}}{4\pi}\big[(x_{2j}-x_{1j})(y_{3i}-y_{1j})-(x_{3i}-x_{1j})(y_{2j}-y_{1j})\big]-$$

$$\frac{1}{4\pi}\frac{1}{y_{3i}-y_{1j}}\bigg[1+\frac{x_{3i}-x_{1j}}{\sqrt{(x_{3i}-x_{1j})^2+(y_{3i}-y_{1j})^2}}\bigg]+$$

$$\frac{1}{4\pi}\frac{1}{y_{3i}-y_{2j}}\bigg[1+\frac{x_{3i}-x_{2j}}{\sqrt{(x_{3i}-x_{2j})^2+(y_{3i}-y_{2j})^2}}\bigg] \tag{4.2.17}$$

$$\widetilde{E} = \frac{\widetilde{B}-\widetilde{C}}{\widetilde{D}} \tag{4.2.18}$$

式中

$$\left.\begin{array}{l}\widetilde{B} = \dfrac{(x_{2j}-x_{1j})(x_{3i}-x_{1j})+(y_{2j}-y_{1j})(y_{3i}-y_{1j})}{\sqrt{(x_{3i}-x_{1j})^2+(y_{3i}-y_{1j})^2}}\\[3mm]\widetilde{C} = \dfrac{(x_{2j}-x_{1j})(x_{3i}-x_{2j})+(y_{2j}-y_{1j})(y_{3i}-y_{2j})}{\sqrt{(x_{3i}-x_{2j})^2+(y_{3i}-y_{2j})^2}}\\[3mm]\widetilde{D} = \big[(x_{2j}-x_{1j})(y_{3i}-y_{1j})-(x_{3i}-x_{1j})(y_{2j}-y_{1j})\big]^2\end{array}\right\} \tag{4.2.19}$$

全部网格上的马蹄涡对第 i 个控制点的总诱导速度为

$$w_i = \sum_{j=1}^{N}(k_w)_{ij}\Gamma_j \tag{4.2.20}$$

任意一段涡强为 Γ_j 的涡线 $\mathrm{d}s$ 产生的升力为

$$\boldsymbol{L}_j = \rho\boldsymbol{V}_\infty\times\Gamma_j\mathrm{d}s \tag{4.2.21a}$$

其方向可按照右手定则判定,按图 4.2.4 所示情况为向上,其大小为

$$|\rho\boldsymbol{V}_\infty\times\Gamma_j\mathrm{d}s| = \rho V_\infty\Gamma_j\mathrm{d}s\sin(\boldsymbol{V}_\infty,\mathrm{d}s) \tag{4.2.21b}$$

则如图 4.2.4 所示,第 j 个网格上的马蹄涡产生的升力大小为

$$L_j = \rho V_\infty\Gamma_j\mathrm{d}s_j\cos\varphi_j = \rho V_\infty\Gamma_j\Delta y_j \tag{4.2.22}$$

如果按升力系数的形式写出马蹄涡所产生的升力,则

$$L_j = \frac{1}{2}\rho V_\infty^2 C_{Lj}b_j\Delta y_j \tag{4.2.23}$$

从而可由式(4.2.22)和式(4.2.23)导出升力系数与涡强之间的关系为

$$\Gamma_j = \frac{1}{2}V_\infty b_j C_{Lj} \tag{4.2.24}$$

将其代入式(4.2.20)并整理可得

$$\sum_{j=1}^{N}\frac{1}{2}(k_w)_{ij}b_j C_{Lj} = \frac{w_i}{V_\infty} \tag{4.2.25}$$

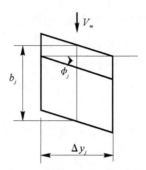

图 4.2.4　涡格的几何尺寸示意图

根据线性化薄翼绕流的边界条件:

$$\frac{w_i}{V_\infty} = \left(\frac{\partial z}{\partial x}\right)_i = -\alpha_i \tag{4.2.26}$$

可得

$$\sum_{j=1}^{N} \frac{1}{2}(k_w)_{ij} b_j C_{Lj} = \left(\frac{\partial z}{\partial x}\right)_i = -\alpha_i \quad (i = 1, 2, 3, \cdots, N) \tag{4.2.27}$$

注意到,一般飞机都是具有对称的左右两个机翼,因为机翼上的气动载荷总可以处理成对称和反对称载荷的叠加,所以在实际计算时,可以只取一边的机翼来划分网格,这时另一边机翼上处于对称位置上的涡格(见图 4.2.5),根据对称性,其涡强为 $\Gamma_j' = \Gamma_j$,它对控制点 i 的诱导速度等于 Γ_j 对 i' 点(i 点在另一边机翼上的对称点)的诱导速度,即 $w_{i'j}$,如图 4.2.5 所示。由此,可将式(4.2.27)写成矩阵形式:

$$\boldsymbol{A}(\boldsymbol{b}C_L) = \boldsymbol{\alpha} \tag{4.2.28}$$

其中

$$A_{ij} = -\frac{1}{2}\big[(k_w)_{ij} \pm (k_w)_{i'j}\big] \tag{4.2.29}$$

C_L 和 $\boldsymbol{\alpha}$ 分别为各涡格升力系数和攻角形成的列阵,$\boldsymbol{b} = \mathrm{diag}(b_1, \cdots, b_N)$,为对角阵。

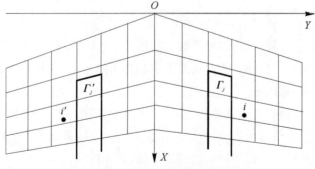

图 4.2.5　左右对称机翼的涡格划分

当左右机翼剖面的下洗对称时,如飞机在平飞状态下,式(4.2.29)中取加号,通常记为 $\boldsymbol{A}^s$;当左右机翼剖面下洗反对称时,如飞机在滚转机动的飞行状态下,左右机翼的副翼上下差动偏转,式(4.2.29)中取减号,通常记为 $\boldsymbol{A}^a$。这样得到的矩阵 $\boldsymbol{A}^s$ 或 $\boldsymbol{A}^a$,就是我们在求解飞机气动弹性静力学问题中要用到的定常空气动力影响系数矩阵。

马蹄涡格网法既适用于大展弦比机翼，也适用于小展弦比机翼，当机翼前后缘有转折或有操纵面时，处理起来比较方便。用这种方法计算定常气动力，公式比较简单，易于编程。在三元机翼气动弹性静力学问题的计算中，通常使用马蹄涡格网法来计算空气动力影响系数矩阵。

4.3　机翼柔度影响系数矩阵的计算

本节主要介绍机翼柔度影响系数的概念，给出了大展弦比机翼结构的柔度影响系数，同时介绍在用马蹄涡格网法计算空气动力影响系数矩阵时，相应的柔度影响系数矩阵计算中需要注意的问题，这样既有助于加深对柔度系数矩阵力学概念和物理意义的理解，又可在做简化计算时，直接计算出柔度影响系数。

机翼是一个复杂的弹性体，即使对大展弦比直机翼这样最简单的情况，要准确计算其柔度影响系数，一般也较困难，因此首先要把真实机翼的复杂结构在一定条件下简化成为一个可以代表原结构主要力学特性的相应的力学模型。

首先，对于常规具有大展弦比机翼的飞机，机翼在其自身平面内的抗弯刚度比起与机翼平面相垂直的平面内的抗弯刚度要大得多，机翼在其自身平面内的变形很小，而且这种变形几乎对气动载荷没有什么影响。因此通常假设机翼在自身平面内是绝对刚硬的。对于大展弦比机翼，其弦向刚度比展向刚度要大得多，其弦向变形比展向变形要小得多，因此对大展弦比机翼，可以假设其弦向剖面也是绝对刚硬的，即采用弦向剖面不变形的假设。

由结构力学知识可知，对于薄壳结构，其剖面都有一个称为弯心或刚心的点，当剪力通过该点时，剖面间不产生相对扭转，如果壳体为棱柱形壳体，则连接各剖面的弯心线为一条直线（也称为刚轴或弹性轴）。对于真实机翼，虽然不是棱柱形壳体，各剖面也不尽相同，但工程实践表明，对于大展弦比机翼，只要机翼上没有大开口，或结构形式沿展向没有很大的变化，则其弹性轴基本上还是一条直线，可以将这种机翼的弹性特性等效到弹性轴上来表示，而不必考虑其具体的结构细节，即该弹性轴沿展向的弯曲刚度、剪切刚度及扭转刚度与原机翼结构是一致的。

对于大展弦比直机翼，这样的弹性轴基本与机身对称平面相垂直，那么在弹性轴上作用一个扭矩，将只使机翼产生扭转变形；在弹性轴上作用一个力，只会使机翼产生弯曲变形，即弯扭变形不产生耦合，而且对于直机翼，弯曲变形不引起攻角的变化，它所产生的气动载荷很小，在进行静气动弹性分析时，可以不予考虑。

综上所述，一个大展弦比直机翼的弹性特性，可以近似用一个垂直于机身对称平面的、如上所述的弹性轴的弹性特性来表示，这在后面章节的研究中还要用到。在气动弹性静力学问题中研究大展弦比直机翼的静气弹问题时，只需研究其扭转特性。

4.3.1　大展弦比直机翼柔度影响系数

大展弦比直机翼如图 4.3.1 所示，其根部固支，为方便起见，设其弹性轴与 Y 轴重合，根据弦向不变形假设，作用在每一剖面上的力都可以等效为作用在弹性轴上的力和对弹性轴的力矩。又因弯曲变形对定常气动力无甚影响,所以只需研究扭转柔度影响系数 $f^{\theta\theta}(y,\eta)$,它表示在弹性轴上 η 处作用一单位扭矩时,在 y 剖面处产生的扭角(扭矩与扭角均以使机翼前缘抬头为正),由材料力学知识,有

$$f^{\theta\theta}(y,\eta) = \int_0^y \frac{\mathrm{d}\lambda}{GJ(\lambda)} \quad (y \leqslant \eta) \tag{4.3.1a}$$

$$f^{\theta\theta}(y,\eta) = \int_0^\eta \frac{\mathrm{d}\lambda}{GJ(\lambda)} \quad (y \geqslant \eta) \tag{4.3.1b}$$

其中,$GJ(\lambda)$ 为弹性轴的抗扭刚度。

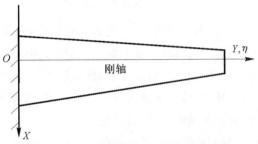

图 4.3.1　长直机翼的弹性轴示意图

如前所述,对弹性轴而言,$f^{\theta z}(y,\eta) = f^{z\theta}(y,\eta) = 0$。$f^{\theta z}(y,\eta)$ 表示在弹性轴上 η 处作用一个单位力时,在 y 剖面处产生的顺气流方向扭转角(升力向上为正,扭角以机翼前缘抬头为正)。

当用马蹄涡格网法计算空气动力时,机翼弦向往往也沿顺气流方向划分为若干网格,这时各网格的气动力并不集中作用在弹性轴上,为此需要引出另外一个柔度影响系数 $f^{\theta z}(x,y,\xi,\eta)$,它表示在机翼上 (ξ,η) 点处作用单位力后,在 (x,y) 处产生的顺气流方向的扭转变形,即

$$f^{\theta z}(x,y,\xi,\eta) = \begin{cases} -\xi \int_0^y \dfrac{\mathrm{d}\lambda}{GJ(\lambda)} & (y \leqslant \eta) \\[3mm] -\xi \int_0^\eta \dfrac{\mathrm{d}\lambda}{GJ(\lambda)} & (y \geqslant \eta) \end{cases} \tag{4.3.2}$$

后面将看到,采用 $f^{\theta z}(x,y,\xi,\eta)$ 可以将各种机翼的弹性平衡方程表示为统一的形式。

此外,需要指出的是采用马蹄涡格网法计算空气动力时,对每一个涡格,其产生的空气动力作用在其四分之一弦线中点处,而绕流边界条件要求在其四分之三弦线中点(下洗控制点)处得到满足,因此,在式(4.3.2) 中,即使对同一涡格,(ξ,η) 点与 (x,y) 点也不是同一个点。

4.3.2　大展弦比后掠机翼柔度影响系数

对于大展弦比后掠机翼,仍然假定其在机翼所在平面内绝对刚硬及弦向剖面绝对刚硬,但它与直机翼相比,相当于在根部多了一个三角形盒段。对大展弦比后掠机翼,其翼根三角形盒段对变形的影响可以忽略,从而大展弦比后掠机翼可以视为斜着固定在机身上的长直机翼,如图 4.3.2 所示。其弹性轴与其有效根部垂直(见图中根部的虚线),即其弹性轴不再与机身对称面垂直,而是与之成一定角度,即后掠角(不一定与前缘后掠角相等)。

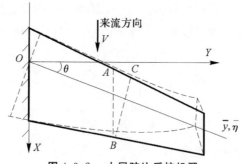

图 4.3.2　大展弦比后掠机翼

当后掠机翼向上作弯曲变形时,与弹性轴正交的剖面会向上平行移动,在同一正交剖面上的前、后两点 B、C 的垂直位移基本相同(见图 4.3.2),这样在同一顺流剖面上,前缘 A 点的位移就比后缘 B 点小,从而使顺流剖面产生低头扭转,也就是说,后掠机翼向上弯曲时,顺流剖面攻角会随之减小,从而使升力减小。这对于扭转发散品质来说,有改善作用,即后掠机翼的扭转发散品质比长直机翼要好。同时也说明,对于后掠机翼,其弯曲变形与(气动)扭转变形是耦合的,在计算柔度影响系数时,我们必须同时考虑弯曲及扭转两方面的影响。

计算空气动力影响系数时,使用的是顺气流方向剖面的扭转变形,因此,可以先求解出与弹性轴垂直的剖面的弯曲与扭转,然后转化到顺气流方向。引入前文所述的柔度影响系数 $f^{\theta z}(x,y,\xi,\eta)$,则

$$f^{\theta z}(x,y,\xi,\eta) = f^{\theta z}(y,\eta) - \xi f^{\theta \theta}(y,\eta) \tag{4.3.3}$$

这里,柔度影响系数 $f^{\theta \theta}(y,\eta)$ 表示在弹性轴上 η 处剖面上作用单位扭矩(扭矩矢量垂直于气流方向),在弹性轴上 y 处顺气流剖面所产生的扭转变形,根据材料力学知识可得

$$f^{\theta \theta}(y,\eta) = \begin{cases} \displaystyle\int_0^{y/\cos\theta} \left(\frac{\cos^2\theta}{\overline{GJ}} + \frac{\sin^2\theta}{\overline{EI}} \right) \mathrm{d}\bar{\lambda} & (y \leqslant \eta) \\[4mm] \displaystyle\int_0^{\eta/\cos\theta} \left(\frac{\cos^2\theta}{\overline{GJ}} + \frac{\sin^2\theta}{\overline{EI}} \right) \mathrm{d}\bar{\lambda} & (y \geqslant \eta) \end{cases} \tag{4.3.4}$$

其中,$\overline{EI}$、$\overline{GJ}$ 是垂直于弹性轴剖面上的抗弯刚度及抗扭刚度。

而柔度影响系数 $f^{\theta z}(y,\eta)$ 表示在弹性轴上 η 剖面处作用单位力,在 y 处顺气流剖面产生的扭角,即

$$f^{\theta z}(y,\eta) = \begin{cases} -\sin\theta \displaystyle\int_0^{y/\cos\theta} \frac{\eta/\cos\theta - \bar{\lambda}}{\overline{EI}} \mathrm{d}\bar{\lambda} & (y \leqslant \eta) \\[4mm] -\sin\theta \displaystyle\int_0^{\eta/\cos\theta} \frac{\eta/\cos\theta - \bar{\lambda}}{\overline{EI}} \mathrm{d}\bar{\lambda} & (y \geqslant \eta) \end{cases} \tag{4.3.5}$$

4.3.3　小展弦比机翼的柔度影响系数

对于小展弦比机翼,其弦向变形与展向变形是同样重要的,因此不能再用等效为弹性梁的方法来处理,而需要用较复杂的有限元方法来计算,实际的工程分析中,都是用有限元方法编制程序或用商用 CAE 软件来计算机翼的柔度影响系数矩阵。小展弦比机翼的柔度影响系数同样可以写为 $f^{\theta z}(x,y,\xi,\eta)$,它表示在机翼上 (ξ,η) 点处作用单位力而在 (x,y) 点处所引起的顺

气流方向的扭转角。求 $f^{\alpha}(x,y,\xi,\eta)$ 的具体方法可参考有关的文献资料,这里不再详细讨论。

4.4　三元机翼的气动载荷重新分布与扭转发散

在 4.2 节中,我们已推导出了使用马蹄涡格网法计算空气动力影响系数时,各网格局部攻角 $\boldsymbol{\alpha}$、升力系数 $\boldsymbol{C}_L$ 以及气动力影响系数矩阵 $\boldsymbol{A}$ 三者之间的关系:

$$\boldsymbol{A}(\boldsymbol{b}\boldsymbol{C}_L) = \boldsymbol{\alpha} \tag{4.4.1}$$

其中,$\boldsymbol{b} = \mathrm{diag}(b_1,\cdots,b_N)$ 为对角阵。

如图 4.2.4 所示,对第 j 个涡格,b_j 为网格处小块翼面的中弦长度,Δy_j 为网格展向宽度,$b_j\Delta y_j$ 就是该小块翼面的面积。按照局部升力系数的定义,第 j 个网格处的局部升力为

$$L_j = C_{Lj}q(b_j\Delta y_j) \tag{4.4.2}$$

为下面讨论方便,在不影响问题实质的前提下,我们假定翼面网格划分时,展向是均匀划分的,即 Δy_j 为常数 Δy,则局部升力矢量为

$$\boldsymbol{L} = (\boldsymbol{b}\boldsymbol{C}_L)q\Delta y \tag{4.4.3}$$

记 $\bar{q} = q\Delta y$,则式(4.4.3)可写为

$$\boldsymbol{L} = \bar{q}(\boldsymbol{b}\boldsymbol{C}_L) \tag{4.4.4}$$

从而由马蹄涡格网法基本公式[见式(4.2.28)],可得到气动力与攻角之间的关系式为

$$\boldsymbol{A}\boldsymbol{L} = \bar{q}\boldsymbol{\alpha} \tag{4.4.5}$$

由结构力学的知识可知,机翼弹性扭转变形与气动力(外载荷)之间的关系为

$$\boldsymbol{\theta} = \boldsymbol{F}\boldsymbol{L} \tag{4.4.6}$$

其中,$\boldsymbol{F}$ 中的各元素就是 4.3 节中所述的 $f^{\alpha}(x,y,\xi,\eta)$。式(4.4.6)也可以写为

$$\boldsymbol{L} = \boldsymbol{K}\boldsymbol{\theta} \tag{4.4.7}$$

其中,$\boldsymbol{K} = \boldsymbol{F}^{-1}$ 为机翼的刚度矩阵。

将式(4.4.5)与式(4.4.6)或式(4.4.7)联立,就可以求解三元机翼的各类静气动弹性问题。

4.4.1　三元机翼的载荷重新分布

对于弹性机翼,考虑气动弹性效应后,其攻角分布为

$$\boldsymbol{\alpha} = \boldsymbol{\alpha}_0 + \boldsymbol{\theta} \tag{4.4.8}$$

其中,$\boldsymbol{\alpha}_0$ 为原始的局部攻角分布。

将式(4.4.6)的弹性扭角 $\boldsymbol{\theta}$ 表达式代入式(4.4.5)中,可得

$$\boldsymbol{A}\boldsymbol{L} - \bar{q}\boldsymbol{F}\boldsymbol{L} = \bar{q}\boldsymbol{\alpha}_0 \tag{4.4.9}$$

从而得到弹性机翼的气动力分布为

$$\boldsymbol{L} = \bar{q}(\boldsymbol{A} - \bar{q}\boldsymbol{F})^{-1}\boldsymbol{\alpha}_0 \tag{4.4.10}$$

如果由式(4.4.7)出发,则用刚度矩阵 $\boldsymbol{K}$ 前乘式(4.4.9)的两边后,可求解出弹性机翼气

动载荷分布的另一种表达式:

$$L = \bar{q} \, (KA - \bar{q}I)^{-1} K\alpha_0 \tag{4.4.11}$$

我们也可以先求出机翼的弹性扭转变形 θ,再得到弹性机翼的气动载荷,即将式(4.4.7)式代入式(4.4.5),得

$$\left. \begin{array}{l} AK\theta = \bar{q}(\alpha_0 + \theta) \\ \theta = \bar{q} \, (AK - \bar{q}I)^{-1} \, \alpha_0 \end{array} \right\} \tag{4.4.12}$$

然后得到

$$L = K\theta = \bar{q} \, K \, (AK - \bar{q}I)^{-1} \, \alpha_0 \tag{4.4.13}$$

可以证明,上述弹性机翼载荷分布的三种表达式的结果是一致的。求出的 L 就是考虑机翼弹性变形以后,机翼各格网上实际的局部升力组成的气动力分布列阵。

4.4.2　三元机翼的扭转发散临界速度

在分析二元机翼的扭转发散问题时,就已经看到,原始局部攻角 α_0 可以不予考虑,即可直接从 $\alpha_0 = 0$ 的情况出发,来求扭转发散临界速度,这时扭转发散问题的基本方程为

$$\left. \begin{array}{l} AL = \bar{q}\theta \\ \theta = FL \end{array} \right\} \tag{4.4.14}$$

上面两个齐次方程中只有两个未知量 L, θ,从而构成一个特征值问题,$\bar{q}$ 就是待求的特征值。由式(4.4.14)第一个方程得到 $L = \bar{q}A^{-1}\theta$,将其代入式(4.4.14)第二个方程有

$$\frac{1}{\bar{q}}\theta = FA^{-1}\theta \tag{4.4.15}$$

它是一个标准特征值问题,用迭代法可以求出最小的正特征值 $\bar{q}$,从而可以得到对应的扭转发散临界速压 q_D 及临界速度 V_D。

对于一般的情况,机翼刚度矩阵是已知的,因此,可将扭转发散临界速度的求解归结为求解下面的标准特征值问题:

$$AK\theta = \bar{q}\theta \tag{4.4.16}$$

用逆迭代法可以求出最小的正特征值 $\bar{q}$,然后得到临界速压 q_D 及临界速度 V_D。

顺便指出,在用马蹄涡格网法计算气动力影响系数矩阵 A 时,如果机翼展向分块不采用等距分块,即 Δy_j 不是常数,那么有

$$L = q\,\mathrm{diag}(\Delta y_1, \cdots, \Delta y_N)(bC_L) \tag{4.4.17}$$

则静气动弹性问题的上述基本方程式应写为

$$\left. \begin{array}{l} A(bC_L) = \alpha \\ \theta = qF\,\mathrm{diag}(\Delta y_1, \cdots, \Delta y_N)(bC_L) \end{array} \right\} \tag{4.4.18}$$

其余的求解过程完全相同。为方便起见,在讨论下面的副翼效率问题时,仍采用机翼展向等距划分的方法。

4.5　三元机翼的副翼效率与操纵反效

4.5.1　副翼反效临界速度

对整架飞机来说,操纵副翼偏转 β 角应引起飞机绕机身轴(纵轴)的滚转,而弹性机翼的气动弹性效应,会使副翼产生操纵效率降低,甚至出现副翼操纵反效的现象,即操纵副翼偏转时达不到预想的滚转力矩或不产生预期的滚转,甚至使飞机向相反的方向滚转。显然,在这类问题中,对飞机机身轴(纵轴)对称分布的气动力是不起作用的,只需考虑反对称分布的气动力,即在计算时,气动力与攻角关系式中的气动力影响系数阵 A 应按反对称载荷情况处理,如果用马蹄涡格网法,则按式(4.2.29)计算 A 中元素时,应取减号,即求 A^a。

副翼反效问题,实际上是研究弹性机翼在操纵副翼偏转 β 角后的升力增量问题,因此,机翼的原始攻角分布可以不予考虑,即直接考虑 $\alpha_0 = 0$ 的情况。

副翼偏转后的机翼如图 4.5.1 所示,假定在计算翼面空气动力时,格网划分采用如下规律,即副翼的前、后缘线和左、右边缘线都划分为格网线,则不难理解,副翼偏转 β 角后,可以认为整个机翼是处于一种特殊的原始攻角分布状态。假定格网的编号从副翼上的格网开始,整个机翼划分为 N 个格网,其中副翼划分为 N_a 个格网,则此时可以认为机翼具有如下的等效原始攻角分布:

$$\widetilde{\boldsymbol{\alpha}}_0 = [\underbrace{\beta,\beta,\cdots,\beta}_{N_a}, \underbrace{0,0,\cdots,0}_{N-N_a}]^{\mathrm{T}} \tag{4.5.1}$$

或简写为

$$\widetilde{\boldsymbol{\alpha}}_0 = \beta\boldsymbol{d} \tag{4.5.2}$$

这里

$$\boldsymbol{d} = [\underbrace{1,1,\cdots,1}_{N_a}, \underbrace{0,0,\cdots,0}_{N-N_a}]^{\mathrm{T}} \tag{4.5.3}$$

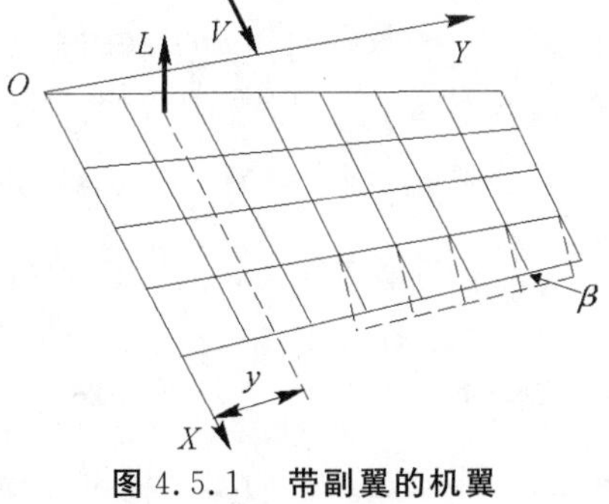

图 4.5.1　带副翼的机翼

由此,弹性机翼在副翼偏转 β 角后,考虑静气动弹性效应后,所产生的升力分布可以直接引用式(4.4.11),仅需用 $\widetilde{\boldsymbol{\alpha}}_0$ 代替 $\boldsymbol{\alpha}_0$ 即可,即

$$\boldsymbol{L} = \bar{q}\,(\boldsymbol{KA}^a - \bar{q}\boldsymbol{I})^{-1}\boldsymbol{Kd}\beta \tag{4.5.4}$$

副翼效率可以用副翼偏转 β 角后,产生的绕机身轴(纵轴)的滚转力矩 M_x 来衡量:

$$M_x = \mathbf{y}^{\mathrm{T}} \mathbf{L} \tag{4.5.5}$$

其中，$\mathbf{y}$ 代表各网格气动中心到机身轴的展向距离构成的列阵。

若副翼偏转 β 角后，实际产生的滚转力矩 $M_x = 0$，则机翼处于副翼反效的临界状态。从而，对于副翼反效问题，其基本方程为

$$\left.\begin{aligned} \mathbf{A}^a \mathbf{L} &= \bar{q}(\mathbf{d}\beta + \boldsymbol{\theta}) \\ \mathbf{K}\boldsymbol{\theta} &= \mathbf{L} \\ \mathbf{y}^{\mathrm{T}} \mathbf{L} &= 0 \end{aligned}\right\} \tag{4.5.6}$$

其中，第一个方程可由式(4.4.5)导出，$\beta, \mathbf{L}, \boldsymbol{\theta}$ 都是未知量，从而构成求解齐次方程非零解的问题，也是一个特征值问题，$\bar{q}$ 就是待求特征值。

在式(4.5.6)中的第一个方程解出 $\mathbf{L}$，并将其代入第三个方程中，可解出偏转角为

$$\beta = -\frac{\mathbf{y}^{\mathrm{T}} (\mathbf{A}^a)^{-1} \boldsymbol{\theta}}{\mathbf{y}^{\mathrm{T}} (\mathbf{A}^a)^{-1} \mathbf{d}} \tag{4.5.7}$$

将式(4.5.7)及式(4.5.6)第二个方程代入式(4.5.6)第一个方程中，则有

$$\mathbf{A}^a \mathbf{K}\boldsymbol{\theta} = \bar{q}\left(\mathbf{I} - \frac{\mathbf{d}\mathbf{y}^{\mathrm{T}} (\mathbf{A}^a)^{-1}}{\mathbf{y}^{\mathrm{T}} (\mathbf{A}^a)^{-1} \mathbf{d}}\right)\boldsymbol{\theta} \tag{4.5.8}$$

这是一个广义特征值问题，求出其最小特征值 $\bar{q}_{\min}$，就可得到反效临界速压 q_R 及反效临界速度 V_R。

如果能求出柔度矩阵 $\mathbf{F} = \mathbf{K}^{-1}$（如将机翼根部视为固支），则可以得到下面形式的标准特征值问题：

$$\frac{1}{\bar{q}}\boldsymbol{\theta} = \mathbf{F} (\mathbf{A}^a)^{-1}\left(\mathbf{I} - \frac{\mathbf{d}\mathbf{y}^{\mathrm{T}} (\mathbf{A}^a)^{-1}}{\mathbf{y}^{\mathrm{T}} (\mathbf{A}^a)^{-1} \mathbf{d}}\right)\boldsymbol{\theta} \tag{4.5.9}$$

可用迭代法求出上述标准特征值问题的最小特征值 $\bar{q}_{\min}$。

4.5.2　副翼操纵效率

当 $q < q_R$ 时，副翼偏转将引起滚转力矩，使飞机绕机身轴滚转，同时滚转运动会引起一定的滚转阻尼力矩。飞机在滚转力矩作用下，滚转速度不断增大，滚转阻尼力矩也不断增加，当滚转速度增大到某一值时，副翼偏转产生的滚转力矩与滚转阻尼力矩相等，即总的滚转力矩之和为零，飞机达到一个稳定的滚转角速度 p。

当飞机以角速度 p 绕机身轴转动时，在第 i 个网格处有局部速度 py_i，它使该格网处的小块翼面有一附加攻角 $-\dfrac{py_i}{V}$，引入无量纲角速度 $\bar{p} = \dfrac{pl}{V}$（l 为机翼半展长），则局部附加攻角改写为 $-\dfrac{\bar{p}y_i}{l}$。可参照对副翼偏转角 β 的处理方法，将各局部网格处由滚转速度引起的局部附加攻角视为一种特殊的初始攻角分布，那么它产生的增升可以直接引用式(4.4.11)来计算，即

$$\mathbf{L}_p = -\bar{q} (\mathbf{K}\mathbf{A}^a - \bar{q}\mathbf{I})^{-1} \mathbf{K}\frac{\bar{p}}{l}\mathbf{y} \tag{4.5.10}$$

当 $q < q_R$ 时，副翼偏转 β 角后的总增升为

$$\mathbf{L} = \bar{q} (\mathbf{K}\mathbf{A}^a - \bar{q}\mathbf{I})^{-1} \mathbf{K}\mathbf{d}\beta - \bar{q} (\mathbf{K}\mathbf{A}^a - \bar{q}\mathbf{I})^{-1} \mathbf{K}\frac{\bar{p}}{l}\mathbf{y} \tag{4.5.11}$$

绕机身轴总的滚转力矩为

$$M_x = \boldsymbol{y}^{\mathrm{T}} \boldsymbol{L} \tag{4.5.12}$$

当飞机达到稳定滚转角速度(匀速滚转)时,$M_x = 0$,即

$$\bar{q} \, \boldsymbol{y}^{\mathrm{T}} (\boldsymbol{K}\boldsymbol{A}^a - \bar{q}\boldsymbol{I})^{-1} \boldsymbol{K} \boldsymbol{d} \beta - \bar{q} \boldsymbol{y}^{\mathrm{T}} (\boldsymbol{K}\boldsymbol{A}^a - \bar{q}\boldsymbol{I})^{-1} \boldsymbol{K} \frac{\bar{p}}{l} \boldsymbol{y} = 0 \tag{4.5.13}$$

从而三元机翼的副翼操纵效率可定义为

$$\eta = \frac{\partial \bar{p}}{\partial \beta} = \frac{l \boldsymbol{y}^{\mathrm{T}} (\boldsymbol{K}\boldsymbol{A}^a - \bar{q}\boldsymbol{I})^{-1} \boldsymbol{K} \boldsymbol{d}}{\boldsymbol{y}^{\mathrm{T}} (\boldsymbol{K}\boldsymbol{A}^a - \bar{q}\boldsymbol{I})^{-1} \boldsymbol{K} \boldsymbol{y}} \tag{4.5.14}$$

它表示副翼有单位偏角时,使飞机产生的无量纲滚转角速度(对应稳定滚转情况)。

需要指出的是,本章的讨论均是基于飞机为平飞状态,未考虑机动飞行的情况。对于机动飞行情况,其气动弹性静力学问题的基本原理和公式推导与本章介绍的方法是一致的。另外,在对某机翼求其扭转发散临界速度时,要分别考虑气动载荷对称分布及气动载荷反对称分布的情况,取两种情况下较小的那个临界速度作为扭转发散临界速度。同样,在求操纵反效临界速度时,要同时求出扭转发散临界速度,如果 $V_\mathrm{D} < V_\mathrm{R}$,则 V_D 亦是反效临界速度。

思考题

1. 飞行器出现静气动弹性现象的最根本原因是什么?

2. 气动弹性力学问题与经典的结构力学问题的区别是什么?

3. 推导用刚度矩阵表示的三元机翼气动载荷重新分布的公式。

4. 对三元机翼,如何定义其操纵效率?

5. 分析三元机翼操纵效率和操纵反效问题时,如何处理操纵面的偏转角?

6. 简述用马蹄涡格网法求三元机翼气动力影响系数矩阵的思路和步骤。在划分气动网格时需要遵循哪些原则?

7. 大展弦比直机翼有什么结构特点?

8. 分析前掠机翼容易发生扭转发散失稳的原因。

9. 比较前掠机翼和后掠机翼的静气动弹性特性(包括扭转发散和操纵效率两个方面)。

10. 试用马蹄涡格网法编制计算机翼定常气动力影响系数矩阵的程序,并计算弦长为 5 m、全展长为 10 m 的矩形机翼的对称、反对称空气动力影响系数矩阵(弦向均分为 5 个网格,展向均分为 10 个网格)。

11. 考虑马蹄涡与任意点 P 不共面的情况,尝试推导马蹄涡对 P 点的诱导速度。

参考文献

[1] FUNG Y C. An introduction to the theory of aeroelasticity[M]. New York:Dover Publications,1969.

[2] DOWELL E H,CLARK R,COX D,et al. A modern course in aeroelasticity[M]. Dordrecht:Kluwer Academic Publishers,2004.

第5章　结构振动理论基础

作为气动弹性动力学分析的基础理论之一,本章简要介绍结构振动理论的基本概念,包括集中参数系统(单自由度系统、多自由度系统)和连续参数系统振动方程的建立方法,以及结构的固有振动分析和固有模态的概念。

5.1　单自由度系统的固有振动分析

结构振动理论中,描述系统运动状态的独立(广义)坐标称为自由度,而描述系统运动所需的最少独立(广义)坐标数称为自由度数。对于图 5.1.1 的振动系统,因只需要一个独立(广义)坐标就可以描述其运动状态,故称其为单自由度系统。由于系统只由质量和弹簧元件(没有阻尼元件)组成,所以这是一个单自由度无阻尼振动系统。其运动方程的建立方法在振动力学(或理论力学)中都有介绍。例如可以采用牛顿第二定律,或者达朗贝尔原理,建立其受迫振动的运动方程为

$$m\ddot{x} + kx = f(t) \tag{5.1.1}$$

而在研究多自由度振动系统或者连续参数系统时,其运动方程的建立往往不能再采用这类方法,而需要借助于拉格朗日方程,该方法在复杂结构系统的振动分析应用中避免了对结构取分离体进行受力分析的困难,具有普适的优势。

对于单自由度振动系统,在应用拉格朗日方程建立其运动方程时,涉及的步骤与多自由度振动情况完全相同,下面以单自由度系统为对象,介绍用拉格朗日方程建立系统振动运动方程的具体过程。

5.1.1　拉格朗日方程

对于图 5.1.1 的单自由度振动系统,质量块 m 仅具有一个自由度 $x(t)$,当弹簧处于平衡状态(这里对应弹簧未变形情况)时,质量块 m 位于 x 轴坐标原点。这里 $x(t)$ 就是一个广义坐标,一般来说,通常可选取较为直观的独立物理量(如振动位移)作为广义坐标。

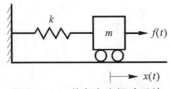

图 5.1.1　单自由度振动系统

针对广义坐标 x,拉格朗日方程的形式如下:

$$\frac{\mathrm{d}}{\mathrm{d}t}\left(\frac{\partial T}{\partial \dot{x}}\right)-\frac{\partial T}{\partial x}+\frac{\partial U}{\partial x}=Q_x \tag{5.1.2}$$

式中,Q_x 为广义力,由外力虚功确定。T 为质量块 m 的动能,有

$$T=\frac{1}{2}m\dot{x}^2 \tag{5.1.3}$$

U 为弹簧储存的势能,有

$$U=\frac{1}{2}kx^2 \tag{5.1.4}$$

在计算式(5.1.2)中的各偏导数时,x 和 $\dot{x}$ 均应视为独立的变量。令 δx 为质量块 m 在广义坐标 $x(t)$ 方向上的虚位移(任意小的假想位移,属于运动学的概念),作用在质量块 m 上的外力在虚位移 δx 上所做的虚功 δW 定义为广义力与虚位移的乘积,即

$$\delta W=f(t)\delta x$$

则作用在广义坐标 $x(t)$ 方向上的广义力 Q_x 为

$$Q_x=\frac{\partial(\delta W)}{\partial(\delta x)}=f(t) \tag{5.1.5}$$

将动能、势能和广义力的表达式代入式(5.1.2),整理后可以得到

$$m\ddot{x}+kx=f(t) \tag{5.1.6}$$

该方程与式(5.1.1)是一致的。

对于单自由度系统而言,以上推导显得"杀鸡用牛刀",但其步骤完全适用于多自由度系统的振动方程推导,区别仅在于方程中的广义坐标不止一个。

5.1.2 固有频率

系统没有外部激励力作用时,振动方程式(5.1.6)的右端项为零,此时,由初始条件引起的系统的运动,称为自由振动,相应的运动方程称为自由振动方程,即

$$m\ddot{x}+kx=0 \tag{5.1.7}$$

根据常微分方程理论,令 $x(t)=X\mathrm{e}^{pt}$,代入式(5.1.7),可得其特征方程为

$$p^2 m+k=0 \tag{5.1.8}$$

解得其特征根为

$$p_{1,2}=\pm\mathrm{i}\sqrt{k/m}=\pm\mathrm{i}\omega_n \tag{5.1.9}$$

其中,$\omega_n=\sqrt{k/m}$ 称为系统的固有频率。

5.2 多自由度系统的固有振动分析

实际飞行器设计工程中,结构的振动分析可以借助于有限元方法,将连续结构系统离散为有限个自由度的离散系统,称为多自由度系统(Multiple Degrees of Freedom,MDOF),并用合适的形状函数来模拟单元的质量分布和刚度分布,从而得到单元的质量矩阵和刚度矩阵,最后按照一定的规则组装出结构的总体质量矩阵 $\boldsymbol{M}$ 和总体刚度矩阵 $\boldsymbol{K}$(具体方法可以参考有限元

方法的教材或专著),从而可以写出系统的动能和势能表达式,再应用拉格朗日方程,假定系统不受外激励作用,则类似于5.1节的过程,可建立起多自由度系统的自由振动方程:

$$M\ddot{u} + Ku = 0 \tag{5.2.1}$$

式中,$M \in \mathbf{R}^{N \times N}$,$K \in \mathbf{R}^{N \times N}$,分别为系统的质量矩阵和刚度矩阵;$u = [u_1 u_2 \cdots u_N]^T$,为系统的广义坐标位移向量;$N$ 为结构有限元模型的总自由度数。

与单自由度系统类似,多自由度系统的动能表达式为

$$T = \frac{1}{2}\dot{u}^T M\dot{u} > 0, \quad m_{ij} = \frac{\partial^2 T}{\partial \dot{u}_i \partial \dot{u}_j} = m_{ij} \tag{5.2.2}$$

式中,m_{ij} 为质量阵 M 第 i 行、第 j 列上的元素。

式(5.2.2)表明质量矩阵具有以下特性:

(1) 质量矩阵是正定的(系统的动能始终为正)。

(2) 质量矩阵是对称的。

当然,也有例外情况,即可能存在纯静态位移u_∞ 使

$$T = \frac{1}{2}\dot{u}_\infty^T M\dot{u}_\infty = 0 \tag{5.2.3}$$

例如在用有限元法建模时,采用了非一致质量阵,则某些自由度上可能无质量项,此时不能保证质量阵正定,这样就可以找到一个非零位移向量使式(5.2.3)成立。

多自由度系统的势能表达式为

$$U = \frac{1}{2}u^T Ku > 0, \quad k_{ij} = \frac{\partial^2 U}{\partial u_i \partial u_j} = k_{ji} \tag{5.2.4}$$

式(5.2.4)表明刚度矩阵具有以下特性:

(1) 刚度矩阵是半正定的(当存在刚体位移时,刚体位移对应的势能为零)。

(2) 刚度矩阵是对称的。

5.2.1　特征方程

类似单自由度系统的情况,对于多自由度系统的自由振动,令 $u(t) = Xe^{pt}$,而我们知道系统的无阻尼自由振动为简谐振动,即 $p = i\omega$,由式(5.2.1)可得其特征方程为

$$(K - \omega^2 M)X = 0 \tag{5.2.5}$$

将式(5.2.5)左乘 M^{-1} 后,可以将其转化为一个标准代数特征值问题:

$$(M^{-1}K - \omega^2 I)X = 0 \tag{5.2.6}$$

即 ω^2 是矩阵 $M^{-1}K$ 的特征值。求得特征值后,也可求得与之对应的特征向量 X,即为下面介绍的固有模态。

5.2.2　固有模态

对于 N 自由度系统,对应的特征方程的特征值也应有 N 个($\omega_1^2, \cdots, \omega_i^2, \cdots, \omega_N^2$),$\omega_i$ 称为系统的第 i 阶固有频率或模态频率,它反映了结构自由振动随时间的周期变化特性。对应于特征值ω_i^2 的特征向量X_i,通常也写作$\phi_i(i = 1, 2, \cdots, N)$,有

$$\phi_i = X_i = [X_{i1}, X_{i2}, \cdots, X_{iN}]^T \tag{5.2.7}$$

式(5.2.7)被称为系统对应于第 i 阶固有频率 ω_i 的固有模态或固有振型,简称为"模态"或"振型"。

由于各阶固有频率及其所对应的固有振型是成对出现的,故振动理论中所说的系统模态特性包含两个要素:模态频率和对应的模态振型,或固有频率和对应的固有振型。

固有振型反映了结构自由振动在空间的变化特性。

对于无阻尼自由振动情况,若结构以固有频率发生振动时,各个自由度的运动具有统一的相位,即各广义坐标的位移同时达到最大振幅或最小振幅(如图 5.2.1 中的虚线和实线所示)。注意,由于固有振型是式(5.2.6)的齐次代数方程的非零解,因此固有振型向量中各分量的数值只具有相对的大小。从后面介绍的位移展开定理可知,系统振幅的具体大小是由广义坐标(模态坐标)的大小来决定的。

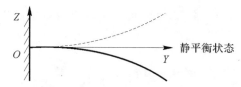

图 5.2.1　**悬臂梁结构第一阶弯曲振动模态的固有振型示意图**

求解固有振动特性是飞行器结构振动分析最基本的任务之一,也是对飞行器开展工程颤振分析的基础。

5.2.3　固有模态的正交性

固有模态的正交性是指模态振型对质量矩阵 $\boldsymbol{M}$ 及刚度矩阵 $\boldsymbol{K}$ 的加权正交性:

$$\left.\begin{aligned}\boldsymbol{\phi}_s^{\mathrm{T}}\boldsymbol{M}\boldsymbol{\phi}_r &= 0 \\ \boldsymbol{\phi}_s^{\mathrm{T}}\boldsymbol{K}\boldsymbol{\phi}_r &= 0\end{aligned}\right\}, r \neq s, \omega_r \neq \omega_s \tag{5.2.8}$$

证明: 由

$$\left.\begin{aligned}\boldsymbol{K}\boldsymbol{\phi}_r &= \omega_r^2\boldsymbol{M}\boldsymbol{\phi}_r \\ \boldsymbol{K}\boldsymbol{\phi}_s &= \omega_s^2\boldsymbol{M}\boldsymbol{\phi}_s\end{aligned}\right\} \tag{5.2.9a}$$

两式分别前乘 $\boldsymbol{\phi}_s^{\mathrm{T}}$, $\boldsymbol{\phi}_r^{\mathrm{T}}$,然后相减,并利用质量矩阵和刚度矩阵的对称性即可证得。

式(5.2.8)中,当 $r = s$ 时,有

$$\left.\begin{aligned}\boldsymbol{\phi}_r^{\mathrm{T}}\boldsymbol{M}\boldsymbol{\phi}_r &= M_r \\ \boldsymbol{\phi}_r^{\mathrm{T}}\boldsymbol{K}\boldsymbol{\phi}_r &= K_r \\ K_r &= M_r\omega_r^2\end{aligned}\right\} \tag{5.2.9b}$$

其中, M_r, K_r 称为系统第 r 阶模态的广义质量和广义刚度,也称为第 r 阶模态质量和模态刚度。

将各阶模态振型的列向量 $\boldsymbol{\phi}_i$ 按顺序组成一个矩阵,称为系统的模态矩阵 $\boldsymbol{\Phi}$,即

$$\boldsymbol{\Phi} = [\boldsymbol{\phi}_1\boldsymbol{\phi}_2 \cdots \boldsymbol{\phi}_N] \tag{5.2.10}$$

利用式(5.2.9b)可定义广义质量阵(模态质量阵) $\overline{\boldsymbol{M}}$

$$\overline{\boldsymbol{M}} = \boldsymbol{\Phi}^{\mathrm{T}}\boldsymbol{M}\boldsymbol{\Phi} = \mathrm{diag}(M_1, M_2, \cdots, M_N) \tag{5.2.11}$$

和广义刚度阵(模态刚度阵) $\overline{\boldsymbol{K}}$

$$\overline{\boldsymbol{K}} = \boldsymbol{\Phi}^{\mathrm{T}} \boldsymbol{K} \boldsymbol{\Phi} = \mathrm{diag}(K_1, K_2, \cdots, K_N) \tag{5.2.12}$$

其中，$\mathrm{diag}(\ \bullet\ )$ 表示对角阵。

5.2.4 位移展开定理和运动方程解耦

对于式(5.2.1)的振动方程，如果我们把它展开成 N 个微分方程，会发现每一个方程都包含各个物理坐标方向的位移，我们称这样的方程是坐标耦合的。显然，坐标耦合的运动微分方程不便于求解。

根据线性代数的知识，由于 N 自由度系统的 N 个模态振型向量之间具有正交性，这些已知的模态振型向量可以作为 N 维空间的一组完备基底，张成一个 N 维广义坐标空间，任意一个 N 维向量可以在这个 N 维广义坐标空间与原来 N 维物理坐标空间之间进行变换。因此，N 自由度系统的 N 维物理坐标位移向量 $\boldsymbol{u}(t)$，可以展开为模态坐标位移的加权形式，即位移展开定理：

$$\boldsymbol{u}(t) = \boldsymbol{\Phi} \boldsymbol{q} = \sum_{i=1}^{N} q_i(t) \boldsymbol{\phi}_i \tag{5.2.13}$$

其中，$\boldsymbol{q}$ 称为模态坐标。将式(5.2.13)代入式(5.2.1)，并将两端左乘 $\boldsymbol{\Phi}^{\mathrm{T}}$，利用式(5.2.11)和式(5.2.12)，可得到如下形式的 N 个模态运动方程：

$$M_r \ddot{q}_r(t) + K_r q_r(t) = 0 \quad (r = 1, 2, \cdots, N) \tag{5.2.14}$$

注意到，上面每个方程只包含一个模态坐标，称这样的方程是坐标解耦的，简称"解耦的方程"。显然，N 自由度系统坐标解耦的方程求解非常方便，即我们只需要逐个求解仅包含一个模态坐标（未知数）的微分方程式(5.2.14)，在求得所有模态坐标的解后，再根据式(5.2.13)变换得到物理坐标下的振动位移向量。

在气动弹性动力学分析的实践中发现，结构发生气动弹性耦合振动的能量主要集中在低阶模态上，即气动弹性动力学失稳也是由低阶模态间的耦合所致，而高阶模态的贡献可以忽略。于是可以在式(5.2.13)中只考虑前 m 个低阶模态的贡献，即只用前 $m(m \ll N)$ 个模态坐标和模态振型来近似展开物理位移向量：

$$\boldsymbol{u}(t) = \sum_{i=1}^{m} q_i(t) \boldsymbol{\phi}_i \tag{5.2.15}$$

这种近似处理方式，称为模态截断。从而得到仅保留有 m 个模态坐标的运动方程为

$$M_r \ddot{q}_r(t) + K_r q_r(t) = 0 \quad (r = 1, 2, \cdots, m) \tag{5.2.16}$$

实际工程中，复杂的飞行器结构往往具有数以万计的自由度（相应就有数以万计的模态振型），获得全部的模态振型结果显然是不现实的。通常从工程应用的角度，我们只需要求解其前 m 阶固有模态，并采取模态截断的方式进行运动方程的模态坐标解耦，仅对其前 m 阶模态坐标所对应的模态坐标运动方程进行分析。在求得式(5.2.16)中模态坐标的解后，再利用模态截断后的展开式(5.2.15)获得其物理坐标下的振动位移。这样一来，就实现了从 N 自由度结构振动系统到 m 自由度系统的降阶，从而可以大大提高计算效率。

注意到在前述的分析中，都忽略了结构的阻尼，实际的工程结构都存在一定的阻尼，但产生阻尼的物理机制十分复杂，导致其理论建模非常困难，通常都采用先验的阻尼特性假设。在

飞行器工程振动分析中,常用的两种阻尼是线性黏性阻尼和线性结构阻尼。线性黏性阻尼是最常用的阻尼形式,它假定系统在某个物理坐标方向的阻尼力与该坐标方向上的运动速度成正比(比例系数称为黏性阻尼系数),方向与运动速度方向相反。

一种更简便的工程处理方法是在式(5.2.16)中直接引入模态坐标下的线性黏性阻尼力,即

$$M_r \ddot{q}_r(t) + C_r \dot{q}_r(t) + K_r q_r(t) = 0 \quad (r = 1, 2, \cdots, m) \qquad (5.2.17)$$

其中,$C_r = 2 \zeta_r M_r \omega_r$,称为模态阻尼系数,可通过飞行器结构的地面振动试验进行各阶模态阻尼比 ζ_r 的测试(识别)。如果没有试验数据,工程中对金属结构一般取各阶模态阻尼比均为 $\zeta = 0.015$,它对应的等效结构阻尼系数 $g = 2\zeta = 0.03$(在第 7 章中,将介绍结构阻尼系数 g)。

5.2.5　二自由度机翼的自由振动

这里所研究的二元机翼振动系统如图 5.2.2 所示,二元机翼是假想的、展向无限长且各翼剖面完全相同的刚性机翼,从而可以只研究其一个翼剖面的运动。在机翼刚心 E 点处固定一刚度为 K_h 的线弹簧及一刚度为 K_α 的扭转弹簧,两个弹簧的另一端均固定在风洞壁面上,刚心 E 在翼弦中点后 ab 处(翼弦中点在刚心之前为正,a 为无量纲系数),重心 G 到刚心 E 的距离为 $x_\alpha b$(重心在刚心之后为正),机翼弦长为 $2b$。

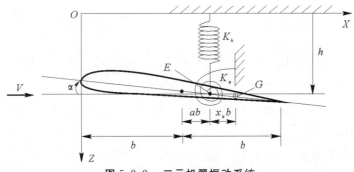

图 5.2.2　二元机翼振动系统

根据自由度的定义,图 5.2.2 中的二元机翼振动系统有两个自由度,即随刚心 E 的上下平移运动 h(向下为正,也称为沉浮运动)和绕刚心 E 的俯仰转动 α(机翼前缘抬头为止,也称为俯仰运动),选取这两个位移作为广义坐标,并假定当机翼处于平衡位置时,h、α 的初值均为零。

为描述机翼某点的弦向几何坐标,建立直角坐标系 OXZ,以机翼前缘点为原点,X 轴指向后缘为正,则刚心的几何坐标为 $(1+a)b$,机翼上任一点几何坐标为 x,则其到刚心 E 的距离 r 为

$$r = x - (1+a)b \qquad (5.2.18)$$

可见,x 点在刚心后时 r 为正。

采用微幅振动假设,于是,机翼上任一点 x 处的沉浮位移可表示为

$$z = h + r\alpha \qquad (5.2.19)$$

假定机翼沿 X 轴的水平前后运动可以忽略不计,运用拉格朗日方程来建立该机翼的自由振动运动方程。考虑弦向 x 处有微元长度 $\mathrm{d}x$,假定二元机翼是匀质物体,材料密度为 ρ,则对应

的质量微元 $\mathrm{d}m = \rho \mathrm{d}x$，从而将二元机翼的动能写为弦向积分的形式：

$$T = \frac{1}{2}\int_0^{2b} \dot{z}^2 \rho \mathrm{d}x = \frac{1}{2}\int_0^{2b}(\dot{h} + r\dot{\alpha})^2 \rho \mathrm{d}x = \frac{1}{2}m\dot{h}^2 + S_\alpha \dot{h}\dot{\alpha} + \frac{1}{2}I_\alpha \dot{\alpha}^2 \quad (5.2.20)$$

其中，$m = \int_0^{2b}\rho \mathrm{d}x$，为单位展长的机翼质量；$S_\alpha = \int_0^{2b} r\rho \mathrm{d}x = mx_\alpha b$，为单位展长机翼对刚心 E 的质量静矩，x_α 为重心到刚心的无量纲距离（重心位于刚心后时，x_α 为正）；$I_\alpha = \int_0^{2b} r^2 \rho \mathrm{d}x = mr_\alpha^2 b^2$，为单位展长机翼对刚心 E 的质量惯性矩，r_α 为机翼对刚心的无量纲回转半径。

由于假定机翼为刚性，故二元机翼振动系统的势能为

$$U = \frac{1}{2}K_h h^2 + \frac{1}{2}K_\alpha \alpha^2 \quad (5.2.21)$$

代入拉格朗日方程，整理后可得到二元机翼的自由振动方程为

$$\left.\begin{array}{r} m\ddot{h} + S_\alpha \ddot{\alpha} + K_h h = 0 \\ S_\alpha \ddot{h} + I_\alpha \ddot{\alpha} + K_\alpha \alpha = 0 \end{array}\right\} \quad (5.2.22)$$

这两个方程可以写成类似式(5.2.1)的形式：

$$\boldsymbol{M}\ddot{\boldsymbol{u}} + \boldsymbol{K}\boldsymbol{u} = 0 \quad (5.2.23)$$

式中，$\boldsymbol{M} = \begin{bmatrix} m & S_\alpha \\ S_\alpha & I_\alpha \end{bmatrix} = m\begin{bmatrix} 1 & x_\alpha b \\ x_\alpha b & r_\alpha^2 b^2 \end{bmatrix}$，$\boldsymbol{K} = \begin{bmatrix} K_h & 0 \\ 0 & K_\alpha \end{bmatrix} = m\begin{bmatrix} \omega_h^2 & 0 \\ 0 & \omega_\alpha^2 r_\alpha^2 b^2 \end{bmatrix}$，$\boldsymbol{u} = \begin{Bmatrix} h \\ \alpha \end{Bmatrix}$。其中，$\omega_h = \sqrt{\dfrac{K_h}{m}}$，$\omega_\alpha = \sqrt{\dfrac{K_\alpha}{I_\alpha}}$ 分别称为机翼上下平移和俯仰运动的"非耦合频率"，也称为"部分频率"，即机翼分别仅能作沉浮或俯仰单自由度振动时的固有频率。

对该二元机翼自由振动系统进行固有振动分析，可获得两阶固有模态。根据固有振型的特征，其中一阶模态以沉浮自由度的运动为主，可将其命名为沉浮模态，另一阶模态以俯仰自由度的运动为主，可将其命名为俯仰模态。

例 5-1 试求解图 5.2.2 中二元机翼的固有模态，已知二元机翼的参数为

$$b = 1\mathrm{m}, x_\alpha = \frac{S_\alpha}{mb} = 0.25, r_\alpha^2 = \frac{I_\alpha}{mb^2} = 0.5, \frac{\omega_h}{\omega_\alpha} = 0.5, \omega_\alpha = 62.83 \text{ rad/s}$$

解： 式(5.2.23)可具体表达为

$$m\begin{bmatrix} 1 & x_\alpha b \\ x_\alpha b & r_\alpha^2 b^2 \end{bmatrix}\ddot{\boldsymbol{u}} + m\begin{bmatrix} \omega_h^2 & 0 \\ 0 & \omega_\alpha^2 r_\alpha^2 b^2 \end{bmatrix}\boldsymbol{u} = \boldsymbol{0} \quad (5.2.24)$$

从而可以消去质量 m，得

$$\begin{bmatrix} 1 & x_\alpha b \\ x_\alpha b & r_\alpha^2 b^2 \end{bmatrix}\ddot{\boldsymbol{u}} + \begin{bmatrix} \omega_h^2 & 0 \\ 0 & \omega_\alpha^2 r_\alpha^2 b^2 \end{bmatrix}\boldsymbol{u} = \boldsymbol{0} \quad (5.2.25)$$

令 $\boldsymbol{u}(t) = \boldsymbol{X}\mathrm{e}^{\mathrm{i}\omega t}$，并将其转化为标准特征值问题，有

$$\left[\begin{bmatrix} 1 & x_\alpha b \\ x_\alpha b & r_\alpha^2 b^2 \end{bmatrix}^{-1}\begin{bmatrix} \omega_h^2 & 0 \\ 0 & \omega_\alpha^2 r_\alpha^2 b^2 \end{bmatrix} - \omega^2 \boldsymbol{I}\right]\boldsymbol{X} = \boldsymbol{0} \quad (5.2.26)$$

将各个已知量的值代入，解得特征值 ω^2 和对应的特征向量 $\boldsymbol{X}$，从而得到固有频率和对应的固

有振型向量为：

第一阶模态(沉浮模态)：

$$\omega_1 = 30.811\ 2\ \text{rad/s}, \quad \boldsymbol{\phi}_1 = [-0.957\ 1 \quad -0.151\ 5]^{\text{T}}$$

第二阶模态(俯仰模态)：

$$\omega_2 = 68.484\ 4\ \text{rad/s}, \quad \boldsymbol{\phi}_2 = [-0.476\ 3 \quad 1.504\ 2]^{\text{T}}$$

固有振型的示意图像如图 5.2.3 中虚线所示。其中固有振型向量表示为 $\boldsymbol{\phi} = [h \quad \alpha]^{\text{T}}$，表征了机翼沉浮线位移与俯仰角位移之间的比例关系。对于第一阶模态，其振型以沉浮运动为主，故可称其为沉浮模态；对于第二阶模态，其振型以俯仰运动为主，故称其为俯仰模态。注意到，两阶模态均同时存在沉浮和俯仰分量，说明沉浮 / 俯仰两个自由度之间存在耦合，这主要是由质量阵中的非对角线项(惯性耦合项)引起的，对应的物理实质就是二元翼段的重心与刚心不重合(本例中 x_a 为正数，即重心位于刚心之后)，即振动系统存在惯性耦合，从而导致了模态振型中沉浮 / 俯仰分量的并存。

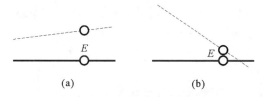

图 5.2.3　固有振型的示意图

(a) 第一阶模态：沉浮模态；(b) 第二阶模态：俯仰模态

本例仅为演示模态分析的过程，后续在二元机翼颤振分析中仍采用物理坐标下的运动方程进行颤振特性分析，仅在三元机翼自由度很多的情况下才会引入模态坐标来对系统进行自由度降阶处理。

5.3　连续参数系统的固有振动分析 —— 假设模态法

对于典型的简单结构部件，特别是梁、板结构等连续参数系统，可以采用一种"假设模态"法来进行振动分析，即用一系列已知的变形模式(假设模态)的线性叠加来近似逼近实际结构的固有振动模态，从而建立起结构的振动方程。

在早期缺乏先进的计算手段时，该方法得到了大量应用。虽然目前在工程中普遍使用了有限元方法，将连续的飞机结构离散为集中参数的多自由度系统进行振动分析，但是在飞行器结构振动的初步设计分析以及一些振动问题的机理分析中，假设模态法仍有其应用价值。本节以悬臂梁结构为例，对该方法的思路进行简要介绍。

例 5-2　对于悬臂梁(见图 5.2.1)，若仅考虑其弯曲振动问题，由于该系统属于一维系统，建立直角坐标系 OYZ，其轴向几何坐标为 y，引入一系列假设模态 $\phi_i(y)$ 和对应的广义坐标 $\xi_i(t)$，则其弯曲变形 $z(y,t)$ 可以写成假设模态的展开形式：

$$z(y,t) = \sum_{i=1}^{m} \phi_i(y) \xi_i(t) \tag{5.3.1}$$

这里,假设模态$\phi_i(y)$仅是梁的轴向坐标y的空间函数,该函数应满足梁的几何边界条件,是对应该边界条件的一种可能的变形形式。广义坐标$\xi_i(t)$是时间函数,体现了该阶假设模态在总的物理位移中的贡献。

当采用单个假设模态进行分析时,就是瑞利(Rayleigh)法,采用多个假设模态进行分析时,称为瑞利-里茨(Rayleigh-Ritz)法。

为简便起见,对于图 5.2.1 的悬臂梁结构,仅考虑其弯曲振动,即$m=1$,引入一阶假设振型函数:

$$\phi_1(y) = (y/L)^2 \tag{5.3.2}$$

其中,L为梁的长度。显然,该假设振型函数满足根部($y=0$)的固支边界条件:位移$\phi_i(0)$和转角ϕ_i'均为零。

下面采用瑞利法建立该悬臂梁的自由振动方程。假定梁为等截面,长度为L,截面抗弯刚度为EI,其单位长度的线密度为ρ。首先将梁的位移展开为

$$z(y,t) = \sum \phi_i(y)\xi_i(t) = (y/L)^2 \xi_1(t) \tag{5.3.3}$$

由于仅考虑梁的垂向弯曲振动,所以其动能为

$$T = \frac{1}{2}\int_0^L \rho \dot{z}^2 \,\mathrm{d}y \tag{5.3.4}$$

式中,$\dot{z} = (y/L)^2 \dot{\xi}_1$。

从而

$$T = \frac{1}{2}\int_0^L \rho \left[(y/L)^2 \dot{\xi}_1\right]^2 \mathrm{d}y = \frac{\rho L}{10}\dot{\xi}_1^2 \tag{5.3.5}$$

其势能 —— 弯曲应变能可以表示为

$$U = \frac{1}{2}\int_0^L EI \left(\frac{\partial^2 z}{\partial y^2}\right)^2 \mathrm{d}y \tag{5.3.6}$$

式中,$\frac{\partial^2 z}{\partial y^2} = (2/L^2)\xi_1$。从而

$$U = \frac{1}{2}\int_0^L EI \left(\frac{2}{L^2}\xi_1\right)^2 \mathrm{d}y = \frac{2EI}{L^3}\xi_1^2 \tag{5.3.7}$$

将式(5.3.5)和式(5.3.7)代入前述的拉格朗日方程,整理可得其自由振动方程为

$$\frac{\rho L}{5}\ddot{\xi}_1 + \frac{4EI}{L^3}\xi_1 = 0 \tag{5.3.8}$$

这是一个单自由度振动方程,容易求得其特征方程的根,从而得到对应的固有频率:

$$\omega_1 = 4.47\sqrt{\frac{EI}{\rho L^4}} \tag{5.3.9}$$

这与均匀截面悬臂梁一阶弯曲固有频率的解析解 $\omega_1 = 3.516\sqrt{\dfrac{EI}{\rho L^4}}$ 相比误差较大,误差形成的原因是所采用的假设模态数太少,此外,该假设振型对应的变形形式只满足了悬臂梁约束端的几何边界条件,而在悬臂梁的自由端,不满足动力学边界条件[弯矩和剪力为零,即 $\phi_i''(s) = \phi_i'''(s) = 0$]。一般来说,采用的假设模态阶数越多,所得低阶的模态分析结果的精度就越高。

5.4 飞机结构动力学有限元模型和常用单元

鉴于气动弹性分析的专业特点和工程实践经验,通常所用的飞机结构动力学有限元模型有两种形式:用于大展弦比机翼飞机的梁架式(Beam-like)模型和用于小展弦比机翼飞机的盒式(Box-like)模型。下面分别对其建模的特点进行简要说明。

对于大型飞机,其机翼、机身都较为细长,通常在气动弹性分析中使用梁架式结构有限元模型。这种模型主要使用空间三维梁单元,对于二结点梁单元,每个结点具有两个方向的弯曲变形(分别包括挠度、转角)、轴向伸缩、扭转,这类梁单元共有 12 个自由度,其质量、转动惯量分布采用集中质量单元模拟,并使用多点约束单元将其固连到梁元的结点上。典型的梁架式全机结构动力学有限元模型如图 5.4.1 所示。

上述梁单元的刚度特性,包括截面抗弯刚度 EI 和抗扭刚度 GJ,可通过结构力学的工程梁理论分析获得。当结构形式较为复杂,所建立的模型需要精确模拟传力路径,特别是对小展弦比机翼飞机的翼面结构建模时,需要采用"盒式"有限元模型,如图 5.4.2 中所示的翼面。一种工程简化方式是采用杆-板单元对结构进行有限元离散,根据各元件的主要承力特点选用相应的单元模拟,例如将筋条简化为二结点杆元,将蒙皮、腹板离散为四结点板元(膜元)。由于这些单元内的位移分布是线性分布,应力近似为常数,故称这些单元称为低阶单元。后续又发展了高阶单元,如采用单元内位移分布更为精确的三结点杆元、八结点板元等,其单元内的位移呈二次分布,应力为线性分布。在建立"盒式"有限元模型时,考虑到大梁的上下缘条、蒙皮也可承受局部的弯曲载荷,也可以采用梁单元(针对缘条)和壳单元(针对蒙皮)分别对其进行模拟。

在工程实际中,具体结构的几何形状可能具有十分复杂的特征,在结构动力学建模中,对局部结构的离散通常需要进行较大的简化。例如加筋板可能有开孔,在建模时仍会将其视为均匀厚度板,这些简化对全机的结构振动分析或气动弹性分析一般不会产生显著的影响,因为这里关注的是整体结构的振动特性。不过要注意,采用此类简化的结构动力学分析模型不能给出局部的准确应力特性,对局部结构的强度分析需要建立细节有限元模型,而局部结构强度分析的载荷则可以使用整体有限元模型分析输出的结点载荷。

对于大展弦比机翼等结构,在建立了其"盒式"有限元模型后,还可以通过静缩聚方法将其转化为等效的梁模型,用于气动弹性和动态载荷分析。在结构形式较为复杂的情况下,这种等效梁模型的精度一般会优于前述工程梁模型。

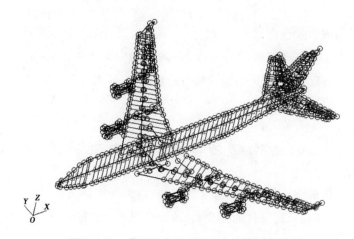

图 5.4.1　典型的全机结构动力学有限元模型

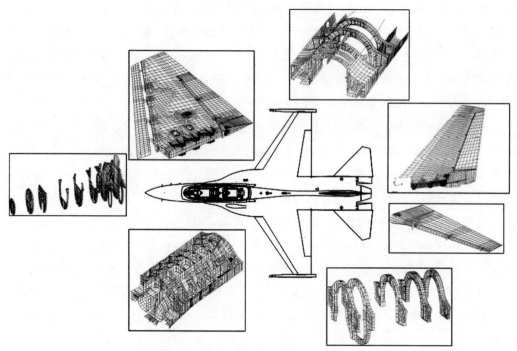

图 5.4.2　典型的小展弦比飞机结构有限元模型

思考题

1.例 5-1 中,在式(5.2.24)的方程中消去了质量参数 m,是否意味着该系统的模态特性与质量无关?为什么?

2.例 5-1 中,若质量阵为对角阵,试确定其模态频率和模态振型,并与例 5-1 结果进行对比。

3.用拉格朗日方程建立振动方程,需要首先定义系统的哪些量?

参考文献

[1] WRIGHT J R,COOPER J E. Introduction to aircraft aeroelasticity and loads[M]. West Sussex：John Wiley & Sons,Ltd. ,2014.

[2] HODGES D H,PIERCE A. Introduction to structural dynamics and aeroelasticity[M]. Cambridge：Cambridge University Press,2002.

第6章 颤振的基本概念和机理

6.1 引 言

在气动弹性动力学问题中,颤振问题占有极其重要的地位。在飞机设计工程中,颤振分析也是一个非常广泛的题目,随着飞机设计的发展,颤振分析的内容也由经典的机翼线性颤振分析拓展出机翼非线性颤振分析、带外挂物的机翼颤振分析、操纵面颤振分析、跨声速颤振分析以及全机伺服颤振分析等新的内容和分支。本章对经典机翼颤振的概念和机理进行讨论,使读者对颤振问题有一个定性的了解,为进一步的颤振分析工作做准备。

简而言之,颤振就是飞机结构及其部件处于气流中的一种动不稳定性问题。这种动不稳定性是怎样产生的呢?

我们知道,如果飞机在地面上受到扰动而发生振动,由于结构中总存在结构阻尼、摩擦阻尼等阻尼因素,飞机的振动会不断衰减直至消失。但对于在空中飞行的飞机,如果受到某种扰动而引起振动,即使飞机结构存在阻尼,情况也会与在地面上有所不同。因为处于气流中的飞机在振动时,会引起附加的气动力,在这些附加的气动力中,有些将起到激励力的作用,有些将起到阻尼力作用。这样,飞机结构的振动一旦被激起,就可能会有下述三种情况:① 振幅不断衰减而振动最终消失;② 振幅不断扩大而结构最终发生破坏;③ 振幅保持不变而呈等幅的简谐振动。如果振动最终是衰减的,则称飞机结构是动力学稳定的;反之,如果振动最终是发散的,则称飞机结构是动力学不稳定的;如果振动始终维持在等幅状态,则称飞机结构处于临界稳定状态。

通常在气动弹性动力学问题中,把由气动弹性效应引起的飞机结构及其部件在气流中发生的不衰减的且振幅相当大的振动称为颤振。颤振对于飞机来说是一种相当危险的振动,一旦发生,将在数十秒甚至数秒内使飞机结构发生毁灭性的破坏。从后面的分析也会知道,飞机的颤振是在由机翼等升力面结构在气流中运动所引起附加气动力的激励下发生的,运动一旦停止,附加气动力也就消失,因此颤振是一种结构与气流相互作用下的自激振动,这也是颤振的独特性质。另外,结构属于固体,气流属于流体,这种结构与气流相互作用的力学问题,在力学领域中称为流固耦合问题。

对飞机颤振问题的理论分析与飞机颤振设计的工程实践表明,对于飞机来说,当飞行速度由小到大增加时,由扰动引起的飞机结构振动会由衰减的变为发散的,即当飞机速度较小时,这种振动会很快衰减,随着飞行速度的增大,振动的衰减也相应减慢,当飞行速度达到某一个特定值时,扰动所引起的飞机结构的振动刚好能维持一个等幅的简谐振动,这个特定的速度在颤振分析中被称为颤振临界速度,简称"颤振速度"。若飞行速度继续增大,则扰动所引起的振动幅值就会持续扩大而成为发散振动,即发生了颤振。

由于飞机是一个非常复杂的结构,它受扰动后可能发生多种振动模式,从理论上讲,对于每一种振动模式,都可以在某一个临界速度下发生颤振,因而对于同一架飞机,可能存在多个颤振临界速度。从工程颤振分析的角度来讲,只有其中最小的那个颤振临界速度才有实际意义。因此,我们在以后计算颤振临界速度时,都是指计算出最小的颤振临界速度。而计算飞机颤振临界速度,正是飞机颤振分析的主要任务之一。

计算颤振临界速度的问题,实际上是研究在气流中飞机结构的振动运动稳定的临界条件问题,即在多大的一个飞行速度下,飞机结构的振动会成为等幅的简谐振动。因此,在计算临界颤振速度时,我们只需要考虑作简谐振动的飞机结构产生的气动力就可以了,并且在经典的颤振分析中,往往只限于研究微幅振动运动的稳定性,故在计算气动力时也就可以应用小扰动的线性化气动力理论。按照马赫数范围和机翼外形的几何类型,可汇总目前颤振计算中可用的气动力理论,详见表 6.1.1。

表 6.1.1　颤振计算的气动力理论汇总

马赫数范围	二维翼型	三维几何外形
$Ma \ll 1$	有解析形式的表达式,非定常效应显著	亚声速偶极子格网法等,有成熟软件,计算效率高
$Ma \approx 1$	有适用于一定马赫数范围的解析式,范围有限	一般基于计算流体力学(Computational Fluid Dynamics,CFD)方法,建模复杂,商业软件计算效率低,常用无黏、线性化的结果,有时黏性、非线性较强
$Ma \gg 1$	有解析形式的表达式,非定常效应不显著	低超声速:ZONA51 方法等; 高超声速:活塞理论,计算方法较为简单,三维效应相对较弱

一般来说,飞行器的颤振作为气动弹性动稳定性问题,具有多种形态。对于某些形态,其发生的机理有时相当复杂,就空气动力产生的原因而言,颤振主要可以分为两大类:第一类发生在势流中,而且主要发生在飞机的流线型剖面升力系统中,即固定翼面结构发生的颤振,也就是通常所说的"经典颤振",以机翼颤振为代表;第二类颤振称为失速颤振,它与流动分离和旋涡形成有直接关系,其机理与经典颤振不同,且一般发生在螺旋桨、旋翼桨叶、涡轮叶片等产生气动力的旋转机械部件上,至于机翼和尾翼这类固定翼飞行器的升力面则很少遇到失速颤振问题。本章只研究固定翼飞行器升力面的经典颤振问题,这种颤振在飞机设计工程中是最主要的也是最危险的,在气动弹性动力学问题中,对它的研究最广泛且研究方法最为成熟。

6.2　颤振产生的机理

前面已经指出，机翼的颤振是由空气动力与结构间的相互耦合作用所引起的振动，这是由于在机翼振动过程中，弹性力与惯性力作为保守系统的内力总是处于平衡状态，因此，机翼在一个振动周期内的势能和动能之和保持为常数，如果要机翼获得振动所需的激励，只有从气流中获取能量，如果这个能量大于机翼结构的阻尼所消耗的能量，就会发生颤振。对于固定翼飞机悬臂梁式的机翼结构，作为一个弹性体结构，在振动中通常同时具有弯曲模态与扭转模态两种变形成分，我们称之为弯扭耦合振动。由机翼结构的弯扭耦合振动而导致的颤振，称为机翼弯扭耦合颤振。下面首先以弹性振动机翼的一个典型剖面为对象，从定性的角度来分析其产生的机理。

6.2.1　机翼弯扭耦合颤振

取在气流中作弹性振动机翼的任意一个剖面为考察对象，设机翼剖面（以下简称为"机翼"）的重心位于其刚心之后，则机翼在受到扰动后产生的弯扭耦合振动情况如图 6.2.1(a) 所示，图中偏离平衡位置的机翼由于弹性恢复力的作用而向下做加速运动，其惯性力（向上）通过重心，它会产生一个绕机翼刚心的低头力矩，使机翼在作弯曲运动的同时还会有绕其刚心的扭转运动。记该机翼的低头扭转角为 β，则机翼在顺气流方向的攻角相应会减小 θ，从而机翼上产生一个向下的附加气动力 ΔL_θ，它与机翼运动的方向相同，是促使机翼向下运动的力，也就是说，ΔL_θ 是激振力。同时，机翼的弯曲振动使机翼向下运动，机翼向下的运动速度导致其周围的空气具有一个向上的所谓相对风速 w，它使机翼与气流间原来相对速度的大小和方向都发生改变。设原来机翼与气流间的相对速度为 V，则如图 6.2.1(b) 所示，由弯曲振动运动带来的相对风速，相当于使机翼的气动攻角改变了 $\Delta\alpha$，机翼相应地会受到一个附加气动力 ΔL_α，且它总是和机翼弯曲振动的方向相反，因此，它具有阻尼力的性质，起到阻碍振动的作用。

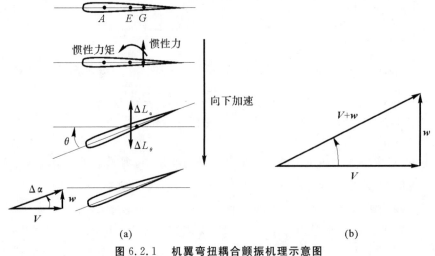

(a)　　　　　　　　　　　　　　(b)

图 6.2.1　机翼弯扭耦合颤振机理示意图

总而言之，飞行中飞机的机翼在作弯扭振动时，会产生两种附加的气动力 ΔL_θ 和 ΔL_α，两者的作用性质相反，ΔL_θ 是激振的，ΔL_α 是阻振的，而机翼在不同飞行速度下的振动性质就与这两个附加气动力的相对大小有密切的关系。下面我们来分析这两种力与飞行速度 V 的关系。

按照空气动力学理论中的升力公式，由（机翼结构扭转振动引起的）攻角 θ 所产生的附加气动力可表示为

$$\Delta L_\theta = \frac{1}{2}\rho V^2 S \frac{\partial C_L}{\partial \alpha}\theta = \frac{1}{2}\rho S\theta \frac{\partial C_L}{\partial \alpha}V^2 \tag{6.2.1}$$

即 ΔL_θ 与速度二次方成正比。

由（相对风引起的）攻角 $\Delta\alpha$ 产生的附加气动力也可以用升力公式表示为

$$\Delta L_\alpha = \frac{1}{2}\rho V^2 S \frac{\partial C_L}{\partial \alpha}\Delta\alpha = \frac{1}{2}\rho V^2 S \frac{\partial C_L}{\partial \alpha}\frac{w}{V} = \frac{1}{2}\rho V S \frac{\partial C_L}{\partial \alpha}w \tag{6.2.2}$$

即 ΔL_α 与飞行速度 V 成正比。

将 ΔL_θ 和 ΔL_α 随 V 的变化规律定性地画成曲线，如图 6.2.2 所示，显然，ΔL_θ - V 曲线是抛物线，而 ΔL_α - V 曲线是直线，记两者的交点处对应的速度值为 V_F，则它将速度轴划分为两个范围。可以明显看出，在速度范围 I 内，阻振力 ΔL_α 比激振力 ΔL_θ 大，因此在速度范围 I 内，机翼的振动是衰减的；而在速度范围 II 内，激振力 ΔL_θ 比阻振力 ΔL_α 大，机翼的振动会不断增大直至机翼结构发生破坏，即发生了颤振；在 V_F 处，激振力与阻振力相等，机翼振动处于发散的临界状态即等幅简谐振动。这时的速度 V_F 就是前文所说的颤振临界速度。由于产生耦合的运动模态仅包括机翼的弯曲模态（对应于机翼剖面的上下沉浮运动）和扭转模态（对应于机翼剖面的俯仰运动），所以称该颤振现象为机翼弯扭耦合颤振，一般也称为经典颤振。

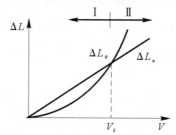

.2　弯扭振动机翼上的附加气动力

由此我们再次看到，机翼发生颤振是因为由运动导致的附加气动力在对机翼进行激励，同时，颤振现象是在有来流不断输入能量给机翼的情况下才产生的，所以它与自由振动不同。另外，促使机翼振动发散的附加气动力，完全是由于机翼相对气流的弯扭耦合振动变形所导致的，即激振力由运动直接引起，因而又与强迫振动有本质区别，它属于振动理论中所定义的自激振动。

总之，我们可以把机翼弯扭耦合颤振的机理归结为：在气流中弹性振动机翼的弯曲、扭转两个自由度的惯性耦合，使得弯曲运动引起扭转运动，从而使机翼成为一个"能量转换开关"，它将均匀来流的能量转换成具有往复运动的振动能量，进而导致机翼颤振的发生。

从前面的讨论知道，机翼向下弯曲运动之所以会引起低头扭转（在振动理论中称为弯曲运动的相位超前于扭转运动的相位），是由于机翼重心位于刚心之后，从而引发弯扭耦合颤振。因此在飞机设计中，从防颤振设计的角度来看，应该力图使机翼剖面的重心向刚心靠近甚至位于

刚心之前,以减弱或避免弯扭耦合效应,从而提高颤振临界速度。

6.2.2　机翼弯曲-副翼旋转耦合颤振

除翼面的弯扭耦合颤振现象外,在实际中还存在操纵面旋转模态参与耦合的颤振现象,如机翼弯曲-副翼旋转耦合颤振问题。

图 6.2.3 为一个典型的带副翼的机翼剖面在气流中振动时产生附加气动力的情况,与机翼弯扭耦合颤振情况的分析类似,当机翼作向上的加速振动运动时,副翼产生向下的惯性力,它作用于副翼的重心,从而产生对副翼偏转铰链轴的顺时针力矩 $m_a \ddot{h} e$(e 为副翼重心到副翼转轴的距离,m_a 为副翼质量),使得副翼向下转转 β 角,由此在机翼上产生一个附加的升力,根据气动力理论,这个附加升力可以写为 $L_e = C_{L\beta} \beta \dfrac{1}{2} \rho V^2 S$,该附加升力方向为向上,即 L_e 促进机翼的向上运动,相当于一种激振力。

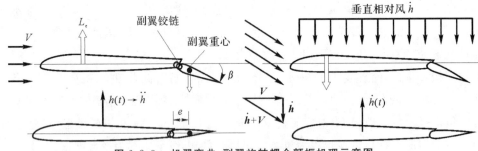

图 6.2.3　机翼弯曲-副翼旋转耦合颤振机理示意图

另外,当机翼以速度 $\dot{h}$ 向上运动时,使得机翼附近的空气产生一个向下的相对风速 $-\dot{h}$,从而使得机翼具有一个负的附加攻角 $-\left(\dfrac{\dot{h}}{V}\right)$,由此机翼上产生一个向下的附加气动力 $L_d = C_{La}\left(-\dfrac{\dot{h}}{V}\right)\dfrac{1}{2}\rho V^2 S$,即 L_d 阻碍机翼的向上运动,相当于一种阻尼力。

同样,可以将上述附加气动力 L_e 及 L_d 与速度 V 的关系定性地画成类似图 6.2.2 所示的曲线,它也对应有一个临界速度 V_F,当 $V < V_F$ 时,$|L_d| > |L_e|$,机翼的振动运动是衰减的;当 $V > V_F$ 时,$|L_e| > |L_d|$,机翼的振动运动是发散的。由于产生耦合的运动模态仅包括机翼弯曲模态和副翼偏转模态,因此,V_F 就是机翼弯曲-副翼旋转耦合型颤振的临界速度。

由以上分析可见,若副翼重心前移到与副翼旋转的铰链轴重合,则机翼的弯曲振动将不会引起副翼的旋转,因而这种机翼弯曲-副翼旋转耦合型的颤振在理论上就不会发生。

对飞机的平尾-升降舵、垂尾-方向舵,也存在发生这种主翼面弯曲-操纵面旋转耦合型颤振的可能性。按照上述的颤振机理,在飞机的颤振设计工作中,进行飞机的操纵面设计时,常常采用加配重使剖面重心前移的方法,来提高这类颤振的临界速度甚至完全排除这类颤振的发生。

当然,上述颤振机理分析属于定性分析,其中没有计及各种运动之间的相位差以及振动的升力面上实际空气动力的复杂性,因此它没有定量上的意义。虽然在定性分析方面也不够严格,但是,我们由此可得出一个一般性的结论,即机翼颤振通常是由于机翼某两种振动模态的相互耦合,从而形成一种能量转换器,使直行的气流产生了能促使机翼振动的附加气动力而发生的一种自激振动。若能使这两种振动模态的运动解耦(即解除它们之间的耦合),则颤振就不会发生。这就是飞机设计工程中防颤振设计的一个经验性原则,即所谓的"模态解耦"原则。该原则最为广泛的应用实例,就是后面章节中要介绍的操纵面质量平衡。

当然,飞机的颤振还有其他类型,有的类型颤振的产生机理也可以根据基本的力学概念来定性地加以解释,然而,比较精确的定量分析还得借助于比较完善的气动力理论,结合各种颤振分析理论和方法通过数值计算来完成。在后续的章节中,将陆续介绍有关的颤振分析理论和方法。

6.3　颤振分析的频率重合理论

许多工程颤振分析的实例表明,对于像真实机翼结构这样一个多自由度系统,在其发生颤振的临界速度附近,常常会有两个在气流中的振动模态分支的频率相互接近的现象。从振动理论的角度来看,频率接近意味着两个振动模态的耦合性加强,由此英国学者 S. Pines 提出了一种高度简化的颤振分析理论 —— 频率重合理论。频率重合理论对颤振产生的机理解释为:当飞机的飞行速度增大时,会使飞机结构的某两个模态分支的频率发生变化而相互接近,直到这两个分支的频率完全相等(即重合),这两个模态分支的耦合振动就有可能从气流中吸收能量,从而维持一种不衰减的振动,即发生颤振。

下面以一个具有上下平移(代表机翼弯曲模态运动)和俯仰(代表机翼扭转模态运动)两个振动自由度的二元机翼为研究对象,从力学机理和数学解析的角度来说明频率重合理论。在频率重合理论中,气动力计算采用定常气动力理论,即假设升力仅与每一时刻的实际攻角有关。

考察如图 6.3.1 所示的二元机翼在气流中的振动,机翼以扭转弹簧(记弹性系数为 K_α)及拉压弹簧(记弹性系数为 K_h)支持在刚心 E 点处,机翼质量为 m,重心在 G 点,重心距刚心的距离为 σ,气动中心 A 到刚心的距离为 e。

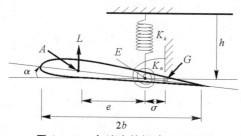

图 6.3.1　气流中的振动二元机翼

取刚心处上下平移位移 h(向下为正)与绕刚心的俯仰角 α(抬头为正)为机翼的两个广义坐标,并以其静平衡位置为坐标原点,由拉格朗日方程可以得到二元机翼的颤振运动方程为

$$\left.\begin{array}{c} m\ddot{h} + S_\alpha\ddot{\alpha} + K_h h = -L \\ S_\alpha\ddot{h} + I_\alpha\ddot{\alpha} + K_\alpha\alpha = eL \end{array}\right\} \tag{6.3.1}$$

其中,$S_\alpha = m\sigma$ 是机翼对刚心的质量静矩;I_α 是机翼对刚心的转动惯量。

采用定常气动力理论,有

$$L = \frac{1}{2}\rho V^2 S \frac{\partial C_L}{\partial \alpha}\alpha = qS \frac{\partial C_L}{\partial \alpha}\alpha \tag{6.3.2}$$

其中,$q = \frac{1}{2}\rho V^2$ 称为速压。将式(6.3.2)代入式(6.3.1)中,得到二元机翼的颤振运动方程为

$$\left. \begin{array}{l} m\ddot{h} + S_a\ddot{\alpha} + K_h h + qS \dfrac{\partial C_L}{\partial \alpha}\alpha = 0 \\[2mm] S_a\ddot{h} + I_a\ddot{\alpha} + K_\alpha\alpha - qS \dfrac{\partial C_L}{\partial \alpha}\alpha e = 0 \end{array} \right\} \tag{6.3.3}$$

设式(6.3.3)的一般解为

$$\left. \begin{array}{l} h = h_0 \mathrm{e}^{\lambda t} \\[2mm] \alpha = \alpha_0 \mathrm{e}^{\lambda t} \end{array} \right\} \tag{6.3.4}$$

其中,λ 为待求特征根,可能为复数,记 $\lambda = \gamma + \mathrm{i}\omega$,$\gamma$、$\omega$ 都是实数,则

$$\mathrm{e}^{\lambda t} = \mathrm{e}^{\gamma t}\mathrm{e}^{\mathrm{i}\omega t} = \mathrm{e}^{\gamma t}(\cos\omega t + \mathrm{i}\sin\omega t) \tag{6.3.5}$$

根据振动理论,对应 λ 不同的解,相应的振动运动可能有下列三种情况:

(1)$\gamma < 0$,表明振动运动是衰减的,机翼系统是稳定的。

(2)$\gamma > 0$,表明振动运动是发散的,机翼系统是不稳定的,即发生了颤振。

(3)$\gamma = 0$,则 $\mathrm{e}^{\lambda t} = \mathrm{e}^{\mathrm{i}\omega t}$,表明运动是简谐振动,机翼系统处于临界稳定状态。

将式(6.3.4)代入式(6.3.3),并消去公因子 $\mathrm{e}^{\lambda t}$,得到关于 λ 的代数方程组为

$$\begin{bmatrix} m\lambda^2 + K_h & S_a\lambda^2 + qS \dfrac{\partial C_L}{\partial \alpha} \\[4mm] S_a\lambda^2 & I_a\lambda^2 + K_\alpha - qSe \dfrac{\partial C_L}{\partial \alpha} \end{bmatrix} \begin{bmatrix} h_0 \\[4mm] \alpha_0 \end{bmatrix} = \begin{bmatrix} 0 \\[4mm] 0 \end{bmatrix} \tag{6.3.6}$$

从而得到其特征方程为

$$A\lambda^4 + B\lambda^2 + C = 0 \tag{6.3.7}$$

其中

$$\left. \begin{array}{l} A = mI_a - S_a^2 \\[2mm] B = mK_\alpha + I_a K_h - (me + S_a)qS \dfrac{\partial C_L}{\partial \alpha} \\[2mm] C = K_h(K_\alpha - qSe \dfrac{\partial C_L}{\partial \alpha}) \end{array} \right\} \tag{6.3.8}$$

由式(6.3.7)解得

$$\lambda^2 = \frac{-B \pm \sqrt{B^2 - 4AC}}{2A} \tag{6.3.9}$$

显然,在静止的空气中,$q = 0$,故 $B > 0$,$B^2 - 4AC > 0$,λ^2 是两个负实数,即 λ 为纯虚数,这样就求得了机翼在静止气流中的两个振动频率(即无阻尼自由振动频率),这时 $\gamma = 0$,振动是简谐的。当气流速度不为零时,$q > 0$,如果仍有 $B > 0$,$B^2 - 4AC > 0$,则机翼仍有两个振动频率,其值随气流速度变化,但机翼的振动仍是稳定的;当气流速压 q 增大到使 $B^2 - 4AC < 0$ 时,λ^2 成为复数,那么至少会有一个 λ 值的实部 γ 是正的,则机翼的振动幅值将不断扩大而发生

颤振,即机翼在气流中的运动是不稳定的。由此看到,$B^2-4AC=0$ 成为机翼在气流中运动稳定与不稳定的分界点。因 B、C 都与 q 有关,上述条件实际上是关于速压 q 的一个临界方程,由该方程求出的最小正实数 q_F,就是颤振临界速压。进一步看到,此时 $\lambda^2=-\dfrac{B}{2A}$ 是方程式 (6.3.7) 的重根,根据式(6.3.5)知,此时机翼的振动频率退化为一个。因此,我们可以推演出这样的结论:当气流速度增大到使机翼在气流中的两个振动频率相等时,就达到机翼的颤振临界点。图 6.3.2 中的虚线画出了根据定常气动力理论得到的气流中振动机翼的两个振动频率随气流速度增大而逐渐接近、最终重合而相等的情况。

如果采用后面介绍的较复杂的气动力理论,如准定常气动力理论或非定常气动力理论,则在气流中机翼的两个振动频率也会随着气流速度的增大而相互接近,但不会相等,如图6.3.2中的实线所示。

上面阐述的频率重合理论,除了能用来定性地解释颤振发生的机理外,也可以用来定量估算颤振速度,当然,由于所用气动力理论太简单,这样得到的计算结果精度比较低。

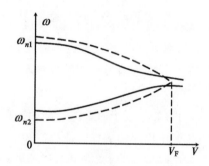

图 6.3.2　二元机翼的频率重合现象

例 6-1　试求图 6.2.3 中二元机翼的颤振临界速度,已知二元机翼的参数为:$b=1$ m, $\dfrac{\pi\rho bS}{m}=0.1$,$\dfrac{I_\alpha}{mb^2}=0.5$,$\dfrac{S_\alpha}{mb}=0.25$,$\dfrac{\omega_h}{\omega_\alpha}=0.5$,$\dfrac{e}{b}=0.4$,$\omega_\alpha=62.83$ rad/s。

这里 $\omega_h=\sqrt{\dfrac{K_h}{m}}$,$\omega_\alpha=\sqrt{\dfrac{K_\alpha}{I_\alpha}}$,分别称为机翼上下平移和俯仰运动的"非耦合固有频率"。

解:将升力系数斜率的理论值 $\dfrac{\partial C_L}{\partial\alpha}=2\pi$ 代入式(6.3.3),并将其化为如下形式:

$$\left.\begin{aligned}\frac{\ddot{h}}{b}+\frac{S_\alpha}{mb}\ddot{\alpha}+\omega_h^2\frac{h}{b}+\frac{\pi\rho bS}{m}\frac{V^2}{b^2}\alpha=0\\\frac{bS_\alpha}{I_\alpha}\left(\frac{\ddot{h}}{b}\right)+\ddot{\alpha}+\omega_\alpha^2\alpha-\left(\frac{\pi\rho bS}{m}\right)\left(\frac{mb^2}{I_\alpha}\right)\left(\frac{e}{b}\right)\frac{V^2}{b^2}\alpha=0\end{aligned}\right\}\quad(6.3.10)$$

将 $h=h_0e^{\lambda t}$,$\alpha=\alpha_0e^{\lambda t}$ 及已知参数值代入上方程,消去公因子 $e^{\lambda t}$,得到关于 $\dfrac{h_0}{b}$ 及 α_0 的齐次代数方程组,即

$$\begin{bmatrix}\lambda^2+\omega_h^2 & 0.25\lambda^2+0.1\dfrac{V^2}{b^2}\\[2mm]0.5\lambda^2 & \lambda^2+\omega_\alpha^2-0.08\dfrac{V^2}{b^2}\end{bmatrix}\begin{bmatrix}\dfrac{h_0}{b}\\[2mm]\alpha_0\end{bmatrix}=\begin{bmatrix}0\\0\end{bmatrix}\quad(6.3.11)$$

从而得到特征方程为

$$0.875\lambda^4 + (\omega_a^2 + \omega_h^2 - 0.13\frac{V^2}{b^2})\lambda^2 + \omega_h^2\omega_a^2 - 0.08\omega_h^2\frac{V^2}{b^2} = 0 \qquad (6.3.12)$$

λ 有重根的条件为

$$(\omega_h^2 + \omega_a^2 - 0.13\frac{V^2}{b^2})^2 - 4\times0.875\times(\omega_h^2\omega_a^2 - 0.08\omega_h^2\frac{V^2}{b^2}) = 0 \qquad (6.3.13)$$

代入 $\frac{\omega_h}{\omega_a} = 0.5, b = 1, \omega_a = 62.83 \text{ rad/s}$，解得两个相应的颤振速度为

$$V_{F1} = 117.8 \text{ m/s}, V_{F2} = 213.7 \text{ m/s}$$

从飞机设计这一工程实际问题来说，显然只有最低的颤振临界速度 V_{F1} 才有实际意义。故本例中机翼的实际颤振临界速度为 117.8 m/s，并由式(6.3.12)解得 $\lambda_{1,2} = \pm42.3\text{ i}$，其正的虚部即为相应的颤振频率 $\omega_F = 42.3 \text{ rad/s}$。

此外注意到，$\lambda = 0$ 时，式(6.3.12)即对应了扭转发散临界条件，由此可以计算出该二元机翼的扭转发散临界速度为 $V_D = 222.1 \text{ m/s}$。事实上，由前面 3.2 节的二元机翼扭转发散速度计算公式也可获得与之相同的结果。读者可以尝试利用式(6.3.12)计算 λ，当给定的 $V > V_D$ 时，会存在正实数根 λ，表明此时二元机翼处于扭转发散的静不稳定状态。也有一种观点，认为机翼的气动弹性扭转发散属于"零频率颤振"，因为在扭转发散临界点处，特征根 λ 的虚部（即频率）为零。

由于频率重合理论所用的气动力公式过于简单，所以这种理论不能直接用于飞机设计中的工程颤振分析，但该理论对经典颤振机理的解释却使我们知道，两个振动模态的频率彼此越接近，就意味着该两个模态的耦合作用越强。对具有更多振动模态的实际飞机结构，根据该理论可以认为，总是在某两个模态耦合较强的情况下，才容易使均匀流动的气流能量转换为往复振动的能量而引发颤振，因此，在飞机设计中，应尽量避免飞机结构各个固有振动的模态频率相互接近，这已成为防颤振设计的一条准则。

6.4　设计参数对颤振速度的影响

从本章前面几节的讨论中可知，颤振是由飞机结构与气流间的相互耦合作用而产生的动不稳定性问题，其形式多种多样，机理各不相同，对于有些形式复杂的颤振，其机理难以用文字加以简单的描述。而颤振分析的工程实践也表明，防颤振设计工作除了需要理论上严密的分析、数值上精确的计算和必要的试验研究外，还要借助于清楚的工程概念并依靠许多定性的设计经验。也就是说，在进行飞机结构的防颤振设计时，要求设计人员不仅要清楚诱发颤振产生的基本原因，而且要知道结构参数或气动参数对颤振的定性影响，以便在设计时进行参考。下面介绍根据工程颤振分析所得到的一些经验性结论。

(1)弯曲刚度与扭转刚度的影响。大量颤振计算和颤振风洞试验的结果表明，机翼的扭转刚度和弯曲刚度对颤振速度有较大影响，通过对机翼颤振方程的量纲分析可以知道，当弯曲刚度和扭转刚度同时增大 n 倍时，那么颤振速度约增大 $\sqrt{n}$ 倍。若分别单独考察弯曲刚度和扭转刚

度的影响,则扭转刚度的影响要大得多。保持弯曲刚度不变,只将扭转刚度增加 n 倍(减小为 $1/n$),则颤振速度会相应增大 kn 倍(减小为 $1/kn$)。对于不同机翼,k 取不同的值,通常 $k = 0.55 \sim 0.6$。对于现代蒙皮受力的机翼,只增加弯曲刚度时,V_F 甚至会下降。根据频率重合理论,如果机翼某阶弯曲模态的固有频率与某阶扭转模态的固有频率非常接近,则会得到最小的 V_F。这里还要指出,增加结构刚度通常伴随着飞机结构质量的增加,因此,这种措施在提高颤振速度的同时,也可能会降低飞机的性能。图 6.4.1 画出了二元机翼颤振临界速度随弯扭频率比 $\frac{\omega_h}{\omega_\alpha}$ 变化的典型情况。

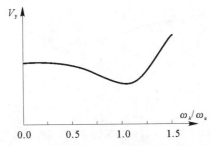

图 6.4.1　颤振速度随弯扭频率比变化曲线

(2) 弦向剖面重心、刚心位置的影响。机翼剖面重心在弦向的位置对 V_F 影响很大,由弯扭耦合颤振和机翼弯曲 / 副翼偏转耦合颤振机理知,(操纵面) 重心后移会使 V_F 降低,反之重心前移则使 V_F 提高,重心位于刚心之前则不会发生颤振。当然,在整个机翼上实现这一点是非常困难的,但在飞机设计工程中,常采用这种概念来防止操纵面的颤振,即在操纵面的前缘放置一定的配重,使操纵面重心前移到转轴(刚轴)之前,来提高颤振临界速度。如果重心位置不能变动,那么使刚心后移,也会使颤振临界速度提高;如果保持重心与刚心间距离不变,而使它们一起向前缘移动,也会使颤振临界速度增大。

(3) 集中质量的影响。机翼上刚性连接的质量对颤振的影响主要是通过对机翼弯曲或扭转模态频率的影响来体现的。它对颤振的定性影响规律可以通过(1) 中的讨论结果来进行推导。机翼上外挂的重物(简称为"外挂物")与挂架的连接刚度,都对机翼的颤振速度有很大影响,且十分不具规律性,外挂物的质量和转动惯量以及它们在弦向和展向位置的改变,可能使颤振速度提高,也可能使颤振速度降低。通常翼尖外挂物会使颤振速度降低。外挂物有时甚至使颤振模态发生改变。随着现代飞机特别是战斗机机翼下外挂物的增多,带外挂物的机翼颤振问题已经成为颤振分析的一个分支,机翼 / 外挂颤振分析也成了此类飞机设计中必须研究的问题。

(4) 机翼平面形状的影响。机翼根部剖面的弦长与翼尖剖面的弦长之比,称为根梢比。当翼展和机翼面积不变时,根梢比 η 越大,则颤振速度也越高,因为当 η 增大时,翼尖部分翼弦减小,该处(颤振的发散振动经常开始发生在此处)的气动力减小,从而会推迟颤振的发生。

(5) 飞行高度的影响。随飞行高度的增高,大气密度 ρ 相应减小,在颤振动压不变的情况下,飞行高度越高,则颤振速度越高。若在海平面上大气密度为 ρ_0、颤振速度为 V_{F0},则在高度为 H 处的颤振速度为

$$V_{FH} = V_{F0} \sqrt{\frac{\rho_0}{\rho_H}} \qquad\qquad (6.4.1)$$

（6）空气压缩性的影响。当马赫数 $Ma > 0.5$ 时，颤振分析中应该考虑空气压缩性的影响，但在亚声速和低超声速情况下，空气压缩性对颤振速度的影响不大，改变量在 10% 左右，在马赫数 $Ma = 1$ 附近的跨声速区，颤振速度一般降低较大，在 V_F-Ma 曲线上会出现所谓的"跨声速凹坑"现象，如图 6.4.2 所示。图 6.4.2 为一后掠机翼的颤振速度随马赫数变化的示意曲线。如何在颤振分析中考虑空气压缩性影响，将在后面有关颤振计算方法的章节中介绍。

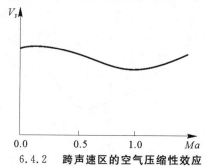

6.4.2　跨声速区的空气压缩性效应

（7）结构阻尼的影响。按照能量角度对颤振机理的解释，如果结构的阻尼增加，激发颤振所需要的外界气流能量也增大，颤振速度相应提高，因此采用大阻尼材料或阻尼器，一般都会使机翼颤振速度得到提高。但由于机翼结构阻尼水平通常难以准确测定，故在实际的工程颤振计算中，一般仍假设结构阻尼为零来计算得到比较保守的颤振速度。需要注意的是，在防操纵面颤振设计中应谨慎使用增加阻尼来提高颤振速度的办法，因为在一架美国的 E-6A 通信中继飞机上曾发生过增加调整片铰链的阻尼，反而使调整片-方向舵-垂尾型颤振的临界速度降低的事故。对于操纵面颤振问题，更多的是采用第 9 章中介绍的质量平衡方法。

思考题

1. 为什么说颤振是一种自激振动？它与强迫振动有什么不同？

2. 颤振与共振的本质区别是什么？

3. 定性解释机翼弯扭耦合颤振产生的机理。

4. 用频率重合理论来解释颤振发生的机理。

5. 如何从能量输入（即气动力对机翼做功）角度，理解弯扭耦合颤振的机理？从能量输入的角度来看，发生颤振的条件（即机翼弯曲运动与扭转运动的相位关系）是什么？

6. 影响机翼颤振速度的因素有哪些？提高机翼颤振速度的设计措施有哪些？

7. 机翼结构的弯曲刚度和扭转刚度，哪个对颤振速度影响更显著？

8. 颤振的频率重合理论是在什么前提下建立的？其对飞机设计工程中防颤振设计的指导意义是什么？

9. 影响颤振速度的因素有哪些？综合分析机翼剖面的重心、刚心和气动中心位置对颤振速度的影响。

10. 按照机翼弯扭耦合颤振机理，在进行机翼结构设计时，应该遵循什么设计原则？

11. 在例 6-1 中,考虑仅改变 $\dfrac{\pi\rho bS}{m}$ 的数值(如在 $0.01 \sim 0.1$ 之间取若干个数值),研究颤振临界速度随其变化的规律。

12. 给出用拉格朗日方程建立二元机翼的颤振方程的具体步骤。

参考文献

[1] PINES S. An Elementary Explanation of the Flutter Mechanism[C]//Proceedings of the National Specialist Meeting on Dynamics and Aeroelasticity,New York:IAS, 1958:52 - 58.

[2] BISPLINGHOFF R L,ASHLEY H,HALFMAN R L. Aeroelasticity[M]. New York:Dover Publications,1996.

[3] DOWELL E H,CURTISS H C,SCANLAN R H,et al,A Modern Course in Aeroelasticity[M]. Dordrecht:Kluwer Academic Publications,2004.

第7章　二元机翼的颤振分析

7.1　引　言

作为工程颤振分析的理论基础,本章以二元机翼作为研究对象,介绍用于颤振分析的准定常气动力理论和非定常气动力理论,并给出求解颤振方程的各种分析方法,在介绍非定常气动力理论时,引入减缩频率这个重要的概念。

二元机翼只有沉浮和俯仰两个自由度,其颤振方程为二阶齐次微分方程组,在数学上可将颤振临界速度的求解问题归结为特征方程求根或矩阵特征值求解问题。二元机翼的颤振方程求解虽然相对简单,但在其求解过程中,几乎包含了颤振分析和求解方法中所有的概念和步骤,而且在颤振分析这一研究领域中,通过对二元机翼的颤振分析可以得出许多有用的结论。二元机翼颤振模型之所以经常被用作原理性研究的理论模型,正是由于二元机翼颤振分析得到的结论,大都可以推广到实际三元机翼的情况,特别是对于初学者,从二元机翼颤振分析入手,可以较容易地建立起颤振分析中的一些基本概念,很快掌握颤振分析的基本方法,为后续的工程颤振分析打下基础。这也是本章专门讨论二元机翼颤振分析的目的。为此,下面首先介绍颤振分析中要用到的不可压缩气流中振动二元机翼的气动力计算方法。

7.2　不可压缩气流中振动二元机翼的气动力计算

为了比较精确地计算二元机翼的颤振临界速度,不能再使用定常气动力。正如在第6章中定性分析颤振机理时所看到的,机翼在气流中的振动会引起附加的气动力,根据确定机翼流场时所用薄翼理论的基本方程及对边界条件的不同处理,而分别有格罗斯曼准定常气动力理论和西奥道生非定常气动力理论。

7.2.1　格罗斯曼准定常气动力理论

由薄翼绕流理论知,机翼对流场的诱导作用可以用一连续分布的旋涡(称为附着涡)来代替。如图 7.2.1(a) 所示,当机翼做振动运动时,升力和附着涡的强度都随时间变化。但根据开尔文环量定理,包围在所有奇点周界内的总环量,在非黏性流场中必须保持为零。故在机翼后缘会产生与附着涡强度相同、方向相反的起动涡,在机翼振动过程中,起动涡不断产生并从后缘脱落下来,被气流沿流线带向下游,形成所谓的"尾涡"区,如图 7.2.1(b) 所示。

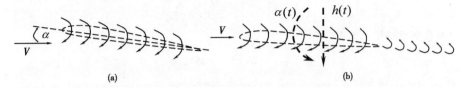

图 7.2.1　在气流中振动二元机翼的附着涡和尾涡

在计算振动机翼的气动力时,必须考虑这些尾涡对机翼上各点的诱导速度,而尾涡强度的确定是相当困难的。为了简化计算,格罗斯曼准定常气动力理论认为,尾涡对机翼的影响可以忽略不计,即仍采用定常气动力理论中的基本积分方程来确定翼面诱导速度分布。但在处理绕流边界条件时,格罗斯曼准定常理论认为,在考虑翼面绕流的无分离条件,即计算翼面下洗速度时,不仅要考虑在某一瞬时机翼所具有的攻角迫使气流向下的偏转,而且要考虑在该瞬时机翼表面某点处的向下速度也会驱使该处的流体质点具有相同的向下速度,即翼面上某点处气流的下洗速度 w 应等于攻角引起的下洗 $V\alpha$,加上翼面上该点因振动而具有的向下速度 $\dot{z}$ 可知 $w = V\alpha + \dot{z}$,其中 z 为该点的垂向位移。

如图 7.2.2 所示,设二元机翼的弦长为 $2b$,机翼的运动可用两个广义坐标来表示,即刚心 E 点的上下沉浮 h(向下为正)和绕 E 点的俯仰角 α(抬头为正),E 点距翼弦中点为 ab,(a 是一个无量纲系数),当 E 点位于翼弦中点之后(下游) 时为正。

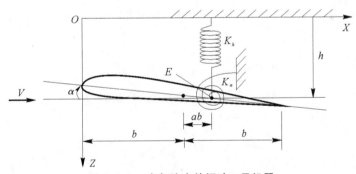

图 7.2.2　在气流中的振动二元机翼

由图 7.2.2 可知,在微振动情况下,翼面上坐标为 x 的一点处,其沉浮方向的位移是由随刚心 E 上下沉浮运动的位移以及绕刚心 E 的转动引起的沉浮方向位移叠加获得的,即 $z = h + [x - (1+a)b]\alpha$,该点的垂向运动速度可表示为

$$\dot{z} = \dot{h} + [x - (1+a)b]\dot{\alpha}$$

综合以上分析,可得翼面上一点(距前缘 x 处)的下洗速度为

$$w(x) = V\alpha + \dot{h} + [x - (1+a)b]\dot{\alpha} \tag{7.2.1}$$

这个方程在薄翼理论范围内是精确的边界条件。

准定常理论在采用该边界条件来确定涡强分布时,直接引用了定常理论中的诱导速度关系式,即使用定常气动力理论的薄翼绕流的基本积分公式,忽略尾涡的影响,仅考虑附着涡对

诱导速度的贡献,利用式(2.2.10),注意这里速度向下为正,则有:

$$w(x) = \int_0^{2b} \frac{\gamma(\xi)\,\mathrm{d}\xi}{2\pi(x-\xi)} \tag{7.2.2}$$

采用级数解法,引入 $\theta,\phi \in [0,\pi]$ 令

$$\left. \begin{array}{l} x = b(1-\cos\theta) \\ \xi = b(1-\cos\phi) \end{array} \right\} \tag{7.2.3}$$

则

$$\mathrm{d}\xi = b\sin\phi\,\mathrm{d}\phi \tag{7.2.4}$$

将 $\gamma(\phi)$ 展开成级数形式为[与式(2.2.18)相比,此处将 $2V_\infty$ 隐含到 A_0,A_n 系数内]

$$\gamma(\phi) = A_0 \cot\frac{\phi}{2} + \sum A_n \sin(n\phi) \tag{7.2.5}$$

代入式(7.2.2),经逐项积分,最后可得

$$w(\theta) = \frac{1}{2}\left(A_0 - \sum A_n \cos n\theta\right) \tag{7.2.6}$$

将边界条件式(7.2.1)展开成余弦级数,代入式(7.2.6)并比较两端同类项系数,可得

$$\left. \begin{array}{l} \dfrac{1}{2}A_0 = \dfrac{1}{\pi}\int_0^\pi w(\theta)\,\mathrm{d}\theta \\[2mm] -\dfrac{1}{2}A_n = \dfrac{2}{\pi}\int_0^\pi w(\theta)\cos n\theta\,\mathrm{d}\theta \quad (n=1,2,3,\cdots) \end{array} \right\} \tag{7.2.7}$$

注意到

$$w(\theta) = V\alpha + \dot{h} + [b(1-\cos\theta) - (1+a)b]\dot{\alpha} \tag{7.2.8}$$

可求得

$$A_0 = 2V\left[\alpha + \frac{1}{V}(\dot{h} - ab\dot{\alpha})\right] \tag{7.2.9}$$
$$A_1 = 2b\dot{\alpha}, \quad A_l = 0 \ (l=2,3,\cdots)$$

从而得到翼面的涡强分布为

$$\gamma(\phi) = 2V\left[\alpha + \frac{1}{V}(\dot{h} - ab\dot{\alpha})\right]\cot\frac{\phi}{2} + 2b\dot{\alpha}\sin\phi \tag{7.2.10}$$

根据茹可夫斯基定律,作用在单位展长机翼上的气动力(向上为正)为

$$L = \int_0^{2b}\rho V\gamma(\xi)\,\mathrm{d}\xi = \int_0^\pi \rho V\gamma(\phi)b\sin\phi\,\mathrm{d}\phi = 2\pi\rho V^2 b\left[\alpha + \frac{\dot{h}}{V} + \left(\frac{1}{2}-a\right)b\frac{\dot{\alpha}}{V}\right] \tag{7.2.11}$$

对前缘的力矩(抬头为正)为

$$M_{L.E.} = \int_0^{2b}\rho V\gamma(\xi)\xi\,\mathrm{d}\xi = \int_0^\pi \rho Vb^2(1-\cos\phi)\gamma(\phi)\sin\phi\,\mathrm{d}\phi = -\frac{b}{2}L - \frac{1}{2}\pi\rho Vb^3\dot{\alpha} \tag{7.2.12}$$

通常在进行颤振计算时,使用的是对刚心 E 的气动力矩,根据力的等效准则,可求出气动力对刚心 E 的气动力矩(抬头为正)为

$$M_E = 4\pi\rho V^2 b^2\left(\frac{1+a}{2} - \frac{1}{4}\right)\left[\alpha + \frac{\dot{h}}{V} + \left(\frac{1}{2}-a\right)b\frac{\dot{\alpha}}{V}\right] - \frac{1}{2}\pi\rho Vb^3\dot{\alpha} \tag{7.2.13}$$

现在我们来对得到的气动力公式和气动力矩公式进行详细的考察,以弄清一些特殊项的

含义。很明显，气动力公式[式(7.2.11)]中的第一项就是在介绍频率重合理论中使用的定常气动力，第二项就是 6.2 节中所述的附加气动力 ΔL_a，在气动力矩公式[式(7.2.13)]中的最后一项 $-\frac{1}{2}\pi\rho V b^3 \dot{\alpha}$ 则是由绕机翼剖面中点的转动角速度引起的气动阻尼力偶矩。

需要说明的是，对于准定常气动力，在一些国家也曾经采用过以实验结果为根据的半经验公式。例如在美国曾经使用如下的公式：

$$L = qb(l_{\bar{h}}\bar{h} + l_{\dot{\bar{h}}}\dot{\bar{h}} + l_{\ddot{\bar{h}}}\ddot{\bar{h}} + l_a\alpha + l_{\dot{a}}\dot{\alpha} + l_{\ddot{a}}\ddot{\alpha})$$
$$M = qb^2(m_{\bar{h}}\bar{h} + m_{\dot{\bar{h}}}\dot{\bar{h}} + m_{\ddot{\bar{h}}}\ddot{\bar{h}} + m_a\alpha + m_{\dot{a}}\dot{\alpha} + m_{\ddot{a}}\ddot{\alpha}) \tag{7.2.14}$$

式中，$\bar{h}$ 代表无量纲坐标（$\frac{h}{b}$），$l_{\bar{h}}, l_{\dot{\bar{h}}}, \cdots$ 和 $m_{\bar{h}}, m_{\dot{\bar{h}}}, \cdots$ 含义类似于 $\frac{\partial C_L}{\partial \bar{h}}, \frac{\partial C_L}{\partial \dot{\bar{h}}}, \cdots$ 和 $\frac{\partial C_m}{\partial \bar{h}}, \frac{\partial C_m}{\partial \dot{\bar{h}}} \cdots$，因此可称为气动导数，根据它们在气动力公式中的作用，也可把对位移的气动导数 $l_{\bar{h}}, l_a, m_{\bar{h}}, m_a$ 称为气动刚度，把对速度的气动导数（$l_{\dot{\bar{h}}}, l_{\dot{a}}, m_{\dot{\bar{h}}}, m_{\dot{a}}$）称为气动阻尼，而把对加速度的气动导数 $l_{\ddot{\bar{h}}}, l_{\ddot{a}}, m_{\ddot{\bar{h}}}, m_{\ddot{a}}$ 称为气动惯性。由于这些气动导数都是实验常数，一般将上述气动力公式归类为准定常气动力公式。

7.2.2　西奥道生非定常气动力理论

前面已讲过，振动薄翼的真实绕流如图 7.2.1(b) 所示，其特点是由机翼后缘不断产生真正的小旋涡（自由涡），并顺气流向下游流动，形成所谓的尾涡区，它们与翼面上的附着涡合在一起，诱导出翼面下洗。也就是说，非定常气动力理论考虑了后缘尾迹中自由涡的影响，这种考虑，在二元流动的范围内是精确的理论。而在要考虑三元效应的非定常气动力理论中，问题就复杂得多，所以在早期工程颤振分析中，都采用二元非定常气动力理论。然而，即使对二元机翼来说，其非定常气动力的求解也是相当困难的。这里将直接引用由西奥道生给出的简谐振动二元机翼的气动力和气动力矩解析公式。

在非定常气动力理论中，薄翼绕流的基本方程为

$$w(x) = \int_0^{2b} \frac{\gamma(\xi)\mathrm{d}\xi}{2\pi(x-\xi)} + \int_{2b}^{\infty} \frac{\gamma_w(\xi)\mathrm{d}\xi}{2\pi(x-\xi)} \tag{7.2.15}$$

其中，第二项涉及尾涡的积分，其积分限是从后缘直至下游无穷远处，必须首先找出尾涡的涡强 $\gamma_w(\xi)$ 与翼面涡强 $\gamma(\xi)$ 的联系，才能求出涡强分布从而求出机翼的非定常气动力。西奥道生在"General Theory of Aerodynamic Instability and Mechanism of Flutter"一文中，给出了作简谐振动的二元机翼非定常气动力的解析解。这里直接引用其结果。

考虑机翼在不可压缩气流中以频率 ω 作简谐振动，有

$$\left.\begin{array}{l} h = h_0\,\mathrm{e}^{\mathrm{i}\omega t} \\ \alpha = \alpha_0\,\mathrm{e}^{\mathrm{i}\omega t} \end{array}\right\} \tag{7.2.16}$$

则作用在机翼上的气动力及对机翼剖面刚心的气动力矩为

$$L = \pi\rho b^2(V\dot{\alpha} + \ddot{h} - ab\ddot{\alpha}) + 2\pi\rho VbC(k)\left[V\alpha + \dot{h} + \left(\frac{1}{2} - a\right)b\dot{\alpha}\right]$$

$$M_E = \pi\rho b^2\left[ab(V\dot{\alpha} + \ddot{h} - ab\ddot{\alpha}) - \frac{1}{2}Vb\dot{\alpha} - \frac{1}{8}b^2\ddot{\alpha}\right] +$$

$$2\pi\rho V^2 b^2\left(\frac{1}{2} + a\right)C(k)\left[\alpha + \frac{\dot{h}}{V} + \left(\frac{1}{2} - a\right)\frac{b\dot{\alpha}}{V}\right] \qquad (7.2.17)$$

规定 L 向上为正,M_E 以使机翼前缘抬头为正。

式(7.2.17)中,$k = \dfrac{b\omega}{V}$ 称为减缩频率(或折合频率),它是一个无量纲量。$C(k)$ 称为西奥道生函数,且 $C(k) = F(k) + iG(k)$,即 $C(k)$ 是减缩频率 k 的复函数。有

$$F(k) = \frac{J_1(J_1 + Y_0) + Y_1(Y_1 - J_0)}{(J_1 + Y_0)^2 + (Y_1 - J_0)^2}$$

$$G(k) = -\frac{Y_1 Y_0 + J_1 J_0}{(J_1 + Y_0)^2 + (Y_1 - J_0)^2} \qquad (7.2.18)$$

其中,J_0,Y_0 是 k 的第一类和第二类零阶标准贝塞尔函数;J_1,Y_1 是 k 的第一类和第二类一阶标准贝塞尔函数。$F(k)$,$G(k)$ 随 k 变化的曲线如图7.2.3所示,表7.2.1中列出了 $F(k)$,$G(k)$ 的函数值表,可供查用。

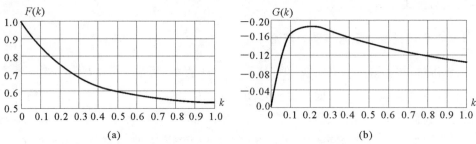

图 7.2.3 $F(k)$,$G(k)$ 随 k 变化的曲线

在没有西奥道生函数表时,可以采用如下近似公式:

当 $k < 0.5$ 时

$$F = 1 - \frac{0.165}{1 + \dfrac{0.002\,070\,25}{k^2}} - \frac{0.335}{1 + \dfrac{0.09}{k^2}}$$

$$G = -\frac{1}{k}\left(\frac{0.007\,507\,5}{1 + \dfrac{0.002\,070\,5}{k^2}} + \frac{0.100\,5}{1 + \dfrac{0.09}{k^2}}\right) \qquad (7.2.19)$$

当 $k > 0.5$ 时

$$F = 1 - \frac{0.165}{1 + \dfrac{0.001\,681}{k^2}} - \frac{0.335}{1 + \dfrac{0.102\,4}{k^2}}$$

$$G = -\frac{1}{k}\left(\frac{0.006\,765}{1 + \dfrac{0.001\,681}{k^2}} + \frac{0.107\,2}{1 + \dfrac{0.102\,4}{k^2}}\right) \qquad (7.2.20)$$

显然,上述近似公式仍然满足 $k \to \infty$ 时,$F(k) \to 0.5$,$G(k) \to 0$,与图 7.2.3 的曲线趋势一致。

表 7.2.1　西奥道生函数表 $C(k) = F(k) + iG(k)$

k	$1/k$	F	$-G$
∞	0.000 0	0.5	0
10.00	0.100 0	0.500 6	0.012 4
6.00	0.166 7	0.501 7	0.020 6
4.00	0.250 0	0.503 7	0.030 5
3.00	0.333 3	0.506 3	0.040 0
2.00	0.500 0	0.512 9	0.057 7
1.50	0.666 7	0.521 0	0.073 6
1.20	0.833 3	0.530 0	0.087 7
1.00	1.000 0	0.539 4	0.100 3
0.80	1.250 0	0.554 1	0.116 5
0.66	1.515 2	0.569 9	0.130 8
0.60	1.666 7	0.578 8	0.137 8
0.56	1.785 7	0.585 7	0.142 8
0.50	2.000 0	0.597 9	0.150 7
0.44	2.272 7	0.613 0	0.1592
0.40	2.500 0	0.625 0	0.165 0
0.34	2.941 2	0.646 9	0.173 8
0.30	3.333 3	0.665 0	0.179 3
0.24	4.166 7	0.698 9	0.186 2
0.20	5.000 0	0.727 6	0.188 6
0.16	6.250 0	0.762 8	0.187 6
0.12	8.333 3	0.806 3	0.180 1
0.10	10.000 0	0.832 0	0.172 3
0.08	12.500 0	0.860 4	0.160 4
0.06	16.666 7	0.892 0	0.142 6
0.05	20.000 0	0.909 0	0.130 5
0.04	25.000 0	0.926 7	0.116 0
0.025	40.000 0	0.954 5	0.087 2
0.01	100.000 0	0.982 4	0.048 2
0	∞	1.000 0	0

为了说明在非定常空气动力公式中 $C(k)$ 及 k 的物理含义,下面介绍气动力和气动力矩中各项的物理意义。

气动力公式中的第一项,$\pi\rho b^2(\ddot{h}-ab\ddot{\alpha}+V\dot{\alpha})$,可以写成 $\pi\rho b^2\dfrac{\mathrm{d}}{\mathrm{d}t}(\dot{h}-ab\dot{\alpha}+V\alpha)$。其中:$\pi\rho b^2$ 为单位展长的机翼周围气流的视在质量,即底面半径为 b 的单位长空气圆柱的质量;$\dfrac{\mathrm{d}}{\mathrm{d}t}(\dot{h}-ab\dot{\alpha}+V\alpha)$ 为机翼以翼剖面中点的速度做上下沉浮运动时以及有攻角 α 时所引起的下洗加速度,该项表示机翼振动时带动空气和它一起振动而产生的惯性反作用力。这些力的合力作用点将通过机翼剖面中点,用 L_1 来表示。气动力公式中的第二项,如果暂不考虑 $C(k)$ 的作用,则正好是准定常空气动力理论中的升力表达式,它是由环量产生的升力,其合力通过气动力中心,用 L_2 来表示。显然,$C(k)$ 就是考虑了自由涡作用而引入的修正因子,这种修正不仅表现在升力大小上,而且由于 $C(k)$ 是复数,因此还表示升力与机翼运动之间存在着相位差。

从气动力矩表达式,我们可以看出,它由两部分组成:第一部分有三项,第一项是由 L_1 产生的对机翼刚心的力矩,第二项是在准定常空气动力公式中的转动引起的阻尼力矩,第三项则与翼面带动周围空气加速转动对应的惯性反作用力成比例;第二部分就是由 L_2 所产生的对机翼刚心的力矩。

那么,为什么自由涡(尾涡)对升力项 L_2 的修正与减缩频率有关系呢?这是因为减缩频率表征着流动随时间变化的特征。我们如何来理解这一点呢?著名的空气动力学家冯·卡门是这样解释的:假定气流以速度 V 流过振动的机翼表面上某一点处时,受到机翼振动的扰动,受扰动而做简谐振动的气流仍将以流动速度 V 为平均速度向下游流去,机翼振动的圆频率是 ω,于是受扰动气流的振动波长为 $\dfrac{2\pi V}{\omega}$,则比值

$$\frac{2b}{2\pi V/\omega}=\frac{b\omega}{\pi V}=\frac{1}{\pi}k \tag{7.2.21}$$

与减缩频率 k 成正比,即说明 k 代表了机翼特征长度(弦长)$2b$ 与扰动波长之比,也就是说,k 代表了机翼上其他各点气流感受扰动的程度。由于振动机翼上每一点都扰动着气流,因此,减缩频率 k 代表了机翼各点处振动气流之间的相互影响作用。

在进行实际颤振计算时,直接采用式(7.2.17)是不方便的,注意到该公式仅适用于机翼做简谐振动这个前提条件,即 $h=h_0\mathrm{e}^{i\omega t}$,$\alpha=\alpha_0\mathrm{e}^{i\omega t}$,其中,$h_0,\alpha_0$ 为复振幅,说明两者之间有相位差。将其代入式(7.2.17),并且为了使用方便,这里规定气动力向下为正,整理后得到

$$\left.\begin{aligned}
L &= \pi\rho b^3\omega^2\{L_h\frac{h}{b}+[L_a-(\frac{1}{2}+a)L_h]\alpha\}\\
M_E &= \pi\rho b^4\omega^2\{[M_h-(\frac{1}{2}+a)L_h]\frac{h}{b}+\\
&\quad [M_a-(\frac{1}{2}+a)(L_a+M_h)+(\frac{1}{2}+a)^2 L_h]\alpha\}
\end{aligned}\right\} \tag{7.2.22}$$

其中

$$
\left.\begin{aligned}
L_h &= 1 - \mathrm{i}\,\frac{2}{k}\big[F(k) + \mathrm{i}G(k)\big] \\[6pt]
L_a &= \frac{1}{2} - \mathrm{i}\,\frac{1}{k}\big[1 + 2F(k) + 2\mathrm{i}G(k)\big] - \frac{2}{k^2}\big[F(k) + \mathrm{i}G(k)\big] \\[6pt]
M_h &= \frac{1}{2} \\[6pt]
M_a &= \frac{3}{8} - \mathrm{i}\,\frac{1}{k}
\end{aligned}\right\}
\tag{7.2.23}
$$

为了计算方便,通常将式(7.2.23)的 4 个系数制成表格,表 7.2.2 给出了马赫数 $Ma = 0$ 情况下的气动力系数。这些系数除 M_h 外都是复数,其虚部代表与位移有相位差的那些气动力,它的正负号取决于气动力是激励性质的或是阻尼性质的。

最后,应着重指出的是,式(7.2.17)的非定常气动力只适用于简谐运动,因而严格讲只能用来计算颤振临界点,而式(7.2.11)和式(7.2.13)的准定常气动力则适用于任何运动,所以除用于计算颤振临界点外,准定常气动力还可以用来计算机翼的亚临界颤振响应;当然,从得到的颤振速度的精确性来讲,准定常气动力理论所得颤振速度的精度低于非定常气动力理论得到的颤振速度。

表 7.2.2　不可压缩流中的气动力系数表($Ma = 0$)

k	$1/k$	L_h	L_a	M_h	M_a
∞	0.0	$1.000\,0 + 0.000\,0\mathrm{i}$	$0.500\,0 + 0.000\,0\mathrm{i}$	0.5	$0.375 + 0.000\,0\mathrm{i}$
4	0.25	$0.984\,8 - 0.251\,9\mathrm{i}$	$0.421\,8 - 0.492\,3\mathrm{i}$	0.5	$0.375 - 0.250\,0\mathrm{i}$
2	0.50	$0.942\,3 - 0.512\,9\mathrm{i}$	$0.185\,8 - 0.984\,1\mathrm{i}$	0.5	$0.375 - 0.500\,0\mathrm{i}$
1.2	0.83	$0.853\,8 - 0.883\,3\mathrm{i}$	$-0.382\,3 - 1.594\,9\mathrm{i}$	0.5	$0.375 - 0.833\,3\mathrm{i}$
0.8	1.25	$0.708\,8 - 1.385\,0\mathrm{i}$	$-1.522\,8 - 2.271\,2\mathrm{i}$	0.5	$0.375 - 1.250\,0\mathrm{i}$
0.6	1.67	$0.540\,7 - 1.929\,3\mathrm{i}$	$-3.174\,9 - 2.830\,5\mathrm{i}$	0.5	$0.375 - 1.666\,7\mathrm{i}$
0.5	2.00	$0.397\,2 - 2.391\,6\mathrm{i}$	$-4.886\,0 - 3.186\,0\mathrm{i}$	0.5	$0.375 - 2.000\,0\mathrm{i}$
0.4	2.50	$0.175\,2 - 3.125\,0\mathrm{i}$	$-8.137\,5 - 3.562\,5\mathrm{i}$	0.5	$0.375 - 2.500\,0\mathrm{i}$
0.34	2.94	$-0.022\,1 - 3.805\,3\mathrm{i}$	$-11.714\,0 - 3.739\,6\mathrm{i}$	0.5	$0.375 - 2.941\,2\mathrm{i}$
0.3	3.33	$-0.195\,0 - 4.433\,3\mathrm{i}$	$-15.473\,0 - 3.782\,2\mathrm{i}$	0.5	$0.375 - 3.333\,3\mathrm{i}$
0.27	3.75	$-0.379\,8 - 5.104\,8\mathrm{i}$	$-20.033\,7 - 3.684\,7\mathrm{i}$	0.5	$0.375 - 3.750\,0\mathrm{i}$
0.24	4.17	$-0.552\,0 - 5.824\,2\mathrm{i}$	$-25.319\,0 - 3.526\,0\mathrm{i}$	0.5	$0.375 - 4.166\,7\mathrm{i}$
0.2	5.00	$-0.886\,0 - 7.276\,0\mathrm{i}$	$-37.766\,5 - 2.846\,0\mathrm{i}$	0.5	$0.375 - 5.000\mathrm{i}$
0.16	6.25	$-1.345\,0 - 9.535\,0\mathrm{i}$	$-61.437\,0 - 1.128\,8\mathrm{i}$	0.5	$0.375 - 6.250\,0\mathrm{i}$
0.12	8.33	$-2.002\,0 - 13.438\,5\mathrm{i}$	$-114.492\,0 + 3.242\,0\mathrm{i}$	0.5	$0.375 - 8.333\,3\mathrm{i}$
0.1	10.00	$-2.446\,0 - 16.640\,0\mathrm{i}$	$-169.346\,0 + 7.820\,0\mathrm{i}$	0.5	$0.375 - 10.000\,0\mathrm{i}$
0.08	12.50	$-3.010\,0 - 21.510\,0\mathrm{i}$	$-272.410\,0 + 16.115\,0\mathrm{i}$	0.5	$0.375 - 12.500\,0\mathrm{i}$
0.06	16.67	$-3.753\,0 - 29.733\,3\mathrm{i}$	$-499.853\,0 + 32.822\,2\mathrm{i}$	0.5	$0.375 - 16.666\,7\mathrm{i}$

7.3 应用准定常气动力求解二元机翼的颤振问题

本节所研究的二元机翼颤振系统如图 7.3.1 所示,同样,在机翼刚心 E 点处固定一刚度为 K_h 的线弹簧及一刚度为 K_α 的扭转弹簧,两弹簧的另一端均固定在壁面上,刚心 E 在翼弦中点后 ab 处,重心 G 到刚心的距离为 $x_a b$,机翼弦长为 $c = 2b$。

二元机翼有两个自由度,即随刚心 E 的上下沉浮运动 h(向下为正)和绕刚心 E 的俯仰转动 α(机翼前缘抬头为正)。为描述机翼某点的弦向坐标,以前缘点为原点,x 轴指向后缘为正,则刚心坐标为 $(1+a)b$,机翼上任一点坐标为 x,则其到刚心 E 的距离 r 为

$$r = x - (1+a)b$$

即对在刚心后面的点,r 为正。于是,机翼上任一点的位移可表示为

$$z = h + r\alpha \tag{7.3.1}$$

现引用拉格朗日方程:

$$\frac{\mathrm{d}}{\mathrm{d}t}\left(\frac{\partial T}{\partial \dot{q}_i}\right) - \frac{\partial T}{\partial q_i} + \frac{\partial U}{\partial q_i} = Q_i \quad (i = 1, 2, 3, \cdots, n) \tag{7.3.2}$$

来建立机翼的颤振运动方程。

式(7.3.2)中,T 为系统的动能,U 为系统的势能,Q_i 为与广义坐标 q_i 相应的广义力,它由虚功表达式 $\delta W = \sum_{i=1}^{n} Q_i \delta q_i$ 给出。对二自由度的二元机翼颤振系统,需要选取两个广义坐标 $q_i, i = 1, 2$,此处分别取为 h 和 α。

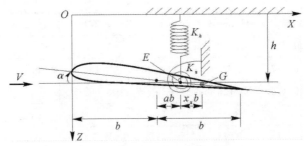

图 7.3.1 二元机翼颤振系统

假定机翼沿 X 轴的水平前后运动可以忽略不计,运用拉格朗日方程来建立该机翼的自由振动运动方程。考虑弦向 x 处的微元长度 $\mathrm{d}x$,假定二元机翼是匀质物体,材料密度为 ρ,则对应的质量微元 $\mathrm{d}m = \rho \mathrm{d}x$,从而将二元机翼的动能写为弦向积分的形式:

$$T = \frac{1}{2}\int_0^{2b} \dot{z}^2 \rho \mathrm{d}x = \frac{1}{2}\int_0^{2b} (\dot{h} + r\dot{\alpha})^2 \rho \mathrm{d}x = \frac{1}{2}m\dot{h}^2 + S_\alpha \dot{h}\dot{\alpha} + \frac{1}{2}I_\alpha \dot{\alpha}^2 \tag{7.3.3}$$

其中,$m = \int_0^{2b} \rho \mathrm{d}x$,为单位展长的机翼质量;$S_\alpha = \int_0^{2b} r\rho \mathrm{d}x = mx_a b$,为单位展长机翼对刚心 E 的质量静矩,x_a 为重心在刚心之后的无量纲距离;$I_\alpha = \int_0^{2b} r^2 \rho \mathrm{d}x = mr_a^2 b^2$,为单位展长机翼对刚心

E 的质量惯性矩，r_a 为机翼对刚心的无量纲回转半径。

机翼的势能为

$$U = \frac{1}{2}K_h h^2 + \frac{1}{2}K_a \alpha^2 \tag{7.3.4}$$

代入拉格朗日方程，可得到二元机翼的颤振方程式为

$$\left. \begin{aligned} m\ddot{h} + S_a\ddot{\alpha} + K_h h = Q_h \\ S_a\ddot{h} + I_a\ddot{\alpha} + K_a \alpha = Q_a \end{aligned} \right\} \tag{7.3.5}$$

其中，Q_h，Q_a 分别代表对应于广义坐标 h 和 α 的广义气动力，即机翼振动引起的气动力（向下为正）和气动力矩（使机翼抬头为正）。

引入准定常气动力公式：

$$\left. \begin{aligned} Q_h &= -L = -2\pi\rho V^2 b\left[\alpha + \frac{\dot{h}}{V} + (\frac{1}{2} - a)b\frac{\dot{\alpha}}{V}\right] \\ Q_a &= M_E = 4\pi\rho V^2 b^2(\frac{1+a}{2} - \frac{1}{4})\left[\alpha + \frac{\dot{h}}{V} + (\frac{1}{2} - a)b\frac{\dot{\alpha}}{V}\right] - \frac{1}{2}\pi\rho Vb^3\dot{\alpha} \end{aligned} \right\} \tag{7.3.6}$$

由式(7.3.6)可知，对于任意给定的风速 V，式(7.3.5)是一个关于 h，α 的二阶齐次常微分方程组，可求得形如 $h = h_0 e^{pt}$，$\alpha = \alpha_0 e^{pt}$ 的解。将它们代入方程，可得到关于未知量 h_0，α_0 的齐次联立代数方程组，根据 h_0，α_0 有非零解的充要条件，其系数行列式的值应等于零，从而得到颤振系统的特征方程式，由它可确定特征根 p。我们已经知道，当 $V < V_F$ 时，机翼振动是衰减的，对应地，其特征方程的根都是带有负实部的复数；当 $V > V_F$ 时，机翼运动是发散的，特征方程至少有一个特征根的实部大于零；当 $V = V_F$ 时，机翼处于临界颤振状态，其运动是等幅简谐振动，从而其特征根为纯虚数。如果我们取不同的风速 V，按照上述方法，求解二元机翼颤振系统的特征方程，随着 V 的逐渐增大，原则上总可以找到一个风速，在此风速下，二元机翼颤振系统总有一个特征根实部为零，即 $p = i\omega$，这时的风速 V 就是要求解的颤振临界速度 V_F。

上述思路为工程中常用的方法，即由特征根随风速的变化来判定颤振临界速度。如果为了直接求出 V_F，对于二元机翼情况，则可以采用下面的方法。注意到在颤振临界状态下，机翼作简谐运动这一事实，即

$$h = h_0 e^{i\omega t}, \quad \alpha = \alpha_0 e^{i\omega t} \tag{7.3.7}$$

将式(7.3.6)和式(7.3.7)代入式(7.3.5)中，则这时式(7.3.5)中的速度（即要求解的 V_F）为未知量，从而使得到的齐次方程组共有四个未知量 h_0，α_0，V，ω，由 h_0，α_0 的系数行列式为零这一条件得到的特征方程还会有 V，ω 两个未知量，似乎难以求解，但由于特征方程式的系数是显含虚数单位 i 的复数，整个方程就可以分成实部与虚部两部分，而我们已知方程的实部与虚部都应该是实数，从而要使特征方程式为零，必须是它的实部方程与虚部方程同时为零。也就是说，按上述步骤得到的特征方程实际上是两个方程式，正好用来求解两个未知数 V，ω，它们分别对应了颤振速度和颤振频率。

将式(7.3.6)和式(7.3.7)代入式(7.3.5)后，得到

$$(K_h - m\omega^2 + \mathrm{i}2\pi\rho Vb\omega)h_0 + \{-S_\alpha\omega^2 + 2\pi\rho V^2 b[1 + \mathrm{i}\omega(\frac{1}{2} - a)\frac{b}{V}]\}\alpha_0 = 0$$

$$[-S_\alpha\omega^2 + \mathrm{i}4\pi\rho Vb^2(\frac{1}{4} - \frac{1+a}{2})\omega]h_0 + \left(K_\alpha - I_\alpha\omega^2 + 2\rho V^2 b^2\{\mathrm{i}\frac{b\pi}{4V}\omega + \right.$$

$$\left. 2\pi(\frac{1}{4} - \frac{1+a}{2})[1 + \mathrm{i}\omega(\frac{1}{2} - a)\frac{b}{V}]\}\right)\alpha_0 = 0 \tag{7.3.8}$$

为了使方程式简洁，引入下列符号：

$$a_0 = 2\pi, c_{11} = m, c_{12} = c_{21} = -S_\alpha, c_{22} = I_\alpha$$

$$a_{11} = K_h, a_{22} = K_\alpha, b_{12} = -\rho b a_0, b_{22} = 2\rho b^2 a_0(\frac{1}{4} - \frac{1+a}{2})$$

$$d_{11} = \rho b a_0, d_{12} = -\rho b^2 a_0(\frac{1}{2} - a), d_{21} = 2\rho b^2 a_0(\frac{1+a}{2} - \frac{1}{4}) \tag{7.3.9}$$

$$d_{22} = 2\rho b^3[\frac{\pi}{4} - (\frac{1+a}{2} - \frac{1}{4})a_0(\frac{1}{2} - a)]$$

则式(7.3.8)可以写为

$$(a_{11} - c_{11}\omega^2 + \mathrm{i}\omega Vd_{11})h_0 + (c_{12}\omega^2 - b_{12}V^2 - \mathrm{i}\omega Vd_{12})\alpha_0 = 0$$

$$(c_{21}\omega^2 - \mathrm{i}\omega Vd_{21})h_0 + (a_{22} - c_{22}\omega^2 + b_{22}V^2 + \mathrm{i}\omega Vd_{22})\alpha_0 = 0 \tag{7.3.10}$$

上面以 h_0，α_0 为未知量的联立齐次代数方程有非零解的条件是其系数行列式等于零，即

$$\begin{vmatrix} a_{11} - c_{11}\omega^2 + \mathrm{i}\omega Vd_{11} & c_{12}\omega^2 - b_{12}V^2 - \mathrm{i}\omega Vd_{12} \\ c_{21}\omega^2 - \mathrm{i}\omega Vd_{21} & a_{22} - c_{22}\omega^2 + b_{22}V^2 + \mathrm{i}\omega Vd_{22} \end{vmatrix} = 0 \tag{7.3.11}$$

这个行列式就是"颤振行列式"，与自由振动时的固有频率方程不同，它是一个复系数方程，实际上含有实部与虚部两个方程，并有两个未知量 V, ω。将其展开并分成实部方程与虚部方程，得

$$A_1\omega^4 - (C_1 + C_2 V^2)\omega^2 + (E_1 + E_2 V^2) = 0$$

$$-B_1\omega^2 + (D_1 + D_2 V^2) = 0 \tag{7.3.12}$$

其中

$$A_1 = c_{11}c_{22} - c_{21}c_{12}$$

$$B_1 = d_{11}c_{22} + c_{11}d_{22} - c_{12}d_{21} - c_{21}d_{12}$$

$$C_1 = a_{11}c_{22} + c_{11}a_{22}$$

$$C_2 = c_{11}b_{22} - b_{12}c_{21} + d_{11}d_{22} - d_{12}d_{21}$$

$$D_1 = d_{11}a_{22} + a_{11}d_{22} \tag{7.3.13}$$

$$D_2 = d_{11}b_{22} - b_{12}d_{21}$$

$$E_1 = a_{11}a_{22}$$

$$E_2 = a_{11}b_{22}$$

由虚部方程得

$$\omega^2 = (D_1 + D_2 V^2)/B_1 \tag{7.3.14}$$

代入实部方程得

$$\overline{L}V^4 + \overline{M}V^2 + \overline{N} = 0 \tag{7.3.15}$$

其中

$$\left.\begin{array}{l} \overline{L} = D_2(B_1C_2 - D_2A_1) \\ \overline{M} = B_1C_2D_1 + B_1C_1D_2 - B_1{}^2E_2 - 2D_1D_2A_1 \\ \overline{N} = B_1C_1D_1 - B_1{}^2E_1 - D_1{}^2A_1 \end{array}\right\} \tag{7.3.16}$$

从而可解得

$$V^2 = \frac{(-\overline{M} \pm \sqrt{\overline{M}^2 - 4\overline{L}\,\overline{N}})}{2\overline{L}} \tag{7.3.17}$$

两个根中较小的正根 V，即是颤振临界速度 V_F，将 V_F 代入式(7.3.14)，即可解得颤振频率 ω_F。求得 V_F，ω_F 后，则可得到颤振模态：

$$\frac{h_0}{\alpha_0} = -\frac{c_{12}\omega_F^2 - b_{12}V_F^2 - i\omega_F V_F d_{12}}{a_{11} - c_{11}\omega_F^2 + i\omega_F V_F d_{21}} \tag{7.3.18}$$

式(7.3.18) 的计算结果是一个复数，说明颤振时，h 与 α 自由度的运动有相位差，这一点与机翼的固有振动是不同的。

由于准定常气动力理论不限于机翼做简谐振动情况，所以还可以用它来分析速度低于颤振临界速度时的亚临界情况以及速度高于临界速度时的超临界情况下机翼的运动，这时可令：

$$h = h_0 e^{\lambda t}, \quad \alpha = \alpha_0 e^{\lambda t} \tag{7.3.19}$$

代入式(7.3.5)，按关于 h_0，α_0 的齐次代数方程有非零解的条件，即 h_0，α_0 的系数行列式为零，可得到特征方程为

$$A_0\lambda^4 + B_0\lambda^3 + C_0\lambda^2 + D_0\lambda + E_0 = 0 \tag{7.3.20}$$

其中

$$A_0 = A_1, B_0 = B_1V, C_0 = C_1 + C_2V^2, D_0 = D_1V + D_2V^3, E_0 = E_1 + E_2V^2 \tag{7.3.21}$$

现在 V 是已知的，A_1，B_1，C_1，C_2，D_1，D_2，E_1，E_2 也已经在式(7.3.13)中给出，从而式(7.3.20)中的各项系数在 V 给定后都是已知的。由该特征方程可以解出四个 λ 值，若特征方程所有根的实部均为负，则机翼的振动是衰减的，即运动是稳定的；若某个根有正的实部，则振动发散，运动是不稳定的，也就是说，此时速度已超过了机翼的颤振临界速度。

例 7-1 如图 7.3.2 所示二元机翼，已知其参数为

$$\frac{\partial C_L}{\partial \alpha} = 2\pi, \frac{m}{\pi\rho b^2} = 5, \frac{S_\alpha}{mb} = 0.25, \frac{I_\alpha}{mb^2} = 0.5, \frac{e}{b} = 0.4, \frac{\omega_h}{\omega_\alpha} = 0.5, \omega_\alpha = 50 \text{ rad/s}, b = 1 \text{ m},$$

试采用简化的准定常气动力 $L = \frac{1}{2}\rho V^2 (2b) \frac{\partial C_L}{\partial \alpha}(\alpha + \frac{\dot{h}}{V})$，$M_E = Le$（$L$ 向上为正，M_E 抬头为正），估算该机翼的颤振临界速度。

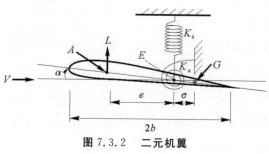

图 7.3.2 二元机翼

解:将所给准定常气动力公式代入式(7.3.5)中,得机翼颤振运动方程为

$$m\ddot{h} + S_a\ddot{\alpha} + K_h h + \frac{1}{2}\rho V^2 (2b) \frac{\partial C_L}{\partial \alpha}(\alpha + \frac{\dot{h}}{V}) = 0 \left.\begin{matrix} \\ \\ \\ \end{matrix}\right\}$$

$$S_a\ddot{h} + I_a\ddot{\alpha} + K_a\alpha - \frac{1}{2}\rho V^2 (2b) \frac{\partial C_L}{\partial \alpha}(\alpha + \frac{\dot{h}}{V})e = 0 \left.\begin{matrix} \\ \end{matrix}\right\}$$

(7.3.22)

在临界颤振状态下,有

$$h = h_0 \mathrm{e}^{\mathrm{i}\omega t}, \quad \alpha = \alpha_0 \mathrm{e}^{\mathrm{i}\omega t}$$

(7.3.23)

代入式(7.3.22)并写成无量纲形式(第一式除以 mb,第二式除以 mb^2)为

$$-\omega^2 \frac{h_0}{b} - \omega^2 \frac{S_a}{mb}\alpha_0 + \frac{K_h}{m}\frac{h_0}{b} + \frac{\pi\rho b^2}{m}2(\frac{V}{b})^2\alpha_0 + \mathrm{i}\omega\frac{2\pi\rho b^2}{m}\frac{V}{b}\frac{h_0}{b} = 0 \left.\begin{matrix} \\ \\ \\ \end{matrix}\right\}$$

$$-\omega^2 \frac{S_a}{mb}\frac{h_0}{b} - \omega^2 \frac{I_a}{mb^2}\alpha_0 + \frac{K_a}{mb^2}\alpha_0 - \frac{\pi\rho b^2}{m}(\frac{V}{b})^2\frac{2e}{b}\alpha_0 - \mathrm{i}\omega\frac{2\pi\rho b^2}{m}\frac{V}{b}\frac{e}{b}\frac{h_0}{b} = 0 \left.\begin{matrix} \\ \end{matrix}\right\}$$

(7.3.24)

其中,$\frac{h_0}{b}$ 和 α_0 均是无量纲数(后者使用弧度单位)。

代入已知数据,并记无量纲速度 $X = \frac{V}{b\omega_a}$,无量纲频率 $u = \frac{\omega}{\omega_a}$,将方程写成矩阵形式:

$$\begin{bmatrix} -u^2 + 0.25 + \mathrm{i}0.4uX & -0.25u^2 + 0.4X^2 \\ -0.25u^2 - \mathrm{i}0.16uX & 0.5 - 0.5u^2 - 0.16X^2 \end{bmatrix} \begin{bmatrix} h_0/b \\ \alpha_0 \end{bmatrix} = \begin{bmatrix} 0 \\ 0 \end{bmatrix}$$

(7.3.25)

由系数行列式为零得到的特征方程,可以分为实部与虚部两个方程。其实部方程为

$$0.437\,5u^4 - (0.625 - 0.26X^2)u^2 + (0.125 - 0.04X^2) = 0$$

(7.3.26)

虚部方程为

$$(0.2 - 0.24u^2)uX = 0$$

(7.3.27)

其中,无量纲速度 X 不为零,可知 $u = 0, \pm 0.912\,9$。

u 取正根,即 $u = 0.912\,9$,可解得颤振频率为

$$\omega_F = u\omega_a = 0.912\,9 \times 50 = 45.64 \text{ rad/s}$$

代入实部式(7.3.26),解得 $X_F = 0.722$,则颤振临界速度为

$$V_F = X_F b\omega_a = 0.722 \times 1 \times 50 = 36.08 \text{ m/s}$$

如果在本例中,使用格罗斯曼准定常气动力公式来计算颤振临界速度,除了公式更复杂一些外,计算求解的步骤是完全一样的。

注意,当 $u = 0$ 时,对应的频率为零,与 6.3 节例 6-1 中情况类似,实际上此时式(7.3.26)对应了无量纲形式的扭转发散临界条件,可解出 $X_D = 1.767\,8$,对应的扭转发散速度为

$$V_D = X_D b\omega_a = 1.767\,8 \times 1 \times 50 = 88.39 \text{ m/s}$$

读者可以尝试采用扭转发散临界速度的公式计算,可得到与之一致的结果。从该算例可知,在进行颤振分析时,也可以同时获得扭转发散速度。

7.4　应用非定常气动力求解二元机翼的颤振问题

如前所述,由于西奥道生非定常气动力理论公式[式(7.2.22)]只适用于机翼做简谐振动的情况,故其只能用来求解二元机翼的颤振临界速度,所以在应用西奥道生非定常气动力公式时,隐含了机翼做简谐运动的前提,即 $h = h_0 \mathrm{e}^{\mathrm{i}\omega t}$,$\alpha = \alpha_0 \mathrm{e}^{\mathrm{i}\omega t}$。将式(7.2.22)代入式(7.3.5)中,得到二元机翼颤振运动方程为

$$\left.\begin{aligned}
&- m\omega^2 h - S_a \omega^2 \alpha + K_h h - \pi\rho b^3 \omega^2 \left\{ L_h \frac{h}{b} + \left[L_a - (\frac{1}{2}+a)L_h \right]\alpha \right\} = 0 \\
&- S_a \omega^2 h - I_a \omega^2 \alpha + K_a \alpha - \pi\rho b^4 \omega^2 \left\{ \left[M_h - (\frac{1}{2}+a)L_h \right]\frac{h}{b} + \right. \\
&\left. \left[M_a - (\frac{1}{2}+a)(L_a + M_h) + (\frac{1}{2}+a)^2 L_h \right]\alpha \right\} = 0
\end{aligned}\right\} \quad (7.4.1)$$

同样引入机翼的"部分频率" $\omega_h = \sqrt{\dfrac{K_h}{m}}$,$\omega_a = \sqrt{\dfrac{K_a}{I_a}}$,将它们代入式(7.4.1)中,并将第一个方程除以 $-\pi\rho b^3 \omega^2$,第二个方程除以 $-\pi\rho b^4 \omega^2$,可得

$$\left.\begin{aligned}
&\left[\frac{m}{\pi\rho b^2}(1 - \frac{\omega_h^2}{\omega^2}) + L_h \right]\left(\frac{h}{b}\right) + \left\{ \frac{m}{\pi\rho b^2}x_a + \left[L_a - (\frac{1}{2}+a)L_h \right] \right\}\alpha = 0 \\
&\left\{ \frac{m}{\pi\rho b^2}x_a + \left[M_h - (\frac{1}{2}+a)L_h \right] \right\}\left(\frac{h}{b}\right) + \\
&\left\{ \frac{m}{\pi\rho b^2}r_a^2(1 - \frac{\omega_a^2}{\omega^2}) + \left[M_a - (\frac{1}{2}+a)(L_a + M_h) + (\frac{1}{2}+a)^2 L_h \right] \right\}\alpha = 0
\end{aligned}\right\} \quad (7.4.2)$$

其中,$\dfrac{m}{\pi\rho b^2} = \mu$ 是代表机翼质量的无量纲量——质量比,a,x_a,r_a 等符号的意义已在 7.3 节给出。由 h,α 有非零解的条件可得颤振行列式为

$$\begin{vmatrix}
\mu(1 - \frac{\omega_h^2}{\omega^2}) + L_h & \mu x_a + \left[L_a - (\frac{1}{2}+a)L_h \right] \\
\mu x_a + \left[M_h - (\frac{1}{2}+a)L_h \right] & \mu r_a^2(1 - \frac{\omega_a^2}{\omega^2}) + \left[M_a - (\frac{1}{2}+a)(L_a + M_h) + (\frac{1}{2}+a)^2 L_h \right]
\end{vmatrix} = 0$$
$$(7.4.3)$$

式(7.4.3)中含有两个未知数 ω,k,其中减缩频率 k 隐含在 L_h,L_a 等气动系数中,从而所要求解的颤振速度 V_F 也通过 $k_F = \dfrac{\omega_F b}{V_F}$ 隐含在 L_h,L_a 等气动系数中。由此我们知道,即使建立了颤振行列式,并像用准定常气动力理论求解颤振速度时那样,将其分成实部和虚部方程进行求解,也不能直接解得颤振临界速度。因为上述方程表面上看只有一个未知量 ω,另一个未知量 k 或 V 却隐含在各个气动系数中,而 k 与各气动系数间的关系通常是用复杂的函数或表格形式给出的,因此,颤振行列式只用某种特殊的试凑方法才能解得。下面介绍三种常用的解法。

7.4.1　西奥道生方法

该方法是西奥道生提出的,其思路仍然是先将颤振行列式展开成复系数代数方程,然后令

飞行器气动弹性力学教程

方程的实部与虚部分别等于零进行求解,从而得到颤振临界速度,但其中需要一个试凑的过程。其具体求解过程如下。

在式(7.4.3)中,令$(\frac{\omega_a}{\omega})^2 \equiv X$,则$(\frac{\omega_h}{\omega})^2 = (\frac{\omega_h}{\omega_a})^2 X$,式(7.4.3)中只有对角项含有$X$,对于给定的$k$值,行列式的所有项的系数都是已知的。

将式(7.4.3)展开后可得

$$C_1 X^2 + C_2 X + C_3 = 0 \tag{7.4.4}$$

其中,$C_1 = \mu^2 r_a^2 (\frac{\omega_h}{\omega_a})^2$ 是实数,而 C_2, C_3 因为含有系数 L_h, L_a 等则为复数。设 $C_2 = R_2 + iI_2$,$C_3 = R_3 + iI_3$,则式(7.4.4)可按实部、虚部分开。令它们分别等于零而得到两个联立的、以 X 为未知量的实系数代数方程:

$$\left. \begin{array}{l} C_1 X^2 + R_2 X + R_3 = 0 \\ I_2 X + I_3 = 0 \end{array} \right\} \tag{7.4.5}$$

由于 R_2, I_2 等只有在给定 k 值时,才能通过查表算出其具体数值,所以此方程可以看成是关于 X, k 两个未知量的联立方程。

分别求解实部与虚部方程,并分别记实部、虚部方程的根为 X_R, X_I,通常 $X_R \neq X_I$,显然只有在 $X_R = X_I$ 时,由此得到的才是式(7.4.5)的解。一般这可由图解法来得到,即把实部、虚部方程看作是两条曲线的隐函数表示式:

$$\left. \begin{array}{l} R(X,k) = 0 \\ I(X,k) = 0 \end{array} \right\} \tag{7.4.6}$$

给出一组 k 值,算出两组 (X,k) 点,画出两条曲线,由交点即可得到所求的 X 和 k 值,从而得到 V_F, ω_F。

具体的步骤是,给定一个 k 值(通常以 $1/k$ 形式给出),查表(通常还要插值)得到 L_h, L_a 等系数的具体数值,然后算出 R_2, I_2 等系数,由实部方程得到两个实数根,由虚部方程得到一个虚部根。选取一系列 k 值,如此解出一系列的实部根和虚部根,就可作出两条 X_R-k 曲线(或 X_R-$1/k$ 曲线)和一条 X_I-k 曲线(或 X_I-$1/k$ 曲线),实、虚部解曲线交点对应的 k 轴坐标值就是 k_F,X 轴坐标值就是 X_F,根据 $\omega_F = \frac{\omega_a}{\sqrt{X_F}}$ 和 $V_F = \frac{\omega_F b}{k_F}$ 就可得到颤振临界频率和速度。

当然在进行求解时,也可以不用作图法,而直接按照数值误差控制条件:在一系列 k 值下,根据 $|X_R - X_I| < \varepsilon$ 来数值迭代求解 k_F 和 X_F。

例 7-2 已知二元机翼的基本参数如下:

$\mu = \frac{m}{\pi \rho b^2} = 30$, $x_a = 0.2$, $r_a^2 = 0.3$, $(\frac{\omega_h}{\omega_a})^2 = 0.1$, $a = 0$, $\omega_a = 50$ rad/s, $b = 1$ m

试用非定常气动力公式和西奥道生方法,求解其颤振临界速度和颤振频率。

解:将上述参数代入式(7.4.3),并设 $(\frac{\omega_a}{\omega})^2 \equiv X$,可得

$$\begin{vmatrix} 30(1-0.1X)+L_h & 6+L_a-0.5L_h \\ 6+M_h-0.5L_h & 9(1-X)+M_a-0.5(L_a+M_h)+0.25L_h \end{vmatrix} = 0$$

现取三个 $1/k$ 值,分别为 3.33,3.75,4.17,来进行求解。对每一个 $1/k$ 值,查气动系数表得 L_h,L_α,M_h,M_α 的值,代入上式,展开后分成实部方程和虚部方程,将计算求根的结果列于表 7.4.1 中。

表 7.4.1　西奥道生方法结果列表

$1/k$	3.33	3.75	4.17
C_1	27	27	27
R_2	-318.71	-323.73	-329.98
R_3	549.9	640.12	744
I_2	47.52	55.53	63.69
I_3	-118.91	-147.63	-180.13
X_{R1}	9.705	9.493	9.239
X_{R2}	2.098	2.497	2.983
X_I	2.502	2.659	2.816

图 7.4.1 画出了 X_{R2}、X_I 随 $1/k$ 变化的曲线,交点处的坐标值给出 $1/k_F = 3.96$,$X_F = 2.736$,从而得到

$$\omega_F = \frac{\omega_\alpha}{\sqrt{X_F}} = 30.23 \text{ rad/s}$$

$$V_F = \frac{\omega_F b}{k_F} = 119.7 \text{ m/s}$$

即颤振临界速度为 119.7 m/s,颤振频率为 30.23 rad/s(4.81 Hz)。注意,如果在 $1/k_F = 3.96$ 附近使用更多的点进行计算,则所得结果的精度可进一步提高。

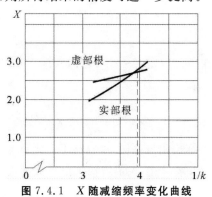

图 7.4.1　X 随减缩频率变化曲线

7.4.2　V-g 法

V-g 法是目前颤振计算中常用的方法之一,它是由于在求解过程中,引入了结构阻尼系数 g 而得名。实验表明,具有结构阻尼的结构在振动时,结构阻尼力的大小与振动位移量成正比(因而也和弹性恢复力成正比),而与振动频率无关,此外,它与速度反相,即与位移有 90° 相位差。通常用结构阻尼系数 g 来表示结构阻尼水平,由此,h,α 两自由度上的结构阻尼力可分别表示为 $-ig_h K_h h$ 和 $-ig_\alpha K_\alpha \alpha$,结构阻尼力与弹性恢复力之和可以表示为

$$-\mathrm{i}g_h K_h h - K_h h = -(1+\mathrm{i}g_h)K_h h \left.\right\}$$
$$-\mathrm{i}g_\alpha K_\alpha \alpha - K_\alpha \alpha = -(1+\mathrm{i}g_\alpha)K_\alpha \alpha \quad (7.4.7)$$

通常取 $g_h = g_\alpha = g$，引入结构阻尼后，机翼的颤振运动方程为

$$m\ddot{h} + S_\alpha \ddot{\alpha} + K_h h + \mathrm{i}g K_h h = Q_h \left.\right\}$$
$$S_\alpha \ddot{h} + I_\alpha \ddot{\alpha} + K_\alpha \alpha + \mathrm{i}g K_\alpha \alpha = Q_\alpha \quad (7.4.8)$$

即

$$m\ddot{h} + S_\alpha \ddot{\alpha} + (1+\mathrm{i}g)K_h h = Q_h \left.\right\}$$
$$S_\alpha \ddot{h} + I_\alpha \ddot{\alpha} + (1+\mathrm{i}g)K_\alpha \alpha = Q_\alpha \quad (7.4.9)$$

与无阻尼情况的式(7.3.5)相比，它只是在结构刚度项上前乘了一个复数$(1+\mathrm{i}g)$，故可以依照前节的结果，相应地写出其无量纲化后的颤振行列式为

$$\begin{vmatrix} \mu\left[1-(1+\mathrm{i}g)\left(\frac{\omega_\alpha}{\omega}\right)^2\left(\frac{\omega_h}{\omega_\alpha}\right)^2\right]+L_h & \mu x_\alpha + [L_\alpha - (\frac{1}{2}+a)L_h] \\ \mu x_\alpha + [M_h - (\frac{1}{2}+a)L_h] & \mu r_\alpha^2\left[1-(1+\mathrm{i}g)\left(\frac{\omega_\alpha}{\omega}\right)^2\right]+[M_\alpha - (\frac{1}{2}+a)(L_\alpha + M_h)+(\frac{1}{2}+a)^2 L_h] \end{vmatrix} = 0$$
$$(7.4.10)$$

它与式(7.4.3)的差别仅在于以$(1+\mathrm{i}g)\left(\frac{\omega_\alpha}{\omega}\right)^2$代替了$\left(\frac{\omega_\alpha}{\omega}\right)^2$，现在令$(1+\mathrm{i}g)\left(\frac{\omega_\alpha}{\omega}\right)^2 = z$，则式(7.4.10)展开后可得关于$z$的二次代数方程：

$$C_1 z^2 + C_2 z + C_3 = 0 \quad (7.4.11)$$

值得注意的是，由于z是一个复未知数，故上面的复系数方程不能再分成实部方程和虚部方程来求解，而需要直接用求解二次方程复根的方法求出两个根z_1和z_2，然后根据$z(z=z_R+\mathrm{i}z_I)$的定义，得到

$$\omega = \frac{\omega_\alpha}{\sqrt{z_R}}, \quad g = \frac{z_I}{z_R} \quad (7.4.12)$$

颤振行列式(7.4.10)要在事先取定某一个k值的情况下，才能计算出各项系数，进而解出其特征根z，在求得ω值后，就有

$$V = \frac{1}{k}\omega b = \frac{b}{k}\frac{\omega_\alpha}{\sqrt{z_R}} \quad (7.4.13)$$

由式(7.4.12)还可计算出结构阻尼系数g，但这不一定就是所计算的机翼真实的结构阻尼水平，因此，我们需要再回过头来，把引入了结构阻尼系数g以后，要求解的问题的物理意义再考查一下。

在简谐振动情况下，由式(7.4.9)导出的颤振行列式(7.4.10)中的未知量共有三个：ω、V(隐含在k中)以及引入的结构阻尼系数g，而原来与之对应的式(7.4.3)则只能解出两个未知量，可见还必须补充一个条件才能解式(7.4.10)。

可设结构阻尼系数g为未知，选取某一个风速V，将要求解的问题换成一种等效的提法：在速度V下，欲维持机翼的振动为简谐振动，该机翼需要具有多大的阻尼水平。如果所需要的阻尼是正的$(g>0)$，那就说明无阻尼的机翼在这个风速下的自由振动必是发散的，即发生了颤振；反之，若需要的阻尼是负的$(g<0)$，即机翼实际上需要有一个激励才能维持等幅简谐振

动,可知无阻尼的机翼在这个风速下的自由振动必是衰减的,表示机翼此时是动态稳定的。若求得的 $g = 0$,则恰好对应于临界颤振情况。总之,现在式(7.4.10)中只剩下两个未知量 ω 及 g,可以按常规方法来求解。

其实,上面所说的选取某一风速 V,然后求解,是便于物理解释,实际上,应注意到在式(7.4.10)中并没有显式地出现 V,而是包含在 k 中,且 L_h, L_α 等是 k 的超越函数,因此所说的选取某一风速 V,在实际计算时只能是事先选取某一个 k,然后计算或查表得到 L_h, L_α 等气动力系数,在求解出 ω 后,再根据 $V = \dfrac{1}{k}\omega b$ 来求出该风速。

事实上,机翼结构总是存在一定的阻尼,但是很难精确测定,一般该阻尼值比较小,所以认为机翼的结构阻尼为零,是一种偏于安全的保守考虑,取 $g = 0$ 得到的颤振临界速度对真实机翼来说是一个保守解。

计算颤振速度时,要选取一系列的 k 值,重复上述计算过程,得到一系列 k 值下,为维持简谐振动所需要具有的结构阻尼 g 及相应的 ω,再根据减缩频率的定义,计算出速度 $V = \dfrac{1}{k}\omega b$,然后绘制出 V-g 曲线及 V-ω 曲线。通常取 $g = 0$(由 V-g 曲线与 V 轴的交点或数值插值确定)所对应的 V 值作为颤振临界速度 V_F,并由 V-ω 曲线确定对应的颤振频率 ω_F,如图 7.4.2 所示。

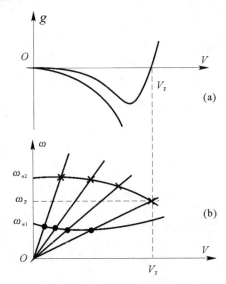

图 7.4.2　颤振计算的 V-g 曲线和 V-ω 曲线

在图 7.4.2(b) 中,两条曲线所对应的频率 ω 分别接近 ω_h 和 ω_α,故有时分别称为弯曲分支及扭转分支(该两个分支对应的振型也是分别由弯曲振型与扭转振型演变而来的),但要注意的是,这只是习惯上的叫法,实际上在一个颤振模态中,弯曲与扭转成分的比例是复杂的。从 V-ω 曲线可以看到,当 V 增加时,两个分支的频率亦逐渐靠近,正如频率重合理论所指出的,通常在接近颤振速度时都有类似现象。

在求出了 V_F, ω_F 后,可由式(7.4.10)第一行计算出按照俯仰角为 1 归一化的颤振模态(注意此时 $g = 0$, $\omega = \omega_F$),即

$$\begin{bmatrix} h_0/b \\ \alpha_0 \end{bmatrix} = \begin{bmatrix} \dfrac{h_0/b}{\alpha_0} \\ 1 \end{bmatrix} \alpha_0$$

其中

$$\frac{h_0/b}{\alpha_0} = -\frac{\mu x_\alpha + [L_\alpha - (\frac{1}{2}+a)L_h]}{\mu[1-(\frac{\omega_h}{\omega_\alpha})^2 (\frac{\omega_\alpha}{\omega_F})^2] + L_h} \tag{7.4.14}$$

L_h, L_α 等系数均按 $k_F = \dfrac{\omega_F b}{V_F}$ 的值查表得到。显然,颤振模态是一个复模态,它反映了临界颤振运动形态中各阶模态的参与程度以及模态之间的相位关系。

V-g 法用在二元机翼这样的两个自由度系统上并不见得比西奥道生方法简单,但在工程颤振分析中处理多自由度颤振系统时,由于它可以在数学上把颤振问题归结为求解复特征值问题而获得广泛应用。实际上式(7.4.10)的特征值求解可以化为如下的广义特征值问题:

$$Aq = zBq \tag{7.4.15}$$

其中,$A = \begin{bmatrix} \mu + L_h & \mu x_\alpha + [L_\alpha - (\frac{1}{2}+a)L_h] \\ \mu x_\alpha + [M_h - (\frac{1}{2}+a)L_h] & \mu r_\alpha^2 + [M_\alpha - (\frac{1}{2}+a)(L_\alpha + M_h) + (\frac{1}{2}+a)^2 L_h] \end{bmatrix}$,

为复数矩阵;$B = \begin{bmatrix} \mu(\frac{\omega_h}{\omega_\alpha})^2 & 0 \\ 0 & \mu r_\alpha^2 \end{bmatrix}$,为实数矩阵;$q = \begin{bmatrix} \frac{h}{b} \\ \alpha \end{bmatrix}$,为位移列阵。

式(7.4.15)也可以化为标准复特征值问题:

$$Dq = zq \tag{7.4.16}$$

其中,$D = B^{-1}A$ 也是复矩阵。应用标准特征值求解程序可以很方便地求解出系统的所有特征根 z。

V-g 法的另一个优点是,其得到的 V-g 曲线,在颤振临界点 V_F 附近的曲线斜率大致反映了机翼发生颤振时的剧烈程度,相对地讲,如果在颤振临界点 V_F 附近,$\dfrac{dg}{dV_F}$ 值比较大,即 V-g 曲线在 V_F 点附近的一段上升很陡,则说明机翼发生的颤振将是突发型或烈性颤振(wild flutter),即使给机翼结构增加一点阻尼,也不会使颤振临界速度有明显的增加。相反,如果 $\dfrac{dg}{dV_F}$ 值较小,V-g 曲线在 V_F 点附近的一段上升很缓,曲线较平坦,则颤振将是缓发型或温和型颤振(mild flutter),给机翼结构增加一点阻尼,就会使机翼的颤振临界速度有较大的增加。这两种类型颤振的 V-g 曲线如图 7.4.3 所示。

按照 V-g 的基本假设,V-g 曲线上任一点的物理意义可解释如下。例如,图 7.4.3(a) 中的 $P(V_P, g_P)$ 点,其物理意义是,如果机翼要在速度 V_P 下以频率 ω_P[对应于 V-ω 曲线上 $P'(\omega_P, V_P)$ 点的纵坐标]做简谐等幅振动,则需要使机翼具有 g_P 这样大的结构阻尼值,如果机翼的真实结构阻尼值小于此值,则必须给它再增加一些阻尼才能维持机翼的简谐振动,那么可以推论,机翼实际上在 V_P 这个速度下是做发散振动的,即已经发生颤振。反之,若机翼真实的结构阻尼值大于此值,则必须减小机翼的阻尼或对机翼施加激励,才能维持机翼的简谐振动,那么实际上机翼在速度 V_P 下是做衰减振动而处于亚临界状态。

需要再次强调的是,所谓突发型颤振和缓发型颤振是相对而言的,这样区分的用意仅是为工程上进行颤振排除设计或颤振抑制设计提供一个参考。从飞机设计的角度来看,突发型颤振和缓发型颤振都是破坏性的,在飞机设计包线以内都不允许任何颤振的发生。

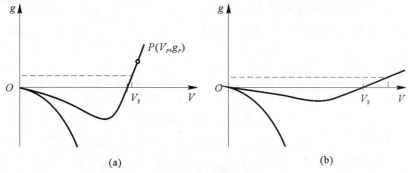

(a)　　　　　　　　　　　　　　　(b)

图 7.4.3　两种不同类型的 V-g 曲线

下面以二元机翼颤振系统为例,把 V-g 法求解颤振速度的具体步骤归纳如下:

(1) 选取一个 k 值,查表得到相应的 L_h、L_α 等系数的值,代入式(7.4.10),此时式中只有一个未知数 ω,令 $z \equiv (1+\mathrm{i}g)\left(\dfrac{\omega_a}{\omega}\right)^2$。则式(7.4.10)成为一个关于 z 的方程式。

(2) 展开式(7.4.10),得到一个关于 z 的二次代数方程式并求出它的两个复根 z_1,z_2,或者将式(7.4.10)化为特征值问题,解出其两个复特征值 z_1,z_2。

(3) 由每一个 $z_i(i=1,2)$,按定义求出相应的 g,ω 值:

$$\omega_1 = \frac{\omega_a}{\sqrt{\mathrm{Re}(z_1)}}, \qquad \omega_2 = \frac{\omega_a}{\sqrt{\mathrm{Re}(z_2)}}$$

$$g_1 = \frac{\mathrm{Im}(z_1)}{\mathrm{Re}(z_1)}, \qquad g_2 = \frac{\mathrm{Im}(z_2)}{\mathrm{Re}(z_2)}$$

再根据(1)中所取的 k 值,求出 $V_1 = \dfrac{\omega_1 b}{k}$,$V_2 = \dfrac{\omega_2 b}{k}$。

(4) 再选取另一个 k 值,重复(1)~(3)的步骤,可以解得另外两组 (V,g,ω) 值。如此选取一系列 k 值,可解得若干组 (V,g,ω) 值,列于表 7.4.2 中。

表 7.4.2　(V,g,ω) 结果列表

k	V	g	ω
k_1	V_1	g_1	ω_1
	V_2	g_2	ω_2
k_2	V_1	g_1	ω_1
	V_2	g_2	ω_2
⋮			

（5）由表 7.4.2 中各组 (V,g,ω) 值，画出 $V\text{-}g$ 曲线、$V\text{-}\omega$ 曲线，注意在 $V\text{-}\omega$ 曲线中对应于同一个 k 值解得的两个点 (V_1,ω_1)，(V_2,ω_2) 应在同一条射线上，如图 7.4.2(b) 所示；在 $V\text{-}g$ 图中，若有一个分支曲线与横轴（V 轴）相交，即 g 经过零点由负值变为正值，则交点的速度值就是所求的颤振临界速度值 V_F，对应在该分支的 $V\text{-}\omega$ 曲线上可以确定 ω_F 的值（对应于 $V=V_F$）。

在实际计算中，绘制 $V\text{-}g$ 曲线（即由解得的数据点连成曲线）以及寻找颤振临界点的工作可以由计算机来自动完成，但在进行实际机翼的多自由度颤振问题计算中，自动画 $V\text{-}g$ 曲线和寻找颤振临界点时，必须注意颤振模态的跟踪识别问题（即应该将同一模态分支的数据点相连），避免"窜支"现象（例如将部分弯曲分支的点与扭转分支的点绘制在一条曲线上）。

7.4.3 $p\text{-}k$ 法

在 7.3 节中已经介绍过，若用准定常气动力理论来计算气动力，则由于该理论不限制机翼的运动形式，故可以用来分析速度低于颤振速度的亚临界情况的气动弹性特性。而西奥道生非定常气动力理论则仅限于机翼做简谐振动的情况，故只能用来求解机翼的颤振临界速度。如果用 $V\text{-}g$ 法求解，则根据 $V\text{-}g$ 曲线，也可以间接地了解机翼在亚临界情况下受扰动后振动的衰减快慢程度，但其所得结构阻尼具有人工假设的本质，仅代表维持简谐振动的"需用阻尼"，并非实际气动弹性系统的阻尼特性。为了更直接地了解机翼在亚临界情况下，受扰动后振动的衰减情况，特别是为了与飞行颤振试验中实测的亚临界振动衰减特性进行对比，20 世纪 70 年代初期，美国学者提出了一种求解颤振行列式的工程方法，称为 $p\text{-}k$ 法。用这种方法不仅可以求出临界情况下的颤振速度，而且可以得到亚临界情况下的振动衰减率。

在 $p\text{-}k$ 法中，假定机翼作任意运动，即

$$\left.\begin{array}{l} h = h_0 \mathrm{e}^{(\gamma+\mathrm{i})\omega t} = h_0 \mathrm{e}^{\overline{p}t} \\ \alpha = \alpha_0 \mathrm{e}^{(\gamma+\mathrm{i})\omega t} = \alpha_0 \mathrm{e}^{\overline{p}t} \end{array}\right\} \qquad (7.4.17)$$

其中，$\overline{p}=(\gamma+\mathrm{i})\omega=\gamma\omega+\mathrm{i}\omega$，显然有

$$\gamma = \frac{1}{2\pi}\ln\left[\frac{h\left(t+\dfrac{2\pi}{\omega}\right)}{h(t)}\right] \qquad (7.4.18)$$

它代表了振动的衰减率。

在频域中计算机翼做任意运动时的气动力比机翼做简谐运动时的气动力计算更加复杂，而对颤振分析来说，主要关心的还是颤振临界状态。而在临界状态下机翼做简谐振动，在 $p\text{-}k$ 法中假定在颤振临界点附近的亚临界情况下，机翼的振动可以近似看成是简谐的，在计算非定常气动力时，仍然采用简谐振动机翼的非定常气动力公式，事先给定速度 V，在计算中所用的减缩频率 k 就取式（7.4.17）中与 ω 相对应的 k。

机翼做简谐运动时，有 $\ddot{h}=-\omega^2 h$，而对式（7.4.17），则有 $\dot{h}=\dfrac{\mathrm{d}h}{\mathrm{d}t}=\overline{p}h$，$\ddot{h}=\dfrac{\mathrm{d}^2 h}{\mathrm{d}t^2}=\overline{p}^2 h$，可见 $\overline{p}$ 实际上可视为一微分算子，因此，对简谐振动机翼所导出的式（7.4.1），只需用 $\dfrac{\mathrm{d}^2}{\mathrm{d}t^2}$（或 $\overline{p}^2$）代替 $(-\omega^2)$，即可导出做任意运动时机翼的颤振方程及颤振行列式。通常在计算时，参考减缩频率的定义，可引入无因次算子，即

$$p = \frac{b}{V}\bar{p} = \frac{b}{V}(\gamma\omega + \mathrm{i}\omega) = \gamma k + \mathrm{i}k = \delta + \mathrm{i}k \tag{7.4.19}$$

于是,可得二元机翼颤振行列式为

$$\Delta = \begin{vmatrix} \mu\left[p^2 + (\frac{\omega_a b}{V})^2 \, (\frac{\omega_h}{\omega_a})^2\right] - k^2 L_h & \mu x_a p^2 - k^2\left[L_a - (\frac{1}{2} + a)L_h\right] \\ \mu x_a p^2 - k^2\left[M_h - (\frac{1}{2} + a)L_h\right] & \mu r_a^2\left[p^2 + (\frac{\omega_a b}{V})^2\right] - k^2\left[M_a - (\frac{1}{2} + a)(L_a + M_h) + (\frac{1}{2} + a)^2 L_h\right] \end{vmatrix} = 0 \tag{7.4.20}$$

式(7.4.20)展开后是一个关于 p 的复系数二次代数方程,当然,这些复系数是在取定一个 k 值后才能确定的。

$p-k$ 法的实质是在给定的一个风速(飞行速度)V 下,求出振动运动的衰减率(由 p 的实部确定)及振动频率(由 p 的虚部确定)。观察式(7.4.20)可知,它实际上只含有一个未知量 p,因为 L_h,L_a 等系数中所隐含的 k 及式(7.4.20)中出现的 k,其实就是 p 的虚部,故 k 不是独立未知量。速度 V 是事先已经给定的,这样从表面上来看,一个方程解一个未知数是没有什么问题的。但由于 k 在方程中不独立出现,且恰好是 p 的虚部,即方程式(7.4.20)的系数 L_h,L_a 等依赖于 k,亦即是特征值 p 的函数,所以该问题属于非线性特征值问题,在具体求解时,需要进行迭代计算。对此有两种途径。

(1)首先给定一个 V 值,并设两个 p 值,$p_1 = \delta_1 + \mathrm{i}k_1$,$p_2 = \delta_2 + \mathrm{i}k_2$,由气动系数表(或经过插值)求得 k_1 及 k_2 所对应的气动系数值,代入式(7.4.20)分别算出 $\Delta_1 = \Delta(p_1, k_1)$ 及 $\Delta_2 = \Delta(p_2, k_2)$,然后按牛顿割线法,由下式:

$$p_{j+1} = (p_j\Delta_{j-1} - p_{j-1}\Delta_j)/(\Delta_{j-1} - \Delta_j) \tag{7.4.21}$$

找出下一次的迭代值 p_{j+1},如此作下去,直到找到使 $\Delta = 0$ 的解 $p_c = \delta_c + \mathrm{i}k_c$,从而求得

$$\gamma_c = \frac{\delta_c}{k_c} \tag{7.4.22}$$

但这样只求得了在这个速度下,机翼的一种振动模态的振动衰减率,即 γ-V 曲线的一个振动分支上的一个点,还必须再进行上述过程的计算,把一个速度下的所有振动分支的点(即该速度下每一个振动模态的衰减率,对二元机翼,每一个速度下应该有两个模态分支的点)都求得后,再取另外一个速度 V,重复上述过程进行计算。这样,取若干个速度 V,重复上述计算,即可求得各个振动模态分支的若干组 (V, γ) 点,将其连接起来画成 γ-V 曲线(对二元机翼,应该画出两条 γ-V 曲线),根据颤振临界速度的物理意义,对应于 $\gamma = 0$ 的速度就是颤振临界速度 V_F。

(2)在第二种求解方法中,仍是首先给定一个速度 V 值,然后选取一个 k 值,查表(或通过插值)求得相应的 L_h,L_a 等系数,代入式(7.4.20),将其展开,求解二次代数方程式得到两个根(在进行实际机翼的颤振计算时,通常是转化为求解矩阵特征值问题的所有复特征值),针对其第 m 个特征根 $p = p_R + \mathrm{i}p_I$,将 p_I 与开始所选取的 k 值相比较,若 $p_I = k$,则求得了该风速下的一个解 p,从而可求得衰减率 $\gamma = \dfrac{p_R}{p_I}$,否则,再另选一个 k,重复上述求解过程,直到解出的 p_I 与开始迭代时所用的 k 值足够接近为止,从而得到 γ-V 平面上的一个点(实际在迭代时,可以

采用数学上的某种优化搜索方法以加快迭代的收敛速度）。应当注意,上述迭代过程应该对 p 的两个根分别进行,这样才能计算出在一个风速下,机翼的两个模态分支的振动衰减率,即对每一个 k 值,最终会得到 $V\text{-}\gamma$ 平面上的两个点。选取一系列 V 值,重复上述过程,计算出 $V\text{-}\gamma$ 平面上的一系列点 (V_i, γ_i),将同一模态所对应的点连成 $V\text{-}\gamma$ 曲线,对于具有两个自由度的二元机翼,应画出两条 $V\text{-}\gamma$ 曲线,在对应的减缩频率 k_i 下,还可得到模态频率 $\omega_i = k_i V_i/b$,同样可以画出两条 $V_i\text{-}\omega_i$ 曲线。$V\text{-}\gamma$ 曲线上对应于 $\gamma = 0$ 的速度 V,就是所求的颤振临界速度 V_F。

由此可见,不论采用何种解法,用 $p\text{-}k$ 方法计算颤振临界速度,计算工作量都是相当大的。但正如前文所述,$p\text{-}k$ 法的优点在于,当所求的 γ 值不太大时,振动运动接近简谐状态,可以认为 γ 就是颤振亚临界情况下机翼振动的真实衰减率,可以用来与颤振飞行试验或颤振风洞试验所得到的结果进行比较,也就是说,由 $p\text{-}k$ 法求得的 $\gamma\text{-}V$ 曲线对试验更有指导意义。这正是 $p\text{-}k$ 法获得广泛应用的原因。

当然,在实际工程中,所考虑的颤振系统的自由度或者模态数可能远超过两阶,在用 $p\text{-}k$ 方法求解颤振行列式时,采用代数方程求根的方法就不再适用,需要采用矩阵特征值求解方法,但其基本思路与本章介绍的 $p\text{-}k$ 法是一致的。

例 7-3 采用例 7-2 中二元机翼的基本参数,试用非定常气动力公式,并分别采用 $V\text{-}g$ 法和 $p\text{-}k$ 法进行颤振分析,绘制其 $V\text{-}g$ 曲线和 $V\text{-}f$ 曲线,并求解其颤振临界速度和颤振频率。

解:（1）采用 $V\text{-}g$ 法进行颤振分析时,$1/k$ 的取值范围为 $[1.0, 10.0]$,所得 $V\text{-}g$ 曲线和 $V\text{-}f$ 曲线如图 7.4.4 所示。其俯仰分支发生颤振,根据其阻尼穿零点,判定出颤振临界速度和颤振频率,见表 7.4.3。

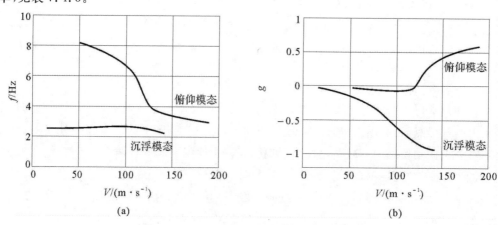

图 7.4.4　$V\text{-}f$ 曲线和 $V\text{-}g$ 曲线 ——$V\text{-}g$ 法

(a)$V\text{-}f$ 曲线;(b)$V\text{-}g$ 曲线

表 7.4.3　不同求解方法得到的颤振特性结果对比

方法	颤振速度 /(m·s⁻¹)	颤振频率 /Hz
西奥道生方法	119.7	4.81
$V\text{-}g$ 法	120.2	4.80
$p\text{-}k$ 法	120.2	4.80

（2）采用 p-k 法进行颤振分析时，使用了前述第二种迭代方法，速度 V 的取值范围为 [10.0 m/s, 180.0 m/s]，所得 V-g 曲线和 V-f 曲线如图 7.4.5 所示。（注意，虽然 p-k 法所得结果为衰减率 γ，通常在实际工程中还是用结构阻尼来绘制出 V-g 曲线，根据振动理论可知有等效关系 $g = 2\gamma$。）图中显示俯仰分支发生颤振，根据其阻尼穿越零点的速度值，得到出其颤振临界速度和颤振频率，也汇总于表 7.4.3 中。在 V-f 曲线中，$f = \omega/(2\pi)$ 为以赫兹为单位的频率。

比较两种方法可知，二者可获得一致的颤振临界速度和频率，与前述西奥道生方法中的例 7-2 所得结果也很接近（注意，例 7-2 的计算精度可进一步提高，三种方法的计算结果理论上应该可以取得一致），但 V-g 和 p-k 法的 V-g 曲线和 V-f 曲线具有明显的区别。如前所述，通常认为 p-k 法所得亚临界振动的衰减特性更为接近实际情况。

注意到，当采用 p-k 法进行颤振分析时，也有可能出现如图 7.4.5(a) 所示的 V-f 曲线交叉现象，这会给确定颤振频率带来困难，因此，在实际工程中应用 p-k 法时需要注意频率跟踪，即保持正确的特征根排序，否则容易出现所谓的 V-f 曲线"串支"问题。

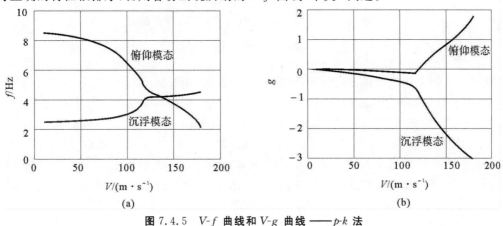

图 7.4.5　V-f 曲线和 V-g 曲线 —— p-k 法
(a)V-f 曲线；(b)V-g 曲线

7.5　考虑空气压缩性效应的颤振计算

在飞行速度较高时，即使在亚声速情况下，也应该考虑空气的压缩性效应。在计及空气的压缩性效应后，气动力除取决于减缩频率外，还取决于飞行的马赫数。这样，在计算颤振时，除了预设 k 值外，还必须预设马赫数 Ma，才能计算出相应的气动系数值，具体的考虑过程，随颤振临界速度计算方法而不同。下面就针对两种常用的颤振临界速度计算方法分别进行说明。

7.5.1　V-g 法

当用 V-g 法求解颤振临界速度时，通常计算的出发点是给定高度，于是声速 a 也随之确定，选用某一个 k 值后，V 并不知道，因此只好先预选一个马赫数 Ma，按该马赫数下的气动系数表，由相应 k 值查得（或通过插值得到）对应的 L_h, L_α 等系数值，然后按前述的 V-g 法计算过程，找出 V_F（这个过程实际上是一个"k 试凑"过程），若算出的这个 V_F 与计算高度 H 上的声速 a_H 之比，即 $\dfrac{V_F}{a_H}$，正好等于开始计算时所预选的 Ma 数，那么就得到了所要求解的颤振临界速度。但是，通常预选的 Ma 与计算出的 $\dfrac{V_F}{a_H}$ 值不会恰好相等，从而必须再加上一个对 Ma 的迭代过程，即首先在给定高度 H 上设一组 Ma，对应于每一马赫数 Ma，按 V-g 法求得颤振临界速度 V_F，然后做出 V_F-Ma 曲线，如图 7.5.1 所示，它与直线 $V_F = a_H Ma$ 的交点的纵坐标即为所求的 V_F。

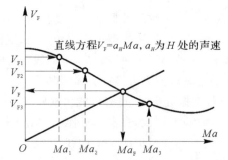

图 7.5.1　考虑压缩性的 V-g 法迭代过程示意图

7.5.2　p-k 法

由 p-k 法的计算原理知，用 p-k 计算颤振临界速时，理论上不必专门进行对马赫数 Ma 进行迭代，因为在用 p-k 法求解时，计算的出发点是在一个给定高度上预选一个速度 V（往往它取得比 V_F 小），由此就可以确定相应的马赫数 Ma（直接用所选取的 V 除以该高度 H 处的声速 a_H），随后再根据选取的减缩频率，查对应于该马赫数 Ma 的气动系数表求得，按前述用 p-k 法计算颤振临界速度的过程进行迭代计算，得到的结果就是该马赫数 Ma 下，计及空气的压缩性效应时机翼的颤振临界速度。因此从理论上讲，用 p-k 法计算颤振时，压缩性效应是自动考虑了的。

然而，在实际工程分析中，例如第 8 章讨论的三元机翼颤振工程分析问题，为了节约计算时间，常常会预先设定高度和马赫数，并在此马赫数下计算非定常气动力，然后采用 p-k 法求解颤振问题，当然，所得颤振速度并不一定恰好对应预先给定的马赫数。如果需要得到与马赫数匹配的颤振速度，也需要进行图 7.5.1 所示的马赫数"匹配"过程。

飞行器工程颤振分析的实践表明，V_F 随马赫数 Ma 的变化情况大致如图 7.5.2 所示。在 $Ma = 1.0$ 附近，V_F 值会显著降低，V_F-Ma 曲线会在 $Ma = 1.0$ 附近形成一个所谓的"跨声速凹坑（Transonic flutter dip）"。

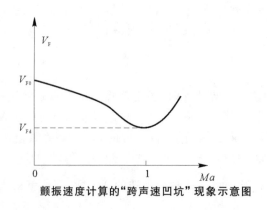

颤振速度计算的"跨声速凹坑"现象示意图

飞机设计中,在没有适当的跨声速气动力理论方法和试验结果时,可以采用经验系数修正的方法来估算"跨声速凹坑"最低点的颤振速度 V_{Fd}。即先在较低的马赫数(例如 $Ma = 0.1$)下计算出相应的临界颤振速度 V_{F0},将其除以压缩性修正因子(通常取 1.2),由此估算出 $V_{\text{Fd}} = \dfrac{V_{\text{F}}}{1.2}$,并将其作为所设计飞机考虑了压缩性影响的颤振速度。这种做法被称为"压缩性修正"。可以预期,在高速风洞颤振试验技术或者高精度的非定常 CFD 方法得到更普遍的使用,能够直接试验或计算获得考虑压缩性影响的颤振速度时,上述采用压缩性因子修正的方法将被放弃。

本章介绍了二元机翼的颤振建模方法和颤振求解方法,它们都有各自的优点。其中 V-g 法和 p-k 法虽然都是针对二元机翼的颤振分析来进行介绍的,但其原理和计算过程同样适合于实际三元机翼的工程颤振分析计算。不同之处仅在于计算的规模更大,广义气动力的计算更加复杂而已。

思考题

1. 准定常气动力和非定常气动力的区别是什么?

2. 使用西奥道生非定常气动力公式的前提是什么?

3. 减缩频率的物理意义是什么?如何理解西奥道生函数是复数这个事实?

4. 单自由度振动会引起颤振吗?试以仅作俯仰运动的二元机翼为例,分析是否有可能会发生颤振。

5. 建立二元机翼的颤振方程时,引入的部分频率的物理意义是什么?

6. 掌握建立二元机翼颤振方程的方法和推导过程(采用西奥道生非定常气动力),并能够将方程无量纲化。

7. 机翼设计中,为什么机翼剖面重心的位置对防颤振设计很重要?改变机翼剖面重心位置,通常采用什么方法?对于操纵面防颤振设计,这个措施叫什么?

8. 采用西奥道生非定常气动力求解颤振行列式的 V-g 法的步骤是什么?

9. V-g 法如何考虑空气压缩性效应?

10. V-g 法中,引入结构阻尼因子 g 的物理意义是什么?如何解释用 V-g 法求解出的一组解 (V_1, g_1, ω_1) 的物理意义?

11. p-k 法的步骤是什么?

12. 用 p-k 法求解颤振行列式的基本假设是什么?用 p-k 法求解颤振行列式的前提是给定什么物理量?如果要考虑空气压缩性效应,又应该如何处理?

13. p-k 法得出的结果是什么?如何解释其物理意义?p-k 法得到的结果有什么用处?

14. 颤振分析中,常说的亚临界、临界、超临界情况分别是什么含义?临界情况下,机翼做什么运动?

15. 已知二元机翼的基本参数如下：

$\mu = 76, x_a = 0.25, r_a^2 = 0.388, a = -0.15, \omega_h = 55.9 \text{ rad/s}, \omega_a = 64.1 \text{ rad/s}, b = 0.127 \text{ m}$

试用 V-g 法，求解其颤振临界速度和颤振频率（提示：k 值取 $0.2, 0.3, 0.4$）。

参考文献

[1] THEODORSEN T. General Theory of Aerodynamic Instability and the Mechanism of Flutter：NACA Report No. 496[R]. Washington, D. C. ：NACA, 1934.

[2] DOWELL E H, CLARK R, COX D, et al. A Modern Course in Aeroelasticity[M]. Dordrecht：Kluwer Academic Publishers, 2004.

[3] FUNG Y C. An introduction to the theory of aeroelasticity[M]. New York：Dover Publications, 1969.

第8章   三元机翼的颤振分析

8.1   引   言

第 7 章中所介绍的二元机翼颤振分析方法,可以推广应用到本章讨论的三元机翼颤振问题中,但是其数值计算过程要复杂得多,计算规模也要大得多。根据三元机翼的结构特点和使用的气动力理论,可以将三元机翼的颤振分析分为大展弦比长直机翼颤振分析和小展弦比机翼的颤振分析两大类。与二元机翼颤振分析类似,本章介绍的三元机翼颤振计算仍基于小变形假设和线性气动力理论。

8.2   长直机翼的颤振分析

对于长直机翼,其结构及变形特点是:具有一个近似于直线的弹性轴,弦向剖面基本上不变形,从而可以将长直机翼的变形用弹性轴的弯曲 $h(y,t)$ 和弦向剖面绕弹性轴的扭转 $\alpha(y,t)$ 来表示,即沿展向将翼面划分成若干个窄条翼段,每一窄条翼段的两边与气流方向平行,第 i 个翼段运动用它的弯曲运动 $h_i(t)$ 和扭转运动 $\alpha_i(t)$ 来描述,这样,每一窄条翼段只有两个运动自由度,而窄条翼段上所受的气动力,则可以用二元机翼气动力理论来计算,这种将长直机翼划分为若干窄条来计算其气动力的方法就称为"片条理论(Strip Theory)",如图 8.2.1 所示。

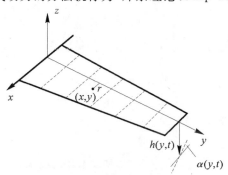

图 8.2.1   长直机翼片条划分示意图

基于上述机翼结构变形特点,机翼上任意一点的垂直于机翼平面的变形可写为

$$z(x,y,t) = h(y,t) + r(x)\alpha(y,t) \tag{8.2.1}$$

其中,$r(x)$ 为该点到弹性轴的弦向距离;z,h 均以向下为正;α 以机翼前缘抬头为正。

机翼的第 j 阶固有振型 $z_j(x,y)$ 也可以表示为

$$z_j(x,y) = h_j(y) + r(x)\alpha_j(y) \tag{8.2.2}$$

根据振动理论的固有振型叠加法：

$$z(x,y,t) = \sum_{j=1}^{n} z_j(x,y)\xi_j(t) = \sum_{j=1}^{n} [h_j(y) + r(x)\alpha_j(y)]\xi_j(t) \tag{8.2.3}$$

计算出机翼结构的动能、势能，并代入拉格朗日方程，可得

$$M_j\ddot{\xi}_j + M_j\omega_j^2\xi_j = Q_j \quad (j = 1,2,3,\cdots,n) \tag{8.2.4}$$

其中，$M_j = \int_0^l [mh_j^2(y) + 2S_a h_j(y)\alpha_j(y) + I_a\alpha_j^2(y)]\mathrm{d}y$；$\xi_j$ 为对应于第 j 阶固有振型的广义坐标；l 为半展长；$m = \int_{弦长} \overline{m}(x,y)\mathrm{d}x$，$S_a = \int_{弦长} \overline{m}(x,y)r(x)\mathrm{d}x$，$I_a = \int_{弦长} \overline{m}(x,y)r^2(x)\mathrm{d}x$，分别为单位展长机翼的质量、对弹性轴的质量静矩和惯性矩；ω_j 为机翼的第 j 阶固有频率，Q_j 为与第 j 个广义坐标对应的广义力，由气动力对广义坐标 ξ_j 所做的虚功求得。

显然，如何选取固有振型及取多少阶固有振型，将决定颤振分析工作的繁简和精度。

通常，对于长直机翼，当没有集中质量时，可以只取第一阶主弯曲振型和第一阶主扭转振型来初步估算颤振。

此外，工程上还采用一种更简化的方法，也就是采用与第一阶纯弯曲 $f(y)$ 和第一阶纯扭转振型 $\phi(y)$ 相应的 $h(t)$ 和 $\alpha(t)$ 作为两个广义坐标，即

$$z(x,y,t) = f(y)h(t) + r(x)\phi(y)\alpha(t) \tag{8.2.5}$$

注意，由于上式中的 $f(y)$，$\phi(y)$ 不是固有振型，因此，由拉格朗日方程得到的运动方程将是耦合的。

如果按照准定常或非定常气动力理论得到了单位展长机翼（二元机翼）上的气动力 $L'(y,t)$ 和气动力矩 $M'(y,t)$，则由广义力定义可得到对应于 $h(t)$ 和 $\alpha(t)$ 两个自由度上的广义气动力为

$$\left.\begin{array}{l} Q_h = \int_0^l L'(y,t)f(y)\mathrm{d}y \\[2mm] Q_a = \int_0^l M'(y,t)\phi(y)\mathrm{d}y \end{array}\right\} \tag{8.2.6}$$

根据片条理论，如果采用二元机翼的气动力计算公式，则只需用 $f(y)h(t)$，$\phi(y)\alpha(t)$ 分别代替 $h(t)$，$\alpha(t)$ 即可。

显然，最后得到的颤振行列式也是二阶的，颤振临界速度的求解方法与二元机翼颤振计算是完全一样的。

上述分析方法目前主要用于大展弦比机翼飞机的初步颤振分析。随着现代计算技术的发展，借助于三元机翼气动力计算手段，在飞机颤振工程分析中通常直接使用下一节所介绍的小展弦比机翼颤振分析方法进行颤振计算。

8.3 小展弦比机翼的颤振分析

对于小展弦比三元机翼，在进行颤振分析时，对结构变形的处理和气动力的计算与长直机翼的颤振分析有显著不同。首先从结构上来看，其变形不能再简单地用弯、扭两个振型来描述，且机翼的弦向变形不可忽略（见图 8.3.1）；而机翼运动所产生的气动力，也不能再用"片条理论"来计算，而需要按气动力的升力面理论来计算。

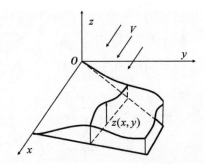

图 8.3.1　小展弦比三元机翼的振动变形

首先,按 5.4 节方法建立结构动力学有限元模型并进行模态分析,获得其各阶固有模态,对应的前 n 阶固有振型向量为 $\boldsymbol{\phi}_j$,$j = 1\cdots n$,且固有振型满足如下的正交性:

$$\boldsymbol{\phi}_j^{\mathrm{T}}\boldsymbol{M}\boldsymbol{\phi}_i = \begin{cases} M_j & j = i \\ 0 & j \neq i \end{cases}, \quad \boldsymbol{\phi}_j^{\mathrm{T}}\boldsymbol{K}\boldsymbol{\phi}_i = \begin{cases} K_j = \omega_j^2 M_j & j = i \\ 0 & j \neq i \end{cases} \tag{8.3.2}$$

式中,$\boldsymbol{M}$,$\boldsymbol{K}$ 为机翼的质量矩阵和刚度矩阵,可以由有限元法得到,M_j,K_j 是相应于第 j 阶固有振型的广义质量和广义刚度。

位于翼面上坐标为 (x,y) 处的结点,其在 t 时刻沿垂直于机翼平面方向的变形可以用其前 n 阶固有振型的叠加来表示,即

$$z(x,y,t) = \sum_{j=1}^{n} \phi_j(x,y)\xi_j(t) \tag{8.3.1}$$

这里,$\phi_j(x,y)$ 为机翼的第 j 阶固有振型 $\boldsymbol{\phi}_j$ 在 (x,y) 处的垂向分量,ξ_j 为对应于第 j 阶固有振型的广义坐标。

机翼的动能、势能可写为

$$\left. \begin{aligned} T &= \frac{1}{2}\sum_{j=1}^{n} M_j \dot{\xi}_j^2 \\ U &= \frac{1}{2}\sum_{j=1}^{n} K_j \xi_j^2 = \frac{1}{2}\sum_{j=1}^{n} M_j \omega_j^2 \xi_j^2 \end{aligned} \right\} \tag{8.3.3}$$

若翼面上气动压力的分布为 $P(x,y,t)$,则当机翼结构有虚位移 δz_j(对应第 j 阶模态)时,气动力做的虚功为

$$\delta W_{ej} = \iint_S P(x,y,t)\delta z_j \mathrm{d}x\mathrm{d}y = \iint_S P(x,y,t)\phi_j(x,y)\delta\xi_j \mathrm{d}x\mathrm{d}y$$

$$= \left[\iint_S P(x,y,t)\phi_j(x,y)\mathrm{d}x\mathrm{d}y\right]\delta\xi_j \tag{8.3.4}$$

故有

$$Q_j = \iint_S P(x,y,t)\phi_j(x,y)\mathrm{d}x\mathrm{d}y \tag{8.3.5}$$

将 T,U,Q_j 代入拉格朗日方程,即得到小展弦比机翼的颤振方程:

$$M_j\ddot{\xi}_j + M_j\omega_j^2\xi_j = Q_j, \quad j = 1,2,\cdots,n \tag{8.3.6}$$

在没有对应机翼做任意运动的时域非定常气动力计算方法的情况下,通常只能在机翼做简谐振动时计算机翼的非定常气动力。在使用简谐非定常气动力并采用 V-g 法求解颤振方程时,设 $\xi_j = \bar{\xi}_j \mathrm{e}^{\mathrm{i}\omega t}$,引入结构阻尼因子 g,代入方程式(8.3.6),有

$$-\omega^2 \mathrm{diag}(M_j)\bar{\xi} + (1+\mathrm{i}g)\mathrm{diag}(M_j\omega_j^2)\bar{\xi} = \boldsymbol{Q} \tag{8.3.7}$$

对于做简谐振动的机翼,广义气动力列阵为

$$\boldsymbol{Q} = (\frac{1}{2}\rho V^2)\boldsymbol{A}\bar{\xi} \tag{8.3.8}$$

式中,$\boldsymbol{A}$ 为非定常气动力影响系数矩阵。

代入方程式(8.3.7)得到如下形式的方程:

$$\{\mathrm{diag}(M_j) + \frac{1}{2}\rho\left(\frac{b}{k}\right)^2\boldsymbol{A} - \Lambda\mathrm{diag}\left[(M_j)\left(\frac{\omega_j}{\omega_1}\right)^2\right]\}\bar{\xi} = \boldsymbol{0} \tag{8.3.9}$$

其中,$\Lambda = (1+\mathrm{i}g)\left(\frac{\omega_1}{\omega}\right)^2$,$\omega_1$ 机翼的第 1 阶固有频率,也称为基频。相应的颤振行列式为

$$\left|\mathrm{diag}(M_j) + \frac{1}{2}\rho\left(\frac{b}{k}\right)^2\boldsymbol{A} - \Lambda\mathrm{diag}\left[(M_j)\left(\frac{\omega_j}{\omega_1}\right)^2\right]\right| = 0 \tag{8.3.10}$$

在实际求解颤振行列式时,是将式(8.3.10)转化为一个代数特征值问题来求解。按 V-g 法求解步骤,求得特征值 Λ_i,根据计算得到的 V-g 曲线就可确定机翼的颤振临界速度 V_{F}。

下面对三元机翼广义气动力的计算进行简要介绍。

8.4　三元机翼的广义气动力计算

为了计算式(8.3.5)中的广义气动力 Q_j,需要首先求得机翼上的气动压力分布,对于做任意运动的三元机翼上的气动压力,即所谓完全非定常气动力的计算非常复杂,并且没有达到完全成熟的程度,各种计算方法尚在发展之中。另外,从第 7 章我们看到,应用 V-g 法或 p-k 法计算颤振临界速度时,只需用到机翼做简谐振动时的简谐气动力,这可以用简谐振动翼面的非定常升力面气动力理论来计算,例如在亚声速范围内得到广泛应用的偶极子格网法或核函数法(其具体的计算方法不属于本课程的内容,可以参阅非定常空气动力计算方面的书籍)。

假定已经用偶极子格网法计算求得了做简谐运动机翼的非定常气动力影响系数(下洗影响系数)矩阵:

$$\boldsymbol{D} = (D_{ij}),\quad i,j = 1,2,3,\cdots,N_T \tag{8.4.1}$$

式中,N_T 为机翼上气动网格的总数;D_{ij} 表示由于第 j 个网格上有单位压差系数 c_p 而在第 i 个网格控制点产生的下洗角。一般地,气动网格的下洗控制点与计算振型时的结构网格并不重合,气动网格下洗控制点处的振型值要通过对结构网格点振型值进行插值得到。

机翼做简谐振动时,翼面的垂向变形可以用其前 n 阶固有振型的叠加来表示,即

$$z(x,y,t) = \sum_{j=1}^{n}\phi_j(x,y)\xi_j(t) = \sum_{j=1}^{n}\phi_j(x,y)\bar{\xi}_j\mathrm{e}^{\mathrm{i}\omega t} \tag{8.4.2}$$

从而升力面的下洗为(向下为正)

$$w(x,y,t) = -(\frac{\partial z}{\partial x}V + \frac{\partial z}{\partial t}) = -\sum_{j=1}^{n}(\frac{\partial \phi_j}{\partial x}V + \mathrm{i}\omega\phi_j)\bar{\xi}_j\mathrm{e}^{\mathrm{i}\omega t} = W(x,y)\mathrm{e}^{\mathrm{i}\omega t} \tag{8.4.3}$$

将各下洗控制点的下洗 $W(x,y)$ 组成的下洗向量除以气流速度即为下洗角

$$\bar{w} = \frac{\boldsymbol{W}}{V} = -\sum_{j=1}^{n}(\frac{\partial \phi_j}{\partial x} + \mathrm{i}\frac{\omega}{V}\phi_j)\bar{\xi}_j = -\sum_{j=1}^{n}(b\frac{\partial \phi_j}{\partial x} + \mathrm{i}k\phi_j)\frac{\bar{\xi}_j}{b} = -\left[(b\frac{\partial}{\partial x} + \mathrm{i}k)\boldsymbol{\Phi}\right]\frac{\bar{\xi}}{b}$$

$$\tag{8.4.4}$$

其中，$\boldsymbol{\Phi}=[\boldsymbol{\phi}_j]$ 为对各气动网格的下洗控制点进行插值后得到的固有振型矩阵；b 为参考长度。

根据下洗影响系数矩阵的含义，可得到下洗角与压差系数的关系式为

$$\boldsymbol{D}\boldsymbol{c}_p = \overline{\boldsymbol{w}} \tag{8.4.5}$$

并解出

$$\boldsymbol{c}_p = \boldsymbol{D}^{-1}\overline{\boldsymbol{w}} = -\boldsymbol{D}^{-1}\Big[\Big(b\frac{\partial}{\partial x}+\mathrm{i}k\Big)\boldsymbol{\Phi}\Big]\frac{\overline{\boldsymbol{\xi}}}{b} \tag{8.4.6}$$

令

$$\boldsymbol{c}_p^{(j)} = -\boldsymbol{D}^{-1}\Big[\Big(b\frac{\partial}{\partial x}+\mathrm{i}k\Big)\boldsymbol{\phi}_j\Big]/b \tag{8.4.7}$$

可将压差系数表示为如下的展开形式：

$$\boldsymbol{c}_p = \sum_{j=1}^{n}\boldsymbol{c}_p^{(j)}\overline{\xi}_j \tag{8.4.8}$$

从而机翼做简谐振动时，第 j 个广义坐标对应的广义气动力为

$$
\begin{aligned}
Q_j &= \iint_S P(x,y,t)\phi_j(x,y)\mathrm{d}x\mathrm{d}y \\
&= \sum_{m=1}^{N_T} P_m\phi_m^{(j)}\Delta S_m \\
&= \sum_{m=1}^{N_T} c_{pm}\frac{1}{2}\rho V^2\phi_m^{(j)}\Delta S_m \\
&= \sum_{m=1}^{N_T}\Big[\sum_{l=1}^{n}c_{pm}^{(l)}\overline{\xi}_l\Big]\frac{1}{2}\rho V^2\phi_m^{(j)}\Delta S_m \\
&= \sum_{l=1}^{n}a_{jl}\overline{\xi}_l\Big(\frac{1}{2}\rho V^2\Big)
\end{aligned} \tag{8.4.9}
$$

其中，N_T 为气动网格总数；ΔS_m 为第 m 个气动网格的面积；$\phi_m^{(j)}$ 为第 j 阶振型在第 m 个气动网格的气动力作用点处的振型值。

而

$$
\begin{aligned}
a_{jl} &= \sum_{m=1}^{N_T}c_{pm}^{(l)}\phi_m^{(j)}\Delta S_m = \boldsymbol{\phi}_j^{\mathrm{T}}\Delta\boldsymbol{S}\boldsymbol{c}_p^{(l)} \\
&= -\boldsymbol{\phi}_j^{\mathrm{T}}\Delta\boldsymbol{S}\boldsymbol{D}^{-1}\Big[\Big(b\frac{\partial}{\partial x}+\mathrm{i}k\Big)\boldsymbol{\phi}_l\Big]/b \quad (j,l=1,2,\cdots,n)
\end{aligned} \tag{8.4.10}
$$

其中，$\Delta\boldsymbol{S}=\mathrm{diag}(\Delta S_1\ \Delta S_2\ \cdots\ \Delta S_{N_T})$，为各气动网格面积组成的对角阵。

定义：

$$\boldsymbol{A}=(a_{jl})=-\boldsymbol{\Phi}^{\mathrm{T}}\Delta\boldsymbol{S}\boldsymbol{D}^{-1}\Big[\Big(b\frac{\partial}{\partial x}+\mathrm{i}k\Big)\boldsymbol{\Phi}\Big]/b \tag{8.4.11}$$

这就是 8.3 节中式(8.3.8)的广义气动力影响系数矩阵，注意它仅对应于机翼做简谐振动的情况。

可将广义气动力列向量写成矩阵形式，为

$$\boldsymbol{Q}=\frac{1}{2}\rho V^2\boldsymbol{A}\overline{\boldsymbol{\xi}} \tag{8.4.12}$$

8.5 用活塞理论气动力计算颤振临界速度

当飞行马赫数 Ma 远大于 1 时(一般要求 $Ma > 2.5$),可以用一种简化的准定常气动力理论 —— 活塞理论来分析机翼的颤振特性,计算出颤振临界速度。

活塞理论认为,当 $Ma \gg 1$ 时,机翼所产生的扰动只传播到机翼近处很小的区域中。如图 8.5.1 所示,对薄翼来说,机翼上下表面近似为平面,对有限翼展机翼,除翼梢附近外,机翼上、下表面所产生的扰动近似地沿机翼表面的法线方向传播,机翼表面各点间的相互影响很小。如图 8.5.1 所示,对微扰动,β 角很小,w 的方向与 z 轴的方向近似平行,即 $\boldsymbol{V} = \boldsymbol{V}_\infty + w$,$w$ 是扰动速度的主要分量。若略去机翼表面各点之间的相互影响,便可以假设机翼表面各点的扰动是沿着该点法线方向传播的,这样,这种传播就像是气缸中活塞对气体所产生扰动的传播一样(见图 8.5.2)。

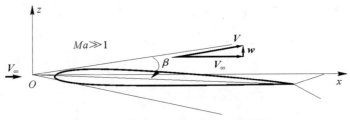

图 8.5.1　超声速气流中机翼表面的扰动

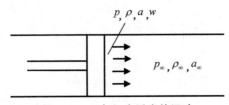

图 8.5.2　气缸中活塞的运动

将气缸中活塞运动对气体的扰动传播规律用于超声速气流中的机翼表面各点,就形成了 $Ma \gg 1$ 的超声速气流中机翼气动力的活塞理论。

考察图 8.5.2 中一个无限长的气缸,其中未经扰动气体的速度为零,压力、密度和声速分别记为 p_∞, ρ_∞, a_∞,活塞前进速度为 w,且设

$$|w| \ll a_\infty \tag{8.5.1}$$

则活塞产生的运动是微扰动,扰动的传播过程是等熵过程。现在的问题是求活塞表面气体的压力 p、密度 ρ 和声速 a,其分析方法可推广应用于运动机翼表面的流场特性求解。

设在 dt 时间内,活塞运动速度变化了 dw,那么在 dt 时间内,扰动传播的距离是 adt,受扰动气体质量为 $\rho a S dt$,(S 为活塞面积),故总的动量变化为 $\rho a S dt dw$,而压力的变化为 dp,故活塞产生的冲量为 $dp S dt$。于是有

$$dp S dt = \rho a S dt dw \tag{8.5.2}$$

即

$$dp = \rho a\, dw \tag{8.5.3}$$

等熵公式为

$$\frac{p}{p_\infty} = \left(\frac{\rho}{\rho_\infty}\right)^\kappa \tag{8.5.4}$$

其中，κ 为比热比（对空气 $\kappa = 1.4$），且

$$a^2 = \kappa \frac{p}{\rho}, \quad a_\infty^2 = \kappa \frac{p_\infty}{\rho_\infty} \tag{8.5.5}$$

将式(8.5.5)代入式(8.5.3)，得到

$$p^{-\frac{\kappa+1}{2\kappa}}\mathrm{d}p = \frac{\kappa}{a_\infty}p_\infty^{\frac{\kappa-1}{2\kappa}}\mathrm{d}w \tag{8.5.6}$$

积分得到

$$\frac{2\kappa}{\kappa-1}p^{\frac{\kappa-1}{2\kappa}} = \frac{\kappa}{a_\infty}p_\infty^{\frac{\kappa-1}{2\kappa}}w + c \tag{8.5.7}$$

当 $w = 0$ 时，$p = p_\infty$，故有

$$c = \frac{2\kappa}{\kappa-1}p_\infty^{\frac{\kappa-1}{2\kappa}} \tag{8.5.8}$$

将式(8.5.8)代入式(8.5.7)并整理，得到

$$p = p_\infty\left(1 + \frac{\kappa-1}{2}\frac{w}{a_\infty}\right)^{\frac{2\kappa}{\kappa-1}} \tag{8.5.9}$$

由式(8.5.1)知，$\left|\dfrac{w}{a_\infty}\right| \ll 1$，故式(8.5.9)可以近似展开为

$$\frac{p}{p_\infty} = 1 + \kappa\frac{w}{a_\infty} + \frac{\kappa(\kappa+1)}{4}\left(\frac{w}{a_\infty}\right)^2 + \frac{\kappa(\kappa+1)}{12}\left(\frac{w}{a_\infty}\right)^3 + \cdots \tag{8.5.10}$$

当式(8.5.10)只保留一次项时，称为一阶活塞理论（又称为线性活塞理论），结合式(8.5.5)得到：

$$p - p_\infty = \rho_\infty a_\infty w \tag{8.5.11}$$

保留二次项，则得到二阶活塞理论公式：

$$p - p_\infty = \rho_\infty a_\infty^2\left[\frac{w}{a_\infty} + \frac{\kappa+1}{4}\left(\frac{w}{a_\infty}\right)^2\right] \tag{8.5.12}$$

保留三次项，则得到的三阶活塞理论的公式为

$$p - p_\infty = \rho_\infty a_\infty^2\left[\frac{w}{a_\infty} + \frac{\kappa+1}{4}\left(\frac{w}{a_\infty}\right)^2 + \frac{\kappa+1}{12}\left(\frac{w}{a_\infty}\right)^3\right] \tag{8.5.13}$$

二阶以上的活塞理论都称为非线性活塞理论。上面各公式中，w 是相对活塞表面而言的，以离开活塞表面为正。

应用活塞理论计算机翼的非定常气动力时，机翼上任一点的法向下洗速度（以离开机翼表面为正）相当于活塞运动速度 w，设翼型中线位置为 $z(x,y,t)$，由翼型中线量起的厚度函数为 $H(x,y)$（见图 8.5.3），则其对机翼上、下表面分别有

$$\left.\begin{aligned} w_u &= \left(V\frac{\partial}{\partial x} + \frac{\partial}{\partial t}\right)z(x,y,t) + V\frac{\partial H(x,y)}{\partial x} \\ w_d &= -\left(V\frac{\partial}{\partial x} + \frac{\partial}{\partial t}\right)z(x,y,t) + V\frac{\partial H(x,y)}{\partial x} \end{aligned}\right\} \tag{8.5.14}$$

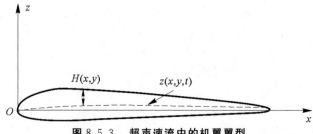

图 8.5.3　超声速流中的机翼翼型

将式(8.5.14)代入式(8.5.12),记 $M = \dfrac{V}{a_\infty}$,可得到二阶活塞理论的机翼上下表面压差(注意,为简明起见,以下省去下标 ∞)为

$$\Delta p(x,y,t) = p_d - p_u = -2\rho\, a\big[1 + \frac{\kappa+1}{2}M \frac{\partial}{\partial x}H(x,y)\big](V\frac{\partial}{\partial x} + \frac{\partial}{\partial t})z(x,y,t)$$

$$(8.5.15)$$

式 (8.5.15) 中显示,使用二阶(或更高阶)活塞理论时,需要考虑翼型弯度对气动力的影响。

在应用活塞气动力理论研究超声速气流中机翼的颤振时,可按照 8.3 节的方式,以机翼前 n 阶固有振型 $\phi_i(x,y)(i = 1,2,\cdots,n)$ 作为位移函数,并相应地以 $\xi_i(i = 1,2,\cdots,n)$ 作为广义坐标,则

$$z(x,y,t) = \sum_{j=1}^{n}\phi_j(x,y)\xi_j(t) \tag{8.5.16}$$

则可导出与式(8.3.6)完全相同的颤振方程:

$$M_i\ddot{\xi}_i + M_i\omega_i^2\xi_i = Q_i, \quad i = 1,2,\cdots,n \tag{8.5.17}$$

这里采用二阶活塞理论来计算右端的广义气动力 Q_i。将式(8.5.16)代入式(8.5.15)中,得到

$$\Delta p(x,y,t) = -2\rho a \sum_{j=1}^{n}\big[1 + G\frac{\partial}{\partial x}H(x,y)\big]\big[V\frac{\partial}{\partial x}\phi_j(x,y)\xi_j(t) + \phi_j(x,y)\dot{\xi}_j(t)\big]$$

$$(8.5.18)$$

其中,$G = \dfrac{\kappa+1}{2}M$。将式(8.5.18)代入式(8.3.4)得到

$$Q_i = \iint_S \Delta p(x,y,t)\phi_i(x,y)\mathrm{d}x\mathrm{d}y$$

$$= -2\rho a \sum_{j=1}^{n}\big[V(A_{ij} + GC_{ij})\xi_j(t) + (B_{ij} + GD_{ij})\dot{\xi}_j(t)\big]\ (i = 1,2,\cdots,n) \tag{8.5.19}$$

其中

$$\left.\begin{aligned} A_{ij} &= \iint_S \big[\frac{\partial}{\partial x}\phi_j(x,y)\big]\phi_i(x,y)\mathrm{d}x\mathrm{d}y \\[2mm] B_{ij} &= \iint_S \phi_j(x,y)\phi_i(x,y)\mathrm{d}x\mathrm{d}y \\[2mm] C_{ij} &= \iint_S \big[\frac{\partial}{\partial x}H(x,y)\big]\big[\frac{\partial}{\partial x}\phi_j(x,y)\big]\phi_i(x,y)\mathrm{d}x\mathrm{d}y \\[2mm] D_{ij} &= \iint_S \big[\frac{\partial}{\partial x}H(x,y)\big]\phi_j(x,y)\phi_i(x,y)\mathrm{d}x\mathrm{d}y \end{aligned}\right\} \tag{8.5.20}$$

在颤振临界状态下,机翼作简谐振动,可令

$$\xi_i(t) = \xi_{i0}\,e^{i\omega t} \tag{8.5.21}$$

采用 $V\text{-}g$ 法,引入结构阻尼因子,则颤振运动方程为

$$M_i\left[\left(\frac{\omega_i}{\omega_1}\right)^2\left(\frac{\omega_1}{\omega}\right)^2(1+ig)-1\right]\xi_{i0} + \frac{2\rho}{M}\sum_{j=1}^{n}\left[\left(\frac{V}{\omega}\right)^2(A_{ij}+GC_{ij})+\right.$$

$$\left. i\left(\frac{V}{\omega}\right)(B_{ij}+GD_{ij})\right]\xi_{j0}=0 \quad (i=1,2,\cdots,n) \tag{8.5.22}$$

对应的颤振行列式为

$$\left|\frac{M}{2\rho}\left(\frac{\omega_1}{\omega}\right)^2(1+ig)\,\mathrm{diag}\left[M_i\left(\frac{\omega_i}{\omega_1}\right)^2\right]-\frac{M}{2\rho}\mathrm{diag}(M_i)+\right.$$

$$\left.(A+GC)\left(\frac{V}{\omega}\right)^2+i(B+GD)\left(\frac{V}{\omega}\right)\right|=0 \tag{8.5.23}$$

式中,A,B,C,D 分别为(8.5.20)对应元素组成的方阵。注意到 $V/\omega = Vb/(\omega b)=b/k$,视 $(\omega_1/\omega)^2(1+ig)$ 为变量,采用 $V\text{-}g$ 法即可求解得颤振临界速度 V_F 和颤振临界频率 ω_F。

应用活塞理论来计算机翼在超声速气流中的颤振临界速度时,马赫数越高,结果精度越好。试验研究的结果表明,对于三角翼的颤振计算结果精度优于非尖削后掠翼。由于活塞理论可以考虑非线性气动力的影响,而且公式简捷,大马赫数下的计算精度也高,故在高超声速颤振分析时大多采用活塞理论进行气动力计算。

8.6　工程颤振分析实例

本例为文献[1]中的 BAH 机翼(采用英制单位),机翼结构有限元模型如图 8.6.1 所示。

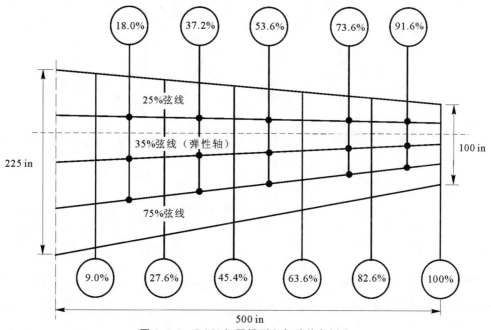

图 8.6.1　BAH 机翼模型和气动片条划分

注:1 in = 2.54 cm

对该模型采用了根部固支边界条件,经过模态分析,得到前两阶固有模态频率分别为 2.037 Hz(机翼一阶模态)和 3.553 Hz(机翼二阶模态)。

采用片条气动力理论,用 p-k 法进行颤振分析,绘制出颤振 V-g、V-f 图,如图 8.6.2 所示,发现其中有两支 V-g 曲线穿过零点,即有两个临界速度。前一个速度对应的颤振分支为机翼二阶模态,此时的频率不为零,该速度就是临界颤振速度 $V_F = 1\ 056$ ft/s。后一个速度对应的不稳定分支为机翼一阶模态,但对应的频率为零,实际上该速度是机翼的静发散速度 $V_D = 1\ 651$ ft/s。本例中颤振速度低于静发散速度成为限制飞行边界的制约因素。理论上,静发散对应的频率为零,所以使用 p-k 法求解静发散速度时,必须使用很小的减缩频率,本例中最小的减缩频率取为 0.001。

采用 p-k 法进行颤振特征值分析时,还可计算出给定速度下对应各阶颤振特征值的颤振特征向量。该特征向量为复数向量,对其各元素求模值,此模值又称为颤振模态参与因子,反映了各阶模态参与颤振耦合的程度。在颤振临界速度附近,针对实部为正的颤振特征值,分析其对应的颤振特征向量,根据颤振模态参与因子的大小顺序,可以定性确定参与颤振耦合的主要模态的阶次。一般来说,参与因子最大的两阶模态即为颤振耦合的主导模态,参与因子越小,对应的模态在颤振耦合中的作用越小。当然,实际中也存在颤振耦合模态比较复杂的情况,可能会有 3 阶或更多阶模态参与颤振耦合。

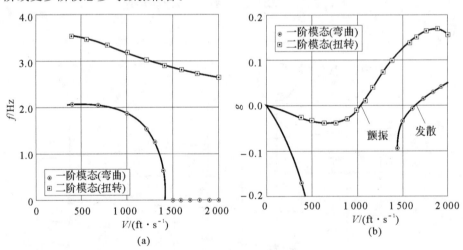

图 8.6.2 V-f 和 V-g 图

(a)V-f 曲线;(b)V-g 曲线

在临界颤振速度 $V_F = 1\ 056$ ft/s(1 ft = 0.305 m)附近一个速度($V = 1\ 100$ ft/s)下给出了对应第二阶模态(即扭转分支)特征值的特征向量,对其中各元素求模,就得到颤振模态参与因子(见表 8.6.1),对比表中数据可见,前两阶模态对应的颤振模态参与因子占优,因此可以判定这两阶模态为主要的颤振耦合模态。

表 8.6.1 $V_F = 105\ 6$ ft/s 附近速度下扭转分支特征值对应的颤振模态参与因子

模态阶次	颤振特征向量		颤振模态参与因子
	实部	虚部	
1	1.000 00E+00	0.000 00E+00	1.000 0
2	8.189 42E−02	−6.340 56E−02	0.103 6
3	−8.224 91E−03	−2.279 26E−02	0.024 2
4	−7.607 33E−03	−4.075 16E−04	0.007 6
5	1.826 04E−02	−3.334 87E−03	0.018 6
6	−5.278 73E−03	−8.208 07E−04	0.005 3
7	1.167 07E−03	−1.451 34E−03	0.001 9
8	7.912 21E−04	7.917 79E−04	0.001 1
9	3.969 70E−03	−6.622 47E−05	0.004 0
10	−3.581 91E−04	1.045 48E−04	0.000 4

思考题

1. 为什么要在模态坐标下建立三元机翼的颤振方程?

2. 建立颤振方程时,机翼结构的变形是如何处理的?在模态坐标下建立颤振方程时,利用了机翼固有振型的什么性质?

3. 在应用拉格朗日方程建立三元机翼颤振方程时,广义气动力是如何计算的?

4. 对二元机翼和三元机翼,在获得其做简谐振动的非定常气动力时,都要首先给定什么参数?

5. 对长直机翼,其结构特点和振动变形特点是什么?解释气动力"片条理论"。描述用片条理论及西奥道生非定常气动力进行长直机翼颤振分析的过程。

6. 求解颤振方程,除了得到颤振临界速度和对应的颤振频率,还能得到什么信息?

7. 颤振模态的物理含义是什么?如何理解颤振模态是复模态?

8. 根据颤振模态可以得到参与机翼颤振耦合的模态信息吗?这对防颤振设计有什么指导意义?

参考文献

[1] RODDEN W P,JOHNSON E H. MSC/NASTRAN Aeroelastic Analysis User' Guide[M]. Los Angeles: MacNeal-Schwendler,1994.

[2] RODDEN W P. State-of-the-Art in Unsteady Aerodynamics:AGARD Report 650[R]. Brussels:NATO,1976.

[3] ASHLEY H,RODDEN W P. Wing-Body Aerodynamic Interaction[J]. Annual Review of Fluid Mechanics,1972,4:431−472.

[4] RODDEN W P,GIESING J P,KALMAN T P. New Developments and Applications of the Subsonic Doublet-Lattice Method for Non-Planar Configurations[C] // AGARD Symposium on Unsteady Aerodynamics for Aeroelastic Analyses of Interfering Surfaces. Tonsberg:AGARD,1970:4.1−4.27.

[5] ASHLEY H,ZARTARIAN G. Piston Theory—a New Aerodynamic Tool for the Aeroelastician[J]. Journal of the Aeronautical Sciences,1956,23(12):1109−1118.

第 9 章　　操纵面颤振分析

9.1　各种涉及操纵面的颤振类型

为了在飞行中保持飞机平衡和进行机动飞行,在机翼、尾翼上都带有不同功能的操纵面,如机翼上的副翼、水平安定面上的升降舵和垂直安定面上的方向舵等。由于这些操纵面都具有有限的操纵刚度,且操纵面本身也是一个小型的气动升力面,因而飞机在飞行中除了会发生以主翼面振动模态耦合为主的颤振外,还可能会发生以操纵面运动模态为主的或有操纵面运动模态参与的所谓操纵面颤振。这些操纵面颤振的类型很多,包括机翼弯曲 - 副翼旋转耦合型颤振、机翼扭转 - 副翼旋转耦合型颤振、机翼弯 / 扭-副翼旋转耦合型颤振、垂尾弯扭-方向舵旋转耦合型颤振、后机身扭转-垂尾弯扭-方向舵旋转耦合型颤振、平尾弯扭-升降舵旋转耦合型颤振、后机身垂直弯曲-平尾弯扭-升降舵旋转耦合型颤振以及其他一些包括操纵面及调整片运动耦合的颤振类型。

机翼弯曲-副翼旋转耦合型颤振的机理已在 6.2 节中描述过,它与机翼弯-扭耦合型颤振相似,都是由两个振动模态的耦合引起的。但是操纵面颤振速度的计算很难像经典的机翼弯-扭耦合型颤振速度的计算那样准确,其主要原因是:

(1) 操纵面非定常气动力的理论计算结果不准确,因为理论计算时通常忽略了空气的黏性效应,而空气黏性对操纵面的铰链气动力矩影响显著。

(2) 操纵面的铰链和支持结构的刚度以及操纵刚度,其准确值通常很难通过计算或测量得到。

(3) 对于人力操纵系统,机械连接系统之中不可避免地会有诸如间隙、摩擦等非线性因素存在,使得按名义线性刚度分析的颤振结果难以保证精度。而对于动力操纵系统,除上述结构非线性因素外,还必须考虑液压作动器系统的非线性特性。因此,按理论操纵刚度设计值进行操纵面颤振计算得到的结果往往有偏差。

下面首先就典型的带后缘操纵面的二元机翼颤振问题进行理论分析,然后针对带副翼的三元机翼模型,介绍操纵面质量平衡的概念,并举例说明防止操纵面颤振的质量平衡设计方法。

9.2　带后缘操纵面的二元机翼颤振分析

第 6.2 节中所述的带后缘操纵面的二元机翼模型,可以视为实际机翼-副翼系统的简化模型。本节将针对该模型,采用西奥道生简谐气动力建立其颤振分析模型,并使用 $V\text{-}g$ 法计算颤振临界速度和颤振频率。

带后缘操纵面的二元机翼颤振系统如图 9.2.1 所示,该系统是在第 7 章的二元机翼颤振系统基础上,增加了后缘操纵面(后续均称为副翼),具有旋转自由度 β。在机翼刚心 E 点处固定一个刚度为 K_h 的线弹簧及一个刚度为 K_α 的扭转弹簧,刚心 E 在弦线中点后 ab 处,重心到刚心的距离为 $x_a b$,副翼铰链轴到弦线中点的距离为 cb(注意这里 c 为无量纲系数,采用此符号是为了与文献[1]的表述一致),副翼铰链处有一刚度为 K_β 的扭转弹簧来模拟副翼的操纵刚度,机翼弦长为 $2b$。此处仍应用拉格朗日方程建立其颤振方程。

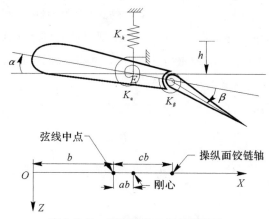

图 9.2.1　带副翼的二元机翼模型

该系统具有机翼沉浮、俯仰和副翼旋转三个自由度,为方便起见,选取机翼刚心 E 处的沉浮位移 h(向下为正),绕刚心的俯仰角 α(抬头为正),副翼的旋转角 β(下偏为正)为建立方程所用的广义坐标(主坐标)。

为描述图 9.2.1 中机翼某点的弦向几何坐标及垂向位移,以机翼前缘点为原点建立几何坐标系 OXZ,X 轴指向后缘为正,则刚心 E 坐标为 $(1+a)b$,副翼铰链轴的坐标为 $(1+c)b$,采用所选择的广义坐标,考虑微幅振动,则机翼上距原点为 x 的任一点的垂向位移可近似表示为

$$z(x) \approx \begin{cases} h + [x - (1+a)b]\alpha, & 0 < x < (1+c)b \\ h + [x - (1+a)b]\alpha + [x - (1+c)b]\beta, & (1+c)b < x < 2b \end{cases} \tag{9.2.1}$$

取 x 处的质量微元 $dm = \rho dx$,ρ 为机翼弦向的线密度。引用拉格朗日方程

$$\frac{d}{dt}\left(\frac{\partial T}{\partial \dot{q}_i}\right) - \frac{\partial T}{\partial q_i} + \frac{\partial U}{\partial q_i} = Q_i \quad (i = 1, 2, 3, \cdots, n) \tag{9.2.2}$$

来建立机翼的颤振运动方程,其中,n 为系统的自由度数。

该系统的动能可表示为

$$T = \frac{1}{2} \int_0^{2b} \dot{z}(x)^2 \rho dx \tag{9.2.3}$$

将式(9.2.1)代入式(9.2.3),并进行分段积分,最终可得到

$$T = \frac{1}{2}(m\dot{h}^2 + I_\alpha \dot{\alpha}^2 + I_\beta \dot{\beta}^2) + \dot{\alpha}\dot{\beta}S_\alpha + \dot{\beta}\dot{h}S_\beta + \dot{\alpha}\dot{\beta}[I_\beta + (c-a)bS_\beta] \tag{9.2.4}$$

其中，$m = \int_0^{2b} \rho \mathrm{d}x$，为单位展长的机翼质量；$S_\alpha = \int_0^{2b} [x-(1+a)b]\rho \mathrm{d}x = m x_\alpha b$，为单位展长机翼对刚心 E 的质量静矩，x_α 为重心到刚心的无量纲距离（重心在刚心之后为正）；$I_\alpha = \int_0^{2b} [x-(1+a)b]^2 \rho \mathrm{d}x = m r_\alpha^2 b^2$，为单位展长机翼对刚心 E 的质量惯性矩，r_α 为机翼对刚心的无量纲回转半径；$S_\beta = \int_{(1+c)b}^{2b} [x-(1+c)b]\rho \mathrm{d}x = m x_\beta b$，为单位展长副翼对铰链轴的质量静矩；$I_\beta = \int_{(1+c)b}^{2b} [x-(1+c)b]^2 \rho \mathrm{d}x = m r_\beta^2 b^2$，为单位展长副翼对铰链轴的质量惯性矩。

需要注意的是，$x_\beta b$ 并不是副翼质心到铰链轴的距离，因为在 S_β 的表达式中，使用了单位展长机翼的总质量，而不是操纵面质量，因此 $x_\beta b$ 比副翼质心到铰链轴的实际距离要小，可称 x_β 为副翼质心到铰链轴的无量纲减缩距离。同理，$r_\beta b$ 也不是副翼对铰链轴的回转半径，可称 r_β 为副翼质心绕铰链轴的无量纲减缩回转半径。

由于机翼和副翼本身皆简化为刚体，该系统的势能可表示为

$$U = \frac{1}{2}(K_h h^2 + K_\alpha \alpha^2 + K_\beta \beta^2) \tag{9.2.5}$$

将动能和势能代入拉格朗日方程，并引入机翼和副翼上的广义气动力向量，可得到下面的气动弹性运动方程式：

$$\begin{bmatrix} m & S_\alpha & S_\beta \\ S_\alpha & I_\alpha & I_\beta+(c-a)bS_\beta \\ S_\beta & I_\beta+(c-a)bS_\beta & I_\beta \end{bmatrix} \begin{bmatrix} \ddot{h} \\ \ddot{\alpha} \\ \ddot{\beta} \end{bmatrix} + \begin{bmatrix} K_h & 0 & 0 \\ 0 & K_\alpha & 0 \\ 0 & 0 & K_\beta \end{bmatrix} \begin{bmatrix} h \\ \alpha \\ \beta \end{bmatrix} = \begin{bmatrix} L \\ M_\alpha \\ M_\beta \end{bmatrix} \tag{9.2.6}$$

其中，L，M_α 和 M_β 分别是升力、绕机翼刚心的气动力矩和绕副翼铰链轴的气动力矩。

引入三个"部分频率"，即非耦合振动频率——$\omega_h = \sqrt{\dfrac{K_h}{m}}$，$\omega_\alpha = \sqrt{\dfrac{K_\alpha}{I_\alpha}}$，$\omega_\beta = \sqrt{\dfrac{K_\beta}{I_\beta}}$ 和无量纲沉浮位移 h/b，并对式(9.2.6)第一行方程左右两端同时除以 mb，对式(9.2.6)第二、三行方程左右两端均同时除以 mb^2，可将式(9.2.6)转换为无量纲形式的颤振方程，也就是

$$\begin{bmatrix} 1 & x_\alpha & x_\beta \\ x_\alpha & r_\alpha^2 & r_\beta^2+x_\beta(c-a) \\ x_\beta & r_\beta^2+x_\beta(c-a) & r_\beta^2 \end{bmatrix} \begin{bmatrix} \ddot{h}/b \\ \ddot{\alpha} \\ \ddot{\beta} \end{bmatrix} +$$

$$\begin{bmatrix} \omega_h^2 & 0 & 0 \\ 0 & r_\alpha^2 \omega_\alpha^2 & 0 \\ 0 & 0 & r_\beta^2 \omega_\beta^2 \end{bmatrix} \begin{bmatrix} h/b \\ \alpha \\ \beta \end{bmatrix} = \begin{bmatrix} L/mb \\ M_\alpha/mb^2 \\ M_\beta/mb^2 \end{bmatrix}$$

$$\tag{9.2.7}$$

式(9.2.7)右端的气动力向量可采用西奥道生简谐气动力公式来计算。

根据西奥道生气动力理论，对做简谐振动的三自由度二元机翼-副翼，单位展长机翼所受的升力、绕刚心的俯仰力矩和操纵面绕铰链轴的铰链力矩分别为

$$L = \rho b^2 (V\pi\dot{\alpha} + \pi\ddot{h} - \pi b a \ddot{\alpha} - V T_4 \dot{\beta} - T_1 b \ddot{\beta}) + 2\pi\rho V b C(k) \times$$

$$\left[V\alpha + \dot{h} + b\left(\frac{1}{2} - a\right)\dot{\alpha} + \frac{1}{\pi}T_{10}V\beta + b\frac{1}{2\pi}T_{11}\dot{\beta}\right] \tag{9.2.8a}$$

$$M_\alpha = -\rho b^2 \left\{ \pi\left(\frac{1}{2} - a\right)Vb\dot{\alpha} + \pi b^2\left(\frac{1}{8} + a^2\right)\ddot{\alpha} + (T_4 + T_{10})V^2\beta + \right.$$

$$\left[T_1 - T_8 - (c - a)T_4 + \frac{1}{2}T_{11}\right]Vb\dot{\beta} - \left[T_7 + (c - a)T_1\right]b^2\ddot{\beta} - a\pi b\ddot{h} \right\} +$$

$$2\rho Vb^2\pi\left(a + \frac{1}{2}\right)C(k)\left[V\alpha + \dot{h} + b\left(\frac{1}{2} - a\right)\dot{\alpha} + \frac{1}{\pi}T_{10}V\beta + b\frac{1}{2\pi}T_{11}\dot{\beta}\right] \tag{9.2.8b}$$

$$M_\beta = -\rho b^2 \left\{ \left[-2T_9 - T_1 + T_4\left(a - \frac{1}{2}\right)\right]Vb\dot{\alpha} + 2T_{13}b^2\ddot{\alpha} + \right.$$

$$\frac{1}{\pi}V^2(T_5 - T_4 T_{10})\beta - \frac{1}{2\pi}Vb T_4 T_{11}\dot{\beta} - \frac{1}{\pi}T_3 b^2\ddot{\beta} - T_1 b\ddot{h} \right\} -$$

$$\rho Vb^2 T_{12}C(k)\left[V\alpha + \dot{h} + b\left(\frac{1}{2} - a\right)\dot{\alpha} + \frac{1}{\pi}T_{10}V\beta + b\frac{1}{2\pi}T_{11}\dot{\beta}\right] \tag{9.2.8c}$$

以上涉及的所有系数 T_i，均是无量纲参数 c 的函数，表达式如下：

$$T_1 = -\frac{1}{3}\sqrt{1-c^2}(2 + c^2) + c\arccos c$$

$$T_3 = -\left(\frac{1}{8} + c^2\right)(\arccos c)^2 + \frac{1}{4}c\sqrt{1-c^2}\arccos c(7 + 2c^2) - \frac{1}{8}(1 - c^2)(5c^2 + 4)$$

$$T_4 = -\arccos c + c\sqrt{1-c^2}$$

$$T_5 = -(1 - c^2) - (\arccos c)^2 + 2c\sqrt{1-c^2}\arccos c$$

$$T_7 = -\left(\frac{1}{8} + c^2\right)\arccos c + \frac{1}{8}c\sqrt{1-c^2}(7 + 2c^2)$$

$$T_8 = -\frac{1}{3}\sqrt{1-c^2}(2c^2 + 1) + c\arccos c$$

$$T_9 = \frac{1}{2}\left[\frac{1}{3}\left(\sqrt{1-c^2}\right)^3 + aT_4\right]$$

$$T_{10} = \sqrt{1-c^2} + \arccos c$$

$$T_{11} = \arccos c(1 - 2c) + \sqrt{1-c^2}(2 - c)$$

$$T_{12} = \sqrt{1-c^2}(2 + c) - \arccos c(2c + 1)$$

$$T_{13} = \frac{1}{2}\left[-T_7 - (c - a)T_1\right]$$

在颤振临界点处，系统作简谐振动，即

$$\boldsymbol{x} = \begin{bmatrix} h/b \\ \alpha \\ \beta \end{bmatrix} = \begin{bmatrix} h_0/b \\ \alpha_0 \\ \beta_0 \end{bmatrix} e^{j\omega t} = \boldsymbol{x}_0 e^{j\omega t} \tag{9.2.9}$$

并在式(9.2.7)中引入质量比 $\mu = \dfrac{m}{\pi\rho b^2}$ 和结构阻尼系数 g，注意到减缩频率 $k = \dfrac{\omega b}{V}$，可得到

V-g 法对应的颤振方程为

$$(\boldsymbol{M}+\boldsymbol{A})\boldsymbol{x}_0 = \frac{(1+\mathrm{i}g)}{\omega^2}\boldsymbol{K}\boldsymbol{x}_0 \tag{9.2.10}$$

其中,$\boldsymbol{A}$ 为空气动力系数矩阵,具体的表达式可由西奥道生气动力理论公式得到,并满足

$$\boldsymbol{A}\boldsymbol{x} = \begin{bmatrix} L/mb \\ M_\alpha/mb^2 \\ M_\beta/mb^2 \end{bmatrix} \tag{9.2.11}$$

$$\boldsymbol{M} = \begin{bmatrix} 1 & x_\alpha & x_\beta \\ x_\alpha & r_\alpha^2 & r_\beta^2+x_\beta(c-a) \\ x_\beta & r_\beta^2+x_\beta(c-a) & r_\beta^2 \end{bmatrix}, \quad \boldsymbol{K} = \begin{bmatrix} \omega_h^2 & 0 & 0 \\ 0 & r_\alpha^2\omega_\alpha^2 & 0 \\ 0 & 0 & r_\beta^2\omega_\beta^2 \end{bmatrix}$$

式(9.2.10)对应于一个广义特征值问题,可由 V-g 法求解。给定一系列的减缩频率值,求得式(9.2.10)对应的特征值 $\lambda = \dfrac{(1+\mathrm{i}g)}{\omega^2}$,根据其实、虚部可以得到

$$\omega = \frac{1}{\sqrt{\mathrm{Re}(\lambda)}}, \quad g = \frac{\mathrm{Im}(\lambda)}{\mathrm{Re}(\lambda)} \tag{9.2.12}$$

并根据减缩频率的定义,得到与之对应的速度为 $V = \dfrac{\omega b}{k}$。

由于所分析的机翼-副翼系统具有三个自由度,所以对应每个给定的减缩频率,可获得三个特征值,分别对应该系统的三个气动弹性运动模态,由此画出的 V-g 和 V-ω 或 V-f 图也有三支曲线。

例 9-1 带副翼的二元机翼参数见表 9.2.1,试采用 V-g 法求解其颤振临界速度。

表 9.2.1 带副翼的二元机翼参数

符号	物理意义	数值	单位
a	刚心 E 到弦线中点的无量纲距离	-0.4	—
c	副翼铰链轴到弦线中点的无量纲距离	0.6	—
b	半弦长	1.0	m
x_α	机翼质心到刚心的无量纲距离	0.2	—
x_β	副翼质心到铰链轴的无量纲减缩距离	0.012 5	—
ω_h	沉浮运动部分频率	50	rad/s
ω_α	俯仰运动部分频率	240	rad/s
ω_β	副翼旋转部分频率	300	rad/s
r_α	机翼对刚心的无量纲回转半径	0.5	—
r_β	副翼对铰链轴的无量纲减缩回转半径	0.079 057	—
μ	质量比	40	—

解:采用 V-g 法,计算得到的颤振系统的 V-g 和 V-f 曲线如图 9.2.2 和图 9.2.3 所示。

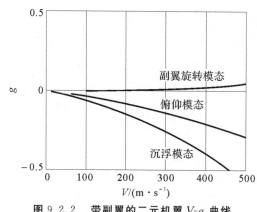

图 9.2.2　带副翼的二元机翼 V-g 曲线

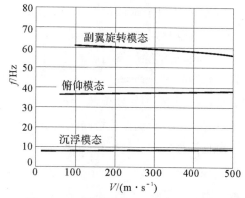

图 9.2.3　带副翼的二元机翼 V-f 曲线

由图 9.2.2 的 V-g 曲线可知,当速度约为 197 m/s 时,副翼旋转分支上的结构阻尼值由负变正,机翼-副翼颤振系统处于临界稳定状态,这就是该系统的颤振临界速度。对应在 V-f 图上,由该分支可求得其颤振临界频率约为 60.51 Hz。

9.3　操纵面的质量平衡概念

根据机翼弯扭耦合型颤振机理、机翼弯曲-副翼旋转耦合型颤振机理,我们看到,防止颤振产生或提高颤振临界速度的一个关键手段是要消除机翼结构各种不同模态之间可能发生的耦合,即使不能完全消除耦合,只要能使各自由度之间没有强的耦合,就能使颤振速度得到提高,从而满足飞机防颤振设计的要求。操纵面质量平衡的概念和方法的提出,正是基于这种思想。由于操纵面上的气动力很难准确计算,而且操纵面的操纵刚度也很难准确获得,对于操纵面颤振速度的理论计算结果往往误差较大,因此,在飞机设计的工程实践中,一般采用质量平衡的方法来改善操纵面的颤振特性,使这类颤振不会在设计的飞行包线内发生。

操纵面质量平衡的概念究竟是怎样的呢?此处以图 9.3.1 所示的一个带有副翼的悬臂机翼为例来具体说明。

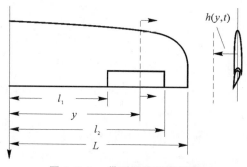

图 9.3.1　带副翼的长直机翼

假设副翼的重心位于铰链轴的后面,那么当机翼做弯曲运动(带副翼部分的剖面作上下平移运动) 时,副翼就会因惯性力的作用而做旋转运动,我们称之为惯性耦合。如果副翼的重心位于铰链线上,机翼的弯曲运动不会引起副翼的旋转,就不会有这种惯性耦合了。

另外,作为升力面的副翼在发生旋转后,还会使机翼产生附加的升力和对铰链轴的气动力矩,因此,机翼与副翼之间还存在着空气动力耦合。此外,两者间还可能存在弹性耦合。对于飞机设计来说,要消除机翼与副翼之间的所有耦合关系,特别是空气动力耦合,通常是不可能的。但在一定条件下,惯性耦合是可以消除的,这就需要采用质量平衡的方法来实现。从颤振的机理分析已经知道,颤振发生的一个重要原因就是结构不同运动自由度之间的惯性耦合,所以研究质量平衡问题对颤振分析和防止颤振发生都具有重要意义。

由颤振分析的实例得知,机翼-副翼颤振主要是由机翼弯曲与副翼旋转两种运动的耦合而产生的。故研究操纵面质量平衡问题时,可以只计及机翼弯曲和副翼旋转两个自由度,且通常可假定副翼为刚体。下面,采用假设模态法来建立机翼-副翼系统的颤振运动方程。

假设机翼的弯曲振型函数为 $f(y)$,对应的广义坐标为 $h(t)$,则机翼的弯曲变形可写为

$$h(y,t) = f(y)h(t) \tag{9.3.1}$$

记副翼旋转角为 $\beta(t)$,则机翼-副翼系统的动能、势能分别为

$$T = \frac{1}{2}\int_0^L\int_C [\dot{h}(y,t)]^2 \rho_w \mathrm{d}x\mathrm{d}y + \frac{1}{2}\int_{l_1}^{l_2}\int_{CA} [\dot{h}(y,t) + \dot{\beta}x]^2 \rho_a \mathrm{d}x\mathrm{d}y$$

$$= \frac{1}{2}\dot{h}^2\Big[\int_0^L\int_C f^2\rho_w\mathrm{d}x\mathrm{d}y + \int_{l_1}^{l_2}\int_{CA} f^2\rho_a\mathrm{d}x\mathrm{d}y\Big] + \frac{1}{2}\dot{\beta}^2\int_{l_1}^{l_2}\int_{CA} x^2\rho_a\mathrm{d}x\mathrm{d}y + \dot{h}\dot{\beta}\int_{l_1}^{l_2}\int_{CA} fx\rho_a\mathrm{d}x\mathrm{d}y$$

$$= \frac{1}{2}a_{11}\dot{h}^2 + \frac{1}{2}a_{22}\dot{\beta}^2 + a_{12}\dot{h}\dot{\beta} \tag{9.3.2a}$$

$$U = \frac{1}{2}h^2\int_0^L EIf''^2\mathrm{d}y + \frac{1}{2}K_\beta\beta^2 = \frac{1}{2}c_{11}h^2 + \frac{1}{2}c_{22}\beta^2 \tag{9.3.2b}$$

其中,ρ_w,ρ_a 分别代表机翼及副翼单位面积上的质量;L 为机翼的展长;l_1,l_2 分别为副翼左、右两侧到翼根的距离;C 为机翼各剖面的弦长;CA 为副翼各剖面的弦长;K_β 为副翼操纵刚度系数。副翼上质点的 x 坐标由铰链轴向后算起为正,如图 9.3.1 所示。

将式(9.3.1)、式(9.3.2a) 和式(9.3.2b) 代入拉格朗日方程中,可以得到如下形式的方程:

$$\left.\begin{array}{l} a_{11}\ddot{h} + a_{12}\ddot{\beta} + c_{11}h = Q_h \\ a_{12}\ddot{h} + a_{22}\ddot{\beta} + c_{22}\beta = Q_\beta \end{array}\right\} \tag{9.3.3}$$

式中

$$a_{12} = \int_{l_1}^{l_2}\int_{CA} f(y)x\rho_a\mathrm{d}x\mathrm{d}y \tag{9.3.4}$$

是与质量平衡有关的系数,显然,如果 $a_{12} = 0$,则式(9.3.3)的两个方程就没有惯性耦合(注意,方程右端的广义气动力是耦合的)。

至此,我们可以将操纵面(副翼)质量平衡的概念表述为:平衡操纵面(副翼)质量就是使操纵面(副翼)的质量分布满足一定的平衡条件,在这种平衡条件下,机翼振动时,操纵面(副翼)由于其质量分布产生的惯性力所引起的对操纵面(副翼)铰链轴的力矩为零,从而操纵面(副翼)相对主翼面没有旋转,就好像和主翼面连成一个整体一起振动。从机翼-副翼系统的颤振方程来看,就是要使系数 a_{12} 为零。从 a_{12} 的表达式又知道,其值与机翼的振型 $f(y)$ 有关,即副翼的质量平衡也是相对于机翼某个振型而言的。显然,对某个振型达到质量平衡的质量分

布,对另一个振型就不一定是质量平衡的,所以质量平衡设计也只是按照与颤振型相关的主要振型来进行的。

判定操纵面质量平衡程度的指标,通常用"平衡度"来表示。通常在飞机的防颤振设计规范中是按"静平衡度"和"动平衡度"来规定的。

所谓操纵面的静平衡就是要使

$$\sum_{\text{整个操纵面}} m_i x_i = 0 \tag{9.3.5}$$

式中,x_i 代表操纵面的质量微元 m_i 到铰链轴的距离。式(9.3.5)的含义是使操纵面的重心在铰链轴上,这相当于前面机翼的弯曲振型 $f(y) = $ 常数时使 $a_{12} = 0$ 的条件。当满足 $\sum_{\text{整个操纵面}} m_i x_i = 0$ 时,称操纵面是 100% 静平衡的。若有 $\sum_{\text{整个操纵面}} m_i x_i < 0$,则称为过度平衡,它表示操纵面重心位于铰链轴之前。静平衡度定义为

$$\text{静平衡度} = \frac{\text{实际所加配重}}{\text{达到 } 100\% \text{ 静平衡所需配重}} \times 100\% \tag{9.3.6}$$

图 9.3.2 为某型飞机的机翼弯曲-副翼旋转型颤振速度 V_F 与静平衡度的关系曲线,对应每一静平衡度可算出这种类型颤振所对应的两个 V_F 值,在这两个 V_F 之间为机翼-副翼系统的颤振不稳定区。由图 9.3.2 可见,超过一定过度平衡后,将不再会发生此类型的颤振,这也正好与第 6 章分析颤振机理时所讲的,使副翼重心位于铰链轴之前可提高颤振速度的原则是一致的。

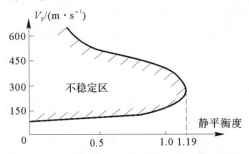

图 9.3.2　颤振速度 V_F 与静平衡度的关系曲线

所谓操纵面的动平衡是指设计操纵面的质量分布,使

$$\sum_{\text{整个操纵面}} m_i x_i y_i = 0 \tag{9.3.7}$$

并称此时为 100% 动平衡的。其中 x_i 代表质量微元 m_i 到操纵面铰链轴的距离,对于机翼上的操纵面,y_i 代表质量微元 m_i 到翼根的距离,对于尾翼上的操纵面,y_i 代表质量微元 m_i 到机身弹性轴的距离。

动平衡实际上相当于式(9.3.4)中 $f(y) = y$,也就是翼面随机体做刚体滚转时,$a_{12} = 0$ 的条件。相应地,动平衡度定义为

$$\text{动平衡度} = \frac{\text{实际所加配重}}{\text{达到 } 100\% \text{ 动平衡所需配重}} \times 100\% \tag{9.3.8}$$

当 $\sum_{\text{整个操纵面}} m_i x_i y_i < 0$ 时,称为是过度动平衡的。

飞机防颤振设计的规范中,对各个操纵面的质量平衡要求,都是针对某一种特定的颤振型

态而规定的。例如,对于方向舵,是为了防止后机身-垂直安定面-方向舵耦合型颤振;对于升降舵,是为了防止后机身-水平安定面-升降舵耦合型颤振;对于副翼则通常是为了防止机翼弯曲-副翼旋转型颤振。

应该注意的是,由于质量平衡设计是对于某一振型而言的,不可能设计一个对于所有振型都满足质量平衡要求的机翼,而且,即使满足了质量平衡要求的机翼,也不意味着不会发生其他耦合形式的颤振。但不论怎样,质量平衡概念在防止操纵面颤振方面,仍不失为一种简单而有效的方法。此外,质量平衡的动、静平衡度也可以作为初步估计颤振发生趋势的定性判据,为进一步的定量颤振分析做准备。

9.4　消除操纵面颤振的质量平衡设计

长期以来,在飞机设计的工程实践中,针对消除操纵面颤振设计所采用的有效办法就是质量平衡设计,即在操纵面上设置配重,使操纵面重心前移,通常是使重心移到操纵面的转轴(铰链轴线)之前,达到所谓的"过平衡"状态。

质量平衡至今仍被广泛用于带人力操纵系统的小型、中型飞机。从原理上来说(如前面所讲的机翼弯曲-副翼旋转型颤振机理),质量平衡设计仅对颤振模态中涉及主翼面(机翼、垂直及水平安定面)弯曲振型的操纵面颤振最为有效,这时配重使重心移到操纵面转轴之前,从而消除了主翼面弯曲与操纵面旋转两种运动模态之间的惯性耦合,这就是 6.3 节中阐述的颤振设计中的"模态解耦"原则。由于"质量平衡"本质上不是按"频率分离"原则提出的防颤振措施,所以在应用质量平衡方法时,应特别注意它是否会违反"频率分离"原则(即是否会使两个危险振型的频率因增加配重而彼此靠近),并应通过颤振分析结果来予以检验。

图 9.4.1 是主翼面弯曲-操纵面旋转型颤振中,配重质量 Δm 对颤振临界速度 V_F 的影响效应的示意图。由图可见,达到过平衡以后,有一个临界 Δm 值,使用超过该值的配重可以使这种类型的颤振完全消除。

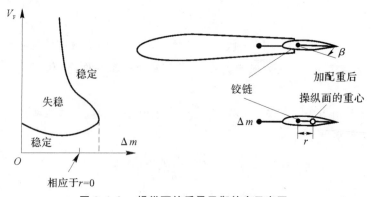

图 9.4.1　操纵面的质量平衡效应示意图

事实上,有时主翼面的第一阶主弯曲振型并非纯弯曲型态,只是它的节线位于主翼面前缘的远前方而已。如果质量平衡设计是针对主翼面的主弯曲振型的,经过某种结构参数改变,使主翼面该振型的节线向着机翼后缘方向偏移,导致该振型变得像扭转振型,则配重防颤振的效应将随之减弱。

　　图 9.4.2 为一个配重设计失效的例子。对于图中的平尾,由于估计错误,认为颤振的危险模态为平尾弯曲模态,于是采用了所谓的"角式(horn)集中配重"来进行升降舵的质量平衡设计,希望它们和升降舵的其余结构在平尾弯曲运动中对铰链轴产生的力矩反向,以抵消弯曲模态对升降舵的影响。然而在实际应用中,首先出现的颤振模态中涉及平尾的危险振型是主扭转型的,其振型节线落在集中配重之后,因此当平尾绕该节线作扭转振动时,集中配重所产生的惯性力与升降舵其他结构所产生的惯性力反向,它们对铰链轴产生的力矩不是反向互相抵消,而是同向增强的,即这种集中配重不但不起惯性解耦作用,反而增强了平尾主翼面的主扭振型与升降舵旋转两种模态的惯性耦合。

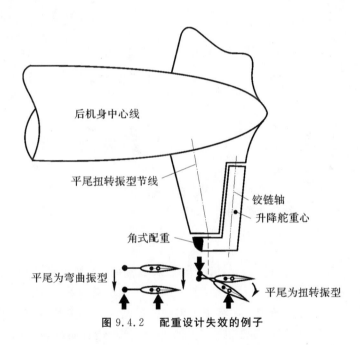

图 9.4.2　配重设计失效的例子

　　图 9.4.3 是另一个操纵面防颤振设计的实例。设计阶段估计的颤振模态是后机身扭转与方向舵旋转耦合型,如图 9.4.3(b) 所示。由于结构的某些更改,试飞时发生的颤振模态是垂尾弯曲与方向舵旋转耦合型的,如图 9.4.3(c) 所示。由图 9.4.3(c) 可以看出,在发生这种耦合型产颤振时,原先设计的角式集中配重不但不起惯性解耦作用,反而加强了两个危险模态的耦合。在试飞后,采取的修改措施是把一个配重改为两个配重,如图 9.4.3(d) 所示,分别安置于方向舵的根、梢两处,结果未再发生该型颤振。尽可能采用分布式配重(而不用集中式配重)也是防颤振设计的一个经验准则。

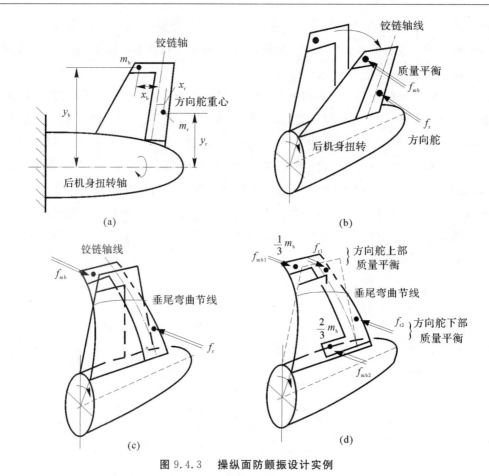

图 9.4.3　操纵面防颤振设计实例

(a) 后机身模型;(b) 原先预计的颤振模态是后机身扭转;(c) 实际发生的颤振模态是垂尾弯曲 / 方向舵旋转;

(d) 用分布式配重解决了颤振问题

　　前面已经说过,操纵面质量平衡设计是基于"模态解耦"原则的防颤措施。另一个防颤振设计措施是遵循"频率分离"原则。经验表明,若操纵面的旋转频率高于主翼面颤振危险振型频率一定的倍数,则操纵面旋转型颤振将不再出现,或即使出现,其颤振速度也远大于设计的飞行速度。对于不可逆操纵系统,由于其操纵刚度较大,这一设计条件容易达到。但增加操纵面上的配重往往会降低操纵面的旋转频率,上述频率条件将得不到满足。因此,对于所设计的操纵面构型,如果主要是靠采用足够高的操纵刚度来防止颤振,再采用质量平衡(增加配重)的设计措施来提高该构型的颤振临界速度往往就是不适宜的。

　　图 9.4.4 中的照片显示,一架美国 E-6A 型通信中继飞机在飞行试验中因发生颤振而导致垂尾结构损伤的情况。该飞机的垂尾 / 方向舵两次在颤振试飞中振毁,而飞机仍然安全返航。第一次事故中,发生的可能是调整片-方向舵-垂尾耦合型颤振,第二次飞行试验之前,把调整片铰链阻尼增加到了原来的两倍。但第二次飞行试验中却与预期的效果相反,仍发生了方向舵-垂尾耦合型颤振,且颤振速度比第一次的还低。这个例子说明操纵面颤振的复杂性(阻尼会对它产生不利效应),但也说明了操纵面颤振不一定是机翼弯扭型颤振那样灾难性的,机翼弯扭颤振注定导致机毁人亡。

图 9.4.4　发生了操纵面颤振的 E-6A 飞机[3]

操纵面和调整片颤振通常是最普遍的颤振问题。这种颤振在各种类型的飞机上都可能发生。在很多情况下,颤振设计准则是影响操纵面及调整片操纵刚度和质量分布设计的重要因素。如果通过操纵面或调整片的操纵系统刚度设计("频率分离"原则)来防止气动弹性不稳定性,则应确定在飞机使用寿命期内不应超过的间隙限制值和最大许用的惯性特性值。如果通过操纵面或调整片的质量平衡设计("模态解耦"原则)来防止气动弹性不稳定性,则应确定质量平衡的设计要求。

在现代飞机设计的实践中,由于操纵面颤振问题的多样性和复杂性,操纵面颤振事故还时有发生。因此,在飞机防颤振设计工作中,对操纵面颤振的分析与试验工作应该引起足够的重视。

思考题

1.在第 9.2 节的例 9-1 中,若操纵面的质心位于铰链轴上或者铰链轴之前,该型操纵面颤振还能否发生?

2.考虑简谐运动,试根据西奥道生气动力公式以及式(9.2.11),推导出气动力矩阵 A 的具体形式。

3.操纵面颤振有什么特点?为什么说操纵面颤振问题比机翼颤振问题更复杂?其难点有哪些?

4.防操纵面颤振的最有效设计措施是什么?操纵面质量平衡设计的原理是什么?符合哪一个防颤振设计原则?可能违反哪一个防颤振设计原则?

5.对操纵面进行质量平衡设计时,有什么注意事项?为什么会出现操纵面质量平衡设计失效?质量平衡措施是否可以消除所有的颤振问题?为什么?

6.解释操纵面质量平衡的概念以及采用质量平衡设计来防止操纵面颤振的机理。

参考文献

[1] THEODORSEN T. General Theory of Aerodynamic Instability and the Mechanism of Flutter：NACA Report No. 496[R]. Washington,D. C. ：NACA,1934.

[2] RODDEN W P,JOHNSON E H. MSC/NASTRAN Aeroelastic Analysis Users' Guide[M]. Los Angeles：MacNeal-Schwendler,1994.

[3] BORST R G,STROME R W. E-6 flutter investigation and experience[C]// Proceedings of Astrodynamics Conference. Hilton Head Island：AIAA,1992：1301 - 1313.

第 10 章　　非经典颤振问题及抖振

本章首先简要介绍几类非经典颤振问题,包括带外挂物机翼的颤振分析、全动尾面颤振分析、T 型尾翼颤振分析、操纵面嗡鸣、失速颤振,最后简要介绍抖振问题。

10.1　带外挂物机翼的颤振分析

对于民用飞机来说,机翼外挂物一般是指翼吊式发动机。而对军用飞机而言,则还包括各类外挂式武器,如导弹、炸弹、火箭以及特设吊舱等。我国的《军用飞机结构强度规范　第 7 部分:气动弹性》(GJB 67.7A—2008) 规定,飞机带有外挂物时,机体的设计应能防止所有气动弹性不稳定的发生。机翼带外挂物后,往往会使机翼颤振速度大幅度降低,这不仅对于新设计飞机的颤振特性有较大影响,对于现役军用飞机,由于在其服役期内,外挂武器通常会有更新,若装备新型外挂武器,则必须重新分析其机翼带外挂物后的颤振特性。

军用飞机携带外挂武器的种类和方案(称为外挂构型) 很多。图 10.1.1 是一种攻击机可能的外挂配置,对于不同的任务,由这些外挂武器组合成各种不同的外挂构型,因此,机翼 / 外挂颤振分析和设计的工作量非常大。带外挂物机翼(通常称为机翼 / 外挂系统) 的颤振分析之所以困扰颤振设计人员,不仅是由于分析工作量巨大,更在于它对机翼 / 外挂系统的一些几何参数和物理参数的高度敏感性,即可能因为某一参数的微小改变而带来机翼 / 外挂系统颤振速度的急剧变化。在美国军机规范 MIL-A-87221 的附录中,介绍了一些机翼 / 外挂系统的颤振事故,其中特别提到,机翼 / 外挂系统的颤振速度对外挂物弦向安装位置非常敏感。因此,当颤振设计人员进行颤振分析时,对外挂物与机翼连接时的安装容差都要加以考虑。

外挂物通常都是成品件,它的惯性数据是无可选择的,但它与机翼的连接刚度却很难用理论公式精确描述,这些刚度参数在使用过程中还可能发生变化。因此,进行机翼 / 外挂系统的颤振设计时,需要对外挂物与机翼的连接刚度参数作变参分析,使颤振计算及试验覆盖一定的连接刚度参数范围,这当然也加大了设计分析的工作量。虽然现在的颤振计算都是应用商业软件由计算机自动完成,但设计人员也应该具备一定工程颤振设计的经验,否则在机翼 / 外挂系统的颤振设计中,当计算结果表明颤振设计不能满足要求时,就会发现自己陷入大量计算结果中,不知从何处着手来解决颤振问题。

图 10.1.1　**某型攻击机的外挂配置**

机翼经典颤振的物理机理是：两种变形模态运动形式的耦合（比如，机翼结构的弯曲模态运动引起机翼的扭转模态运动，机翼结构的弯曲模态运动引起副翼的偏转模态运动）形成一种能量转换机制，将直流的气流能量转变成交变成对机翼结构的非定常空气动力激励，使机翼结构产生自激振动。因此，工程上对于防止颤振，提出了如下两条原则：一是使各变形模态的运动尽可能解除耦合（例如，通过质量平衡设计措施，解除副翼等操纵面与主翼面的惯性耦合）；二是使与颤振耦合有关的两个主要模态的频率尽量分离得越远越好（例如，通过质量重新分布或结构优化设计使机翼结构的各阶模态频率分离开）。上述的这种"分离频率，解除耦合"的工程防颤振观点，对于机翼／外挂系统的颤振分析和防颤振设计也有一定的启发。

外挂物是通过一个称为挂架的部件与机翼弹性连接的（对于民航飞机的发动机挂架，其弹性也不可忽视），即使将外挂物视为刚体，每个外挂物也各有 6 个自由度。因此，在机翼／外挂系统的振动特性中，与单独的机翼结构相比，每增加一个外挂物，就会增加 6 个以外挂物刚体运动为主的固有振型。通常，外挂物的垂直沉浮模态、弦向平移模态以及绕自身航向轴的滚转模态都具较高的频率，一般不会参与到颤振危险模态的耦合中，但即使不考虑这三个外挂物模态，每个外挂物还是会给机翼／外挂系统带来三个新的固有模态，即外挂物的俯仰、侧摆和偏航模态。

在工程上，一般将外挂物运动占优的模态称为外挂物模态，例如外挂物偏航模态等。显然，对于机翼／外挂物系统来说，新增的三个外挂物模态就给机翼／外挂物系统提供了更多的模态耦合机会，从而增加了机翼／外挂系统发生颤振的风险。

图 10.1.2 给出了某型飞机光机翼（不带外挂物的机翼）的固有模态节线以及该机翼带一枚外挂导弹时的固有模态节线图。光机翼固有模态频率见表 10.1.1，带外挂机翼固有模态频率见表 10.1.2。

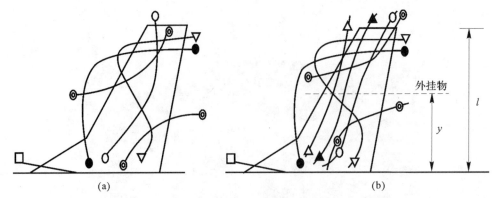

图 10.1.2 光机翼与带外挂机翼的固有振型节线对比图

(a) 颤振模态(二弯/一扭)(颤振速度 $= V_{F0}$);(b) 颤振模态(二弯/外挂偏航)(颤振速度 $= V_F/V_{F0} = 0.66$)

表 10.1.1	光机翼固有模态频率	
记号	模态	频率
□	一弯	8.5 Hz
●	二弯	21.8 Hz
○	一扭	34.9 Hz
▽	三弯	54.1 Hz
◎	二扭	64.1 Hz

表 10.1.2	带外挂机翼固有模态频率	
记号	模态	频率
□	一弯	5.2 Hz
△	外挂物侧摆	8.9 Hz
○	一扭	9.9 Hz
▲	外挂物偏航	13.9 Hz
●	二弯	20.3 Hz
▽	三弯	33.9 Hz
◎	二扭	50.3 Hz

分析发现,本例的外挂物偏航模态中,机翼的变形运动以扭转为主,其频率为 13.9 Hz,比机翼第一阶扭转频率 9.9 Hz 更为接近机翼的第二阶弯曲模态频率 20.3 Hz,因此,外挂偏航模态与机翼第二阶弯曲模态在一个较低的速度下产生耦合而引发颤振,从而代替了原来光机翼情况下,机翼第二阶弯曲模态与机翼第一阶扭转模态耦合而发生的颤振。

机翼/外挂系统的固有频率分布往往是密集型的,特别是对于多外挂物构型,例如左右机翼各带两枚导弹的战斗机(或左右机翼各有两台翼吊发动机的民用客机)的外挂振型中,有一个内、外侧两个外挂物同相的偏航(侧摆或俯仰)模态及一个内、外侧外挂物反相的偏航(侧摆或俯仰)模态,这两个模态的频率往往非常接近。这种密频特性不仅会给地面振动试验中的固有模态辨识带来困难,而且使得机翼/外挂系统更有可能产生新的具有较低临界速度的颤振型(所谓"颤振型"是指发生颤振时由哪几个模态振型参与耦合)。

图 10.1.2 中的光机翼是机翼二弯/一扭颤振型,带外挂物后则是机翼二弯/外挂偏航颤振型。如果两个近频模态中,一个是以机翼弯曲为主,而另一个是以机翼扭转为主,那么它们耦合而发生颤振时的临界速度通常就会比较低。

近频模态耦合颤振还有一个特点是,当结构参数发生小的变化时,固有模态有时会剧烈变化,这也是这种系统的颤振速度随结构参数变化产生突变的原因之一。颤振速度突变的另一个原因是颤振耦合模态的改变,这是指在进行变参数颤振分析时,画出的颤振速度随某个参数变化的曲线(通常也称为颤振边界曲线)如果发生了明显的不连续转折(曲线上出现尖点),则转折点前后的颤振速度也会发生较大的改变。其实质是颤振耦合模态(即颤振型)随着参数的变化而发生了改变,颤振边界曲线的突变现象通常发生于机翼 / 外挂颤振系统,这也是机翼 / 外挂颤振系统的颤振速度对参数敏感的一种体现。

图 10.1.3 给出了上例中机翼颤振速度随外挂物展向位置改变而变化的情况。图中显示,该机翼 / 外挂系统随 y/l 的改变,经历了三次颤振型的转变,有两种颤振型还表现出颤振速度急剧降低以及颤振消失的现象。

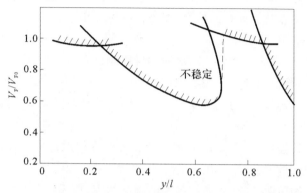

图 10.1.3　某型飞机的机翼 / 外挂颤振速度随外挂物展向位置变化情况

V_{F0}— 光机翼的颤振速度;y— 外挂物的展向坐标;l— 机翼的半展长

机翼 / 外挂颤振系统的敏感几何参数包括外挂的展向位置和弦向位置,敏感物理参数主要是挂架(机翼与外挂物之间的联接装置)的联接刚度。图 10.1.4 给出了某型四发喷气客机的颤振速度 V_F 随发动机俯仰分支频率(正比于挂架俯仰刚度)变化的情况。另外,机翼 / 外挂颤振计算得到的 V-g 曲线中,经常出现一种小阻尼颤振分支曲线(通常称为"驼峰"曲线),它对应于以外挂物模态为主的颤振型,这种小阻尼颤振分支曲线有时会给判断飞机的颤振临界情况带来困难。

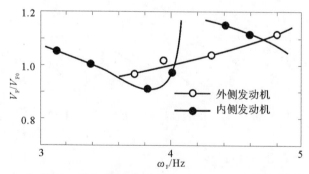

图 10.1.4　某型四发喷气客机的颤振速度随发动机挂架俯仰刚度变化情况

V_{F0}— 光机翼的颤振速度

10.2　全动尾面的颤振分析

全动尾面也称为全动舵面,是指整个尾面既作为飞机配平的安定面,也作为操纵面使用。全动尾面以全动平尾或全动鸭翼居多,现代高性能战斗设计中也有采用全动垂尾设计的案例。

进行全动尾面的颤振分析时,非定常气动力计算与一般翼面没有本质差别,它的主要特点是在结构的构型方面。通常全动尾面是由翼根可转动的大轴(也称为枢轴)安装于后机身上,由于转动运动的特殊性,转动大轴不可避免地会带有间隙,这就给全动尾面偏转模态(也称为旋转模态)的操纵系统刚度(即支持刚度)带来不确定因素。此外,驱动全动尾面偏转的一整套机电操纵系统本身的动态特性也使全动尾面的操纵刚度具有动刚度(也称为复刚度)性质,这些因素都将影响全动尾面颤振特性计算的精度。而且在飞机使用过程中,由于磨损、老化和松动等因素,全动尾面的转轴间隙也会产生变化。由于这些原因,进行全动尾面颤振分析时通常要作操纵刚度的变参数分析,即人为地使全动尾面的操纵刚度在一定范围变化来分析其颤振特性的相应变化,以确定其颤振速度最低的不利情况。

由物理直觉上可以理解,全动尾面操纵系统的间隙总是使操纵刚度降低。为了定性地说明这个问题,绘制出带间隙的转动系统示意图(见图10.2.1),其中的弹簧代表操纵系统的刚度。假定在某个给定的飞行速度下,全动尾面带动其转动轴在间隙范围内做微幅振动(转动)时,其机械刚度等于零,这时在气动力作用下,全动尾面如果发生颤振,其振动振幅会继续扩大,当振动幅值扩大到超过间隙时,立即会遇到弹簧的刚度约束,即系统将恢复一定的刚度,这就会使得对应状态下的全动尾面颤振速度提高而超过当前飞行速度,于是全动尾面的振动就会衰减。显然,一旦振动幅值衰减到小于间隙值,颤振又会再度发生,振动幅值又会扩大,如此往复下去,这种现象循环的最终结果是全动尾面以某一个幅值做一种持续的限幅振动,这种限幅振动在非线性气动弹性力学中被称为极限环颤振(也称为极限环振荡,Limit Cycle Oscillation,LCO)。一般情况下,由于振动幅值有限,极限环颤振通常不会导致结构的瞬时破坏,但其持续的限幅振动可能会带来结构的疲劳强度问题。

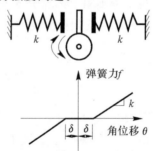

图 10.2.1　转轴的间隙非线性刚度示意图

在计算机上用数值积分方法可以对带间隙的全动尾面进行时域颤振响应计算(通常采用拟合方法获得全动尾面的时域气动力),对给定的间隙和速度,算出全动尾面颤振系统的振动响应时间历程,最终得到极限环颤振的限幅振动振幅、振动频率等。在工程应用中,主要采用当量线化方法,在频域内分析带间隙全动尾面颤振系统的极限环颤振特性。

极限环颤振当量线化分析方法的原理是按照某种准则,把间隙非线性刚度当量化为一个线性刚度。其中一种最基本的准则是谐波平衡准则,即在全动尾面结构做简谐偏转振动的过程中,把周期变化的非线性弹性恢复力(矩)展开成傅里叶级数,而仅考虑其一阶(基频)谐波分量。把这个非线性弹性恢复力(矩)的基频谐波和系统运动位移谐波相对比,就得到一个当量线化刚度系数。这种方法也称为谐波平衡法。

图 10.2.2 给出了谐波平衡法的原理示意图。这里直接给出用谐波平衡法推导出的带中心间隙弹簧的当量线化刚度系数 k_{eq}(A 为振幅):

$$
k_{eq} = 0, \quad A < \delta
$$

$$
\left. k_{eq} = k - \frac{2k}{\pi}\left[\arcsin\frac{\delta}{A} + \frac{\delta}{A}\sqrt{1-\left(\frac{\delta}{A}\right)^2} \right], \quad A \geqslant \delta \right\} \tag{10.2.1}
$$

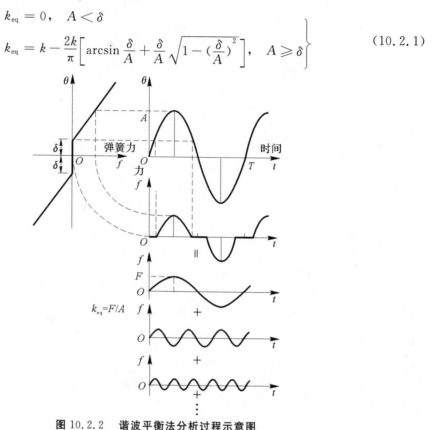

图 10.2.2　谐波平衡法分析过程示意图

由此可见,对于给定的间隙,当量刚度系数 k_{eq} 的数值取决于振幅 A 的大小,而极限环颤振的振幅在计算当量刚度系数前又是未知的,这样,就使得应用当量线化刚度进行颤振计算是一个迭代的过程,具体的迭代求解过程如下。

首先,使用前面介绍的任何一种颤振临界速度计算方法,计算不同当量刚度系数 k_{eq} 值对应的全动尾面颤振速度 V_F,得到颤振临界速度随偏转刚度变化的曲线,即 V_F-k 曲线(见图 10.2.3)。同时作出一条等效刚度随振幅变化的曲线,即 k-A 曲线。配合使用这两条曲线,就可得到极限环颤振的振幅与颤振速度的关系曲线,即 V_F-A 曲线。

对于图 10.2.3 所示的例子,有间隙弹簧代表全动尾面的旋转自由度(绕枢轴的转动)刚度,其弯曲自由度的刚度系数是一个固定值。对于全动尾面,其颤振速度 V_F 随旋转/弯曲刚度比的变化情况与一般机翼的弯扭耦合颤振速度随扭转/弯曲刚度比变化的规律类似:当旋转刚度/弯曲刚度之比接近某个特定的值时,V_F 最小;当旋转刚度/弯曲刚度之比大于或小于该值时,V_F 都有所增加;当旋转/弯曲刚度刚度比趋于 0 时,V_F 趋于无穷大。需要说明的是,对不同的全动尾面系统,V_F 随其旋转刚度/弯曲刚度之比变化曲线有可能是另外一种形式,但下面所描述的图解分析过程是完全适用的。

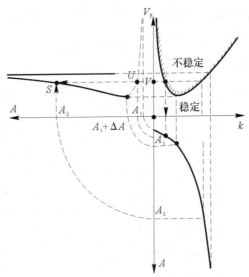

图 10.2.3　极限环颤振的图解分析过程

图 10.2.3 所示的图解分析过程,是为了考察在某一个飞行速度 $\overline{V}$ 下,机翼发生极限环颤振的情况。在 V_F-k 曲线上作一条水平线与 V_F-k 曲线相交于两点,由此两点分别作两条垂线与 k 轴相交,找到相应的两个 k 值(k 值代表等效刚度),继续将这两条垂线延伸下去,与 k-A 曲线各有一个交点,过这两个交点再分别作两条水平线,就可在 A 轴上找到两个对应的振幅值 A_1 及 A_2。把它们转化到左侧的 V_F-A 曲线上,就得到该曲线上的两个点。这两个点的物理意义是,当飞行速度为 $\overline{V}$ 时,该全动尾面会有两种极限环颤振,一种颤振的振幅是 A_1,另一种颤振的振幅是 A_2。

现在来进一步考查这两个极限环颤振的稳定性(即系统是否能够维持对应振幅下的极限环振荡)。在振幅 A_1 处(图 10.2.3 点 U),假定有小扰动使振幅由 A_1 增大到 $A_1 + \Delta A_1$,这时综合考虑 V_F-k 曲线和 k-A 曲线,可见相应的偏转刚度值 k 会增大,但这个 k 值对应的颤振速度 V_F 是降低的,这也就是说当前飞行速度已超过该颤振速度,于是颤振会加剧而使振幅由 $A_1 + \Delta A_1$ 继续扩大;反之若假定小扰动使 A_1 减小到 $A_1 - \Delta A_1$,则由类似的分析可知,其颤振速度会略有提高而大于当前飞行速度,故振幅会继续减小。这就说明由 U 点是一个不稳定的极限环颤振点,即幅值为 A_1 的振动是一个不稳定的极限环振动,在实际中是不可能存在的。

采用同样的分析过程可以证明,S 点代表的是一个稳定的极限环颤振点,幅值为 A_2 的振动是一个稳定的极限环振动。如果由结构疲劳强度的观点确定了极限环振动的幅值不得超过 A_{cr},那么根据 A_{cr} 值,由 V_F-A 曲线就可以确定所对应的极限环颤振速度 V_F。

以上介绍的是考虑全动尾面间隙时的非线性颤振特性估算的等效线化方法。

如果事实表明,转轴的摩擦对全动尾面颤振的影响必须考虑,则在建立全动尾面的颤振运动方程时,必须同时考虑旋转自由度的间隙和摩擦非线性。同时带有间隙和摩擦的非线性特性也称为迟滞非线性,它同样可用当量线化方法进行处理。此时,用当量线化方法除了可以计算出一个当量(等效)刚度系数之外,还会计算出一个当量(等效)阻尼系数,随后就可以在频域内对当量线化后的全动尾面进行颤振分析。

全动尾面的液压操纵系统的动力学特性通常表现为复刚度特性,一般需要通过试验来测定,然后应用到上述的颤振计算分析中。

我国的《军用飞机结构强度规范   第 7 部分:气动弹性》(GBJ 67.7A—2008)中的条款"3.2.1.8.4 操纵面和调整片的间隙"从颤振稳定性的角度,对各种情况下操纵面和调整片的旋转自由间隙做出了规定。对操纵面和调整片的间隙做出限制,是因为间隙将导致操纵面或调整片的等效操纵刚度降低,从而可能会引起操纵面或调整片的颤振。当操纵系统带有间隙的操纵面和调整片发生颤振时,此类颤振一般为限幅的极限环振荡(Limit Cycle Oscillation,LCO)。随着速度的增加,LCO 的振幅也会增大。可以看到,规范中对这些操纵面和调整片间隙值的规定是相当严格的,例如,全动操纵面的总间隙(旋转角度值)不应超过 0.034°。美国怀特空军基地曾经做过一系列操纵面(包括一个带有未平衡的后缘操纵面的半展长机翼以及几个全动尾翼试验)的风洞颤振试验。这些试验结果表明:如果在使用中遵守这些间隙限制,就不会使飞机的操纵面颤振速度余量有明显的降低。因此,对于交付的飞机,必须测量其操纵系统的间隙,如果间隙超过本条款规定的数值,应进行相应的计算或试验来验证当间隙超过本条款规定数值时,飞机仍有足够的颤振余量以满足 3.2.1.1 条款对颤振的要求。

10.3   T 型尾翼的颤振分析

T 型尾翼简称"T 尾",通常在大型运输机设计中采用这种尾翼构型,在一些民航客机设计中也有采用(特别是尾吊发动机布局的客机)。图 10.3.1 所示是一架采用 T 尾布局的支线客机。T 尾布局的结构特点是平尾的运动及位形改变与垂尾是紧密耦合的。T 尾的颤振计算与常规尾翼的颤振计算最主要的不同之处,就是在计算非定常气动力时要计及一些定常参数的作用,例如平尾的上反角以及平尾的静升力等,这些参数在经典的翼面颤振计算中是无需考虑的。

对于图 10.3.1 所示的 T 型尾翼飞机,按照结构动力学的观点,平尾可以看作是垂尾的一个翼梢外挂重物,它使得垂尾结构的固有频率降低,同时从空气动力学的观点来看,平尾好像是垂尾的一个翼梢端板,它可以提高垂尾翼梢部位的气动载荷,从而对其颤振特性产生不利影响。T 尾的颤振型一般是垂尾弯扭耦合颤振,其机理是垂尾第一阶弯曲与第一阶扭转模态相耦合而发生颤振,且颤振速度一般比较低。

工程设计经验及研究结果表明,T 型尾翼的平尾上反角及其静升力 L_0 是对 T 尾颤振有重要影响的两个参数。上反角对 T 型尾翼结构的振动特性及气动特性都有影响,零上反角时,在平尾上由两方面因素来产生滚转气动力矩。一方面,当 T 尾做向右的偏航(扭转)运动时,垂尾相对于气流有一攻角,其左右两侧产生压差,这样就会使得左半平尾的升力提高,右半平尾的升力降低(如果 T 尾向左偏航则与其相反),从而产生一滚转力矩。另一方面,垂尾弯曲时,会使处于其翼梢处的平尾发生侧滑运动,这种运动和平尾静升力 L_0 相组合又会产生附加的滚转力矩。如果增加平尾上反角,则垂尾的偏航(扭转)运动会导致左右平尾产生反对称的附加攻角,从而进一步引入附加滚转力矩。垂尾变形模态的相位致使上述平尾滚转力矩系数的导数 C_{mx}^{β} 是减稳的。因此在 T 尾设计中常采用负的上反角以减小这个气动力矩系数的导数,从而达到提高 T 型尾翼颤振临界速度的目的。

图 10.3.1　具有 T 型尾翼布局的飞机

　　平尾静升力对 T 尾颤振的影响机理可说明如下。考虑图 10.3.2 的 T 尾的二自由度运动:平尾滚转 $\varphi(t)$ 及垂尾弯曲 $\eta(t)$。平尾的滚转运动使平尾静升力 L_0 改变方向,从而在 η 自由度上有一个等于 $-L_0\varphi(t)$ 的分量[注意,引入负号,是由于示意图中平尾发生了负滚转,即 $\varphi(t)$ 此时为负,而平尾静升力 L_0 在 η 自由度上的分量为正,即沿 $\eta(t)$ 的正方向,亦即图 10.3.1 中 Y 轴正向]。η 自由度上的广义气动力 Q_η 是按仅有虚位移 $\delta\eta$ 时,气动力所做功 $\delta\overline{W}$ 导出的,对于 T 尾,该虚功 $\delta\overline{W}$ 必须包括$[-L_0\varphi(t)\delta\eta]$这一分量,因此在广义气动力 Q_η 中,必须计入平尾静升力分量 $L_0\varphi(t)$。

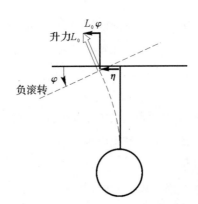

图 10.3.2　平尾上静升力作用的示意图(前视图)

　　此外,平尾静升力 L_0 乘以其他某些运动因子,例如 $\dot{\eta}(t)$,也会产生一些附加非定常气动力,这些问题在参考文献[1]中都有说明。

　　图 10.3.3 和图 10.3.4 给出了 T 型尾翼的平尾上反角及平尾静升力 L_0 对 T 型尾翼颤振速度的影响,均取自参考文献[1]。

　　上述关于计及定常参数影响的 T 型尾翼颤振分析方法,一般商业气动弹性分析软件中都不涉及,故需要自行编制程序进行计算。

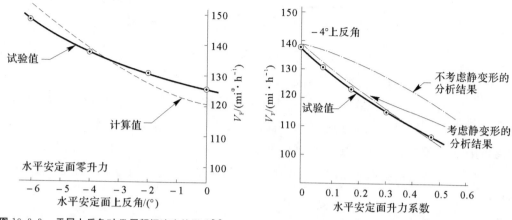

图 10.3.3　平尾上反角对 T 尾颤振速度的影响[1]

① 1mi(英里) = 1.609km。

图 10.3.4　平尾静升力对 T 尾颤振速度的影响[1]

10.4　操纵面的嗡鸣

在飞行器做跨声速及低超声速飞行时,有时其操纵面会产生一种特殊的自激振荡,称为嗡鸣。嗡鸣本质上是一种单自由度颤振,所涉及的单一自由度就是操纵面的旋转自由度。最早发现的嗡鸣现象是在副翼上产生的,因此,过去常称之为副翼嗡鸣。嗡鸣的本质特征与基于多个模态耦合的机翼经典弯 / 扭型颤振完全不同,激波及流动分离在嗡鸣现象中起重要的作用。操纵面的振荡引起主翼面上的激波前后振荡,并在操纵面上产生压力脉动,从而激发操纵面处于一种持续的限幅振荡状态,通常,嗡鸣具有比机翼弯 / 扭耦合的经典颤振高得多的振荡频率。

我国的《军用飞机结构强度规范　第 7 部分:气动弹性》(GJB 67.7A—2008)规定:“操纵面及其构件不应发生嗡鸣。嗡鸣可以用助力器、支持刚度(操纵系统刚度)、产生激波的气动力面上的激波稳定条、操纵面阻尼器或气动力修改来防止。”这个条款是针对有可能处于跨声速流或低超声速中的操纵面规定的。操纵面的嗡鸣可能引起疲劳,或引起超过屈服的载荷(当振幅足够大时),从而导致操纵面结构的损伤或破坏。

发生嗡鸣时,翼面上气流的流动状态有几种不同类型,而且对每一种类型,嗡鸣产生的机理也不尽相同。因为嗡鸣的发生和激波形成有关,所以嗡鸣主要取决于马赫数。嗡鸣与激波形成过程相关,基于激波在主翼面上的位置及相应气动力的作用可以将它分为以下三种类型:

(1)第一类嗡鸣:飞行马赫数范围为 $0.75 \leqslant Ma_\infty \leqslant 0.9$($Ma$ 代表远前方自由来流马赫数)。

当机翼迎角较小时,激波诱导的气流分离会同时出现在机翼主翼面的上、下表面,激波流动图形如图 10.4.1 所示,若迎角较大,则激波只出现在主翼面的上表面,对这种类型的嗡鸣,激波的位置在主翼面上,发生嗡鸣时,操纵面的振荡运动(往复偏转运动)和主翼面上激波的前后移动相耦合,但这时,激波的前后移动也不扩展到操纵面上。

------ 声速线

———— 激波

图 10.4.1　第一类嗡鸣

(2) 第二类嗡鸣：飞行马赫数范围为 $0.9 \leqslant Ma_\infty \leqslant 1.0$。

随着马赫数的增大，主翼面的局部超声速区向后扩大到操纵面的表面上，如图 10.4.2 所示。同样，操纵面的振荡和激波的前后振荡耦合而发生第二类嗡鸣。这种类型的嗡鸣与第一类嗡鸣相比，除激波位置不同外，振动的特性也不一样。发生第一类嗡鸣时，操纵面振动是近似简谐的，而第二类嗡鸣的操纵面振动只是周期的而不是简谐的，这可能与操纵面铰链力矩曲线的非线性有关。

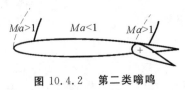

图 10.4.2　第二类嗡鸣

(3) 第三类嗡鸣：飞行马赫数范围为 $Ma_\infty > 1.0$。

当马赫数继续增大到大于 1.0 以后，激波将后移到操纵面的后缘处，如图 10.4.3 所示。这时，操纵面会发生第三类嗡鸣。这种类型的嗡鸣，与操纵面后缘激波随操纵面振动而诱发的负气动阻尼力矩有关。

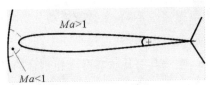

图 10.4.3　第三类嗡鸣

由于嗡鸣涉及激波与边界层的相互作用，气动力情况复杂，长期以来，飞机设计中对于嗡鸣只能依靠一些经验数据来进行预计。近年来，国内外有一些学者利用计算流体力学方法对操纵面跨声速嗡鸣进行了计算机仿真研究。

工程中对防止嗡鸣有以下一些建议：

(1) 应用装置简单又具有足够阻尼水平的机械性阻尼（例如使用碰撞小球体的碰撞阻尼器）来抵消负气动阻尼。

(2) 提高操纵面转动频率，例如使操纵面操纵通路具有高的刚度，或使操纵面绕铰链轴具有小的转动惯量，或者上述两种措施同时应用。注意，由于惯性力在嗡鸣中的作用很小，因此，嗡鸣对质量平衡是不敏感的。

(3) 在操纵面气动外形设计方面，采用有大后掠角的铰链轴线、小展弦比的升力面、有利的翼剖面形式都有利于防止嗡鸣的发生，操纵面采用粗钝后缘或其他方式修改的后缘以减弱激波强度，这些设计措施都对防止嗡鸣有一定效果。

(4) 防嗡鸣设计的经验公式，是基于操纵面转动频率的下限提出的一个判据，即操纵面转动频率必须符合下式：

$$\omega \geqslant C_{BP} \frac{a}{b} (\text{rad/s}) \qquad (10.4.1)$$

其中，a 为飞行高度上的声速(m/s)；b 为操纵面 $\frac{3}{4}$ 半展长处的半弦长(m)；C_{BP} 是无量纲的防止嗡鸣系数，根据各种资料来源有所不同，这个系数值大体上在 $0.2 \sim 0.36$ 的范围内变化。

10.5　失速颤振

失速颤振也是一种升力面颤振，但在这种颤振的每一个振动循环中，至少有一部分时间内机翼剖面处于失速气流中。除飞行器的固定升力面外，压气机叶片、涡轮叶片、旋翼桨叶等更容易发生失速颤振。它和升力面的经典弯扭耦合颤振不同，一般它的发生既不取决于惯性力、弹性力及气动力之间的耦合，也不取决于运动和它引起的气动力间的相位差。失速颤振的主要因素是运动引起的气动力非线性。因为失速颤振振幅往往很大，所以研究时必须考虑气动力非线性的影响。另外，受到气动力非线性的影响，失速颤振往往是一类限幅的极限环振动。

失速颤振对于直升机旋翼桨叶的设计更具有实际意义。例如，对于旋翼桨叶振动，当迎角增大到失速区时，便会出现失速颤振。此时的颤振有如下特点：随着翼面上失速区的扩大，颤振速度迅速下降，颤振频率逐渐增加且趋近于桨叶在静止空气中的扭转自振频率，振动模态中扭转振动占主要成分。在桨叶完全失速后，颤振速度又逐渐回升。当升力面从经典颤振转换到失速颤振时，会发生大的相位移动，弯曲、扭转振动的相位差减少大约 $45°$，有时甚至完全消失。质量平衡对失速颤振的影响很小，甚至在过平衡时也会发生失速颤振。

由于机翼(旋翼桨叶)的失速颤振是频率为扭转自振频率、以扭转为主的振动，所以增大机翼(旋翼桨叶)扭转自振频率可以提高失速颤振速度。采用失速性能良好的翼型也有助于改善机翼(旋翼桨叶)失速颤振特性。

10.6　抖振

抖振与颤振不同，它不是自激振动，而属于强迫振动。它是翼面受某种非定常脉动扰流激励而产生的随机振动响应。

当机翼攻角太大或在放下襟翼低速飞行时，翼面上会发生流动分离甚至失速，由于分离流动而产生的紊流激励，使机翼产生的随机振动响应，这种振动称为低速抖振，又称为大攻角抖振。此时，使翼面发生抖振的激振力是大攻角气流分离引起的。另一种抖振是在跨声速飞行范围内，翼面上出现激波引起翼面上气流分离，分离的气流引起激波位置的前后振荡，从而对翼面产生激励发生抖振，这种抖振称为激波抖振。大攻角抖振与激波抖振，都属于空气动力学抖振。

如果升力面(一般是位于下游的尾翼)落入飞机某种不良气动外形物体(例如预警机在机

身背部装置的圆盘形雷达天线罩,或翼面前方机身的一些凸起物,空中飞行时放下的襟翼,等等)的尾流中,也会使尾翼发生抖振。对于现代采用前机身边条 / 双垂尾构型的先进战斗机,在大攻角飞行时,前机身边条拖出的机身涡会顺气流流向垂尾。通常在到达垂尾前,机身涡会发生破裂而弥散为紊流。在这些非定常扰流的激励下,垂尾结构会产生剧烈的振动,即抖振。这种由上游非定常扰流激励引起的弹性翼面(通常是尾面)结构的振动,称为气动弹性抖振。

空气动力学抖振分析中通常只考虑刚体翼面情况,而气动弹性抖振则涉及翼面弹性结构与流体的耦合效应。在飞机设计中,从它影响飞机操纵稳定安全的角度来考虑,气动设计人员关心的是抖振的始发,结构强度设计人员则关心抖振带来的结构损伤。

对于抖振始发,可用某种响应指标的突然增大来标识(例如该指标可以取翼根弯矩的均方值)。记录该指标值随攻角或马赫数增大而变化的情况,当该指标发生突然增大时,就认定为抖振始发点。但也可以直接根据翼面升力发生突变的办法来判断抖振,这种随攻角或马赫数变化的抖振始发数据集合,就构成所谓的抖振边界,抖振边界通常上是靠风洞试验或试飞研究来确定的。

图 10.6.1 是一个长方形悬臂机翼模型在风洞中的抖振测试结果。该图中的所谓抖振边界,是将试验中获得的发生抖振时的攻角(也可以是升力系数 C_L)和马赫数记作一个抖振点,由这类抖振点连成的曲线,就是抖振边界。曲线左半段($Ma < 0.6$ 左右)是大攻角抖振,右半段则是激波抖振。图中还有一条失速颤振边界曲线以供比较,第 10.5 节已经介绍过,失速颤振是翼面失速后发生的一种非经典型颤振,它涉及非线性的非定常气动力与翼面弯扭变形的耦合。

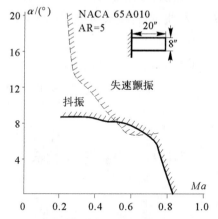

图 10.6.1　某机翼模型的抖振边界示意图

图 10.6.2 给出风洞试验中机翼模型的弯曲及扭转两种变形的时间历程。图中上方第一个试验状态记录的抖振响应是最经常遇到的抖振情况,即带有随机性质的机翼一弯模态响应占优,而扭转模态所受到的激励则很小。图中下方记录的时间历程所对应的试验状态比上一个试验状态的攻角稍大,一弯模态的响应与上一个试验状态的大体相同。但是,扭转变形传感器拾取的信号显示出一条相当纯粹的简谐振动波形,其频率与机翼模型的一扭频率相近,说明这一记录的响应对应于失速颤振。

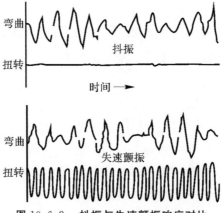

图 10.6.2　抖振与失速颤振响应对比

抖振边界几乎完全取决于气动构型,而失速颤振则可能因结构参数(例如结构固有频率或结构阻尼)的改变而有所变化。一般抖振边界低于其他限制所形成的边界,抖振边界常常决定了飞行的速度和高度。当飞机穿过抖振边界时,飞机将产生抖动、上仰、下坠、偏头及摇摆等现象,因而飞机的飞行包线也受到抖振边界的限制。近年来,根据飞行经验,有时允许飞机穿过抖振边界,但规定了限制飞行的抖振强度范围。因此,在抖振试验中,不仅要测定抖振的始发点,而且要测试抖振的强度(intensity)。

机翼或尾翼发生抖振时,如果抖振强度较高,则会带来结构疲劳问题以及其他结构强度问题。对抖振问题,通常采取"对症下药"的气动力修改措施来进行改进。由于尾流中扰动的频谱往往宽而平,即抖振激励力中包含能量相近的多种频率成分。因此,如果采取吸振器或减振器来抑制抖振,由于它们的设计参数通常是固定的(且是针对某一工况设定的),在飞行工况发生变化再次发生抖振后,它们的抑制效果将会大打折扣。采用反馈主动控制技术来减缓抖振是当前抖振控制领域的一个研究热点,已经有学者在 F/A-18 飞机双垂尾上采用分布式压电作动器进行了主动抖振抑制研究。当然,这不可避免地要在成本及飞机重量上付出代价。

高速抖振(激波抖振)边界对飞机性能特别是战斗机性能影响很大,提高抖振边界必须从推迟激波发生、减弱激波引起的附面层分离等方面着手。通常增大机翼后掠角将降低低速抖振边界而提高高速抖振边界;机翼的展弦比越小,高速抖振边界越高;减小机翼相对厚度、采用翼刀和前缘锯齿以及人工涡流发生器等都可以改善抖振性能。在气动布局固定后,翼型对推迟激波发生和提高抖振边界都有重要作用。

思考题

1.带外挂物机翼的颤振有什么特点?机翼带外挂物后,通常其固有频率分布会出现什么现象?进行带外挂物机翼的颤振分析时,应该注意哪些参数的影响?

2.全动尾面颤振问题有什么特点?哪些因素的影响通常是不可避免的?由此引出什么颤振问题?全动尾面的非线性颤振通常表现为什么形式的振动?

3.用等效线性化方法进行全动尾面颤振分析的前提是什么?步骤是什么?这里的等效是指

什么等效？

4.用等效线性化方法分析全动尾面颤振时,如何定性解释其会出现极限环振荡现象？

5.如何定性分析全动尾面极限环颤振幅值的稳定性？

参考文献

[1] JENNINGS W P,BERRY M A. Effect of Stabilizer Dihedral and Static Lift on T-tail Flutter[J]. Journal of Aircraft,1977,14(4):364 – 367.

[2] YANG Z C,ZHAO L C. Analysis of Limit Cycle Flutter of an Airfoil in Incompressible Flow [J]. Journal of Sound and Vibration,1988,123(1):1 – 13.

[3] TIJDEMAN H. Investigations of the Transonic Flow Around Qscillating Airfoils[D]. Delft: TU Delft,1977.

[4] ERICSSON L E,REDING J P. Stall-Flutter Analysis[J]. Journal of Aircraft,1973, 10(1):5 – 13.

[5] SHETA E. Buffet Alleviation of F/A – 18 Aircraft Using LEX Fences[C]// Proceedings of 44th AIAA/ASME/ASCE/AHS/ASC Structures,Structural Dynamics,and Materials Conference. Norfolk:AIAA,2003:1 – 11.

第11章 气动伺服弹性稳定性分析

气动伺服弹性力学是气动弹性系统与飞行控制系统相耦合而产生的一门交叉学科,本章将使用自动控制系统的观点和理论,将弹性飞机视为气动伺服弹性系统中的一个环节,进行气动伺服弹性系统的建模和稳定性分析。

11.1 引　言

气动伺服弹性(Aeroservoelasticity,通常缩写为 ASE),顾名思义,就是在气动弹性系统中考虑飞机伺服控制系统的耦合效应,即飞机气动弹性系统与伺服控制系统(包括飞行控制系统与伺服作动系统)相耦合而组成气动伺服弹性系统。现代飞机普遍采用了带电传操纵系统的主动控制技术,而在传统的飞行控制系统的设计过程中,飞机通常是作为刚体来考虑的,即认为飞机结构弹性运动与飞行控制系统之间不存在耦合,如图 11.1.1 所示。但是随着现代飞机结构柔性的增大,飞机结构弹性运动与飞行控制系统之间的耦合效应变得不可忽略,而且这种耦合对气动伺服弹性系统稳定性的影响往往是不利的,因此传统飞行控制系统设计中的刚体飞机假设,已经不能满足飞机气动伺服弹性系统稳定性设计与分析的要求。

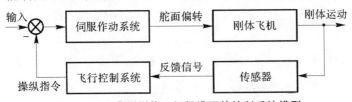

图 11.1.1　典型刚体飞机假设下的控制系统模型

由于飞机的非定常气动力、飞行控制系统以及飞机结构动力(弹性力、惯性力)之间的耦合,可能会破坏飞机原有的气动弹性稳定性,以致产生气动伺服弹性不稳定现象。美国的 YF-16、YF-17 等多型飞机在早期飞行试验中就曾经发生过这种气动伺服弹性不稳定现象。以 YF-16 为例,尽管在其首飞前开展了大量的常规计算和试验工作,却没有发现不稳定现象。但是在后续的多次飞行中,飞机出现了强烈的振动,且飞行员能明显感觉到翼尖导弹的俯仰运动。经过分析,确定这是一种气动伺服弹性不稳定现象,即它是由于翼尖导弹俯仰模态与控制系统横滚回路耦合所引起的一种动不稳定问题。随着现代飞机设计技术的发展,对飞机进行气动伺服弹性稳定性分析已经成为现代飞机研制过程中一个必不可少的环节,而且越来越引

起飞机设计师的重视。

产生气动伺服弹性稳定性问题的机理是,飞机结构在受到扰动激励后会发生弹性振动,飞机结构的弹性响应信号经传感器反馈给飞行控制系统并使其发出相应的操纵指令,并通过伺服作动系统驱动舵面产生附加偏转来操纵飞机,然而附加的舵面偏转产生的附加气动力又会继续激励机体而产生振动,这就形成了一个闭环反馈机制,如图 11.1.2 所示。一方面,这种闭环反馈会影响飞机的操纵性能;另一方面,这种闭环反馈通过伺服作动系统向飞机系统输入了能量,这部分反馈的能量就会影响飞机的气动弹性稳定性特性,从而形成所谓的气动伺服弹性稳定性问题。

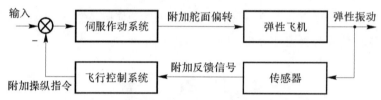

图 11.1.2　实际弹性飞机与伺服控制系统耦合模型

伺服作动系统与飞行控制系统统称为伺服控制系统,该系统通过驱动舵面偏转运动来产生相应的气动力(矩),实现对飞机姿态的控制。如上所述,气动伺服弹性系统是由飞机气动弹性系统与伺服控制系统组成的闭环反馈系统。气动伺服弹性力学的任务就是研究气动伺服弹性系统的稳定特性和响应特性,它是飞机气动弹性设计中的一项重要任务。

在飞机设计的工程实践中,气动伺服弹性稳定特性常常是设计师所关心的首要问题,本章主要介绍气动伺服弹性力学的基本概念和工程中常用的频域稳定性分析方法,也简要介绍状态空间的时域分析方法。

11.2　气动伺服弹性力学的基本概念

11.1 节简要介绍了气动伺服弹性力学的研究对象,为了更进一步认识气动伺服弹性力学与传统气动弹性力学的关系以及各自的研究范围,我们用一个气动伺服弹性力学四面体来说明它们的关系。

如图 11.2.1 所示,底面三角形 AEI 就是 Collar 气动弹性力三角形,它构成了常规的气动弹性力学;侧面的三个三角形中,SAI 构成伺服飞行力学,它不考虑结构的弹性,即它的研究对象是具有伺服控制系统的刚体飞机;三角形 SEI 构成伺服弹性动力学,即它不考虑气动力的作用,研究飞机结构的弹性运动与伺服控制系统的耦合作用,具有伺服控制系统的弹性飞机在地面上的动力稳定问题;三角形 SAE 构成气动伺服弹性静力学;而四面体 $SAEI$ 则构成了气动伺服弹性动力学,即研究带有飞行控制系统的弹性飞机在飞行状态下可能产生的动力学稳定性和响应问题。

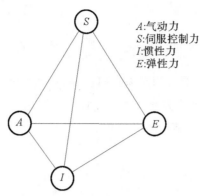

图 11.2.1　气动伺服弹性四面体

A:气动力
S:伺服控制力
I:惯性力
E:弹性力

对气动伺服弹性动力学问题,根据是否考虑作用于飞机上的外部扰动(如阵风、载荷投放等),可将其划分为两类问题:对于不考虑外部扰动的情况,属于气动伺服弹性稳定性问题;而考虑外部扰动的情况,属于气动伺服弹性响应问题。具体来说,气动伺服弹性动力学研究包括两方面的任务:一方面是针对给定的气动伺服弹性系统进行分析,考虑如何从理论上对系统的稳定性和响应特性进行计算分析;另一方面是对系统进行设计,合理地确定气动伺服弹性系统的结构和参数,使其满足所要求的气动伺服弹性设计指标,也称为气动伺服弹性综合。显然,前者是正问题,后者是反问题。

11.3　传感器环节

我们已经初步认识了飞机气动伺服弹性耦合的机理,这里再结合飞行控制系统传感器的工作原理对气动伺服弹性问题的成因加以具体说明,并给出传感器安装位置处的振动位移表达式,即传感器环节。

图 11.3.1 给出了飞机刚体机身上传感器的安装位置示意图,图中还画出了机身自由-自由一阶弯曲振型和对应传感器的附加运动情况,当然这是一种夸张的表示,仅用以说明机体弹性振动对传感器的干扰效应。在实际飞机结构中,以纵向过载传感器(即加速度计)为例,应尽量将其安装在靠近图 11.3.1 所示的节点位置,但由于各种实际因素(如安装误差)的影响,往往无法完全避免传感器受到机身振动的干扰。

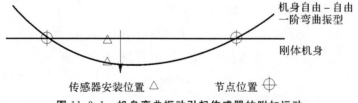

机身自由-自由
一阶弯曲振型

刚体机身

传感器安装位置 △　　　节点位置 ⊕

图 11.3.1　机身弯曲振动引起传感器的附加运动

参考图 11.1.2 中的控制框图,并结合上面的说明,就可以了解气动伺服弹性问题产生的原因。

本节的另一个任务是确定传感器安装位置处机体弹性振动引起的附加运动量。仍以过载传感器为例,其感受的振动加速度是振动位移的二阶时间导数,记纵向过载为 n_y,机身纵向平

面内的弯曲振动位移为 u_s，则有

$$n_y = \frac{1}{g}\frac{\mathrm{d}^2 u_s}{\mathrm{d}t^2} \tag{11.3.1}$$

飞机结构是连续弹性体，具有无限多个自由度，而在气动伺服弹性的工程分析中，一般使用有限元方法建立飞机结构的动力学模型，从而将问题的规模降低至有限个自由度。图 11.3.2 给出了一个半翼展的全机结构动力学有限元模型。

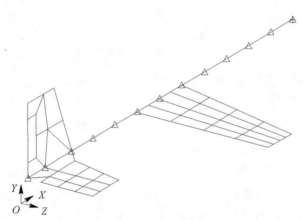

图 11.3.2　半翼展全机结构动力学有限元模型

根据结构振动理论，飞机结构的自由振动方程为

$$M\ddot{u} + Ku = 0 \tag{11.3.2}$$

其中，M,K 分别为飞机结构的质量矩阵和刚度矩阵；u 是物理位移列阵。求解式(11.3.2)所对应的广义特征值问题，可得飞机结构系统的前 n 阶固有频率($\omega_1,\cdots,\omega_n$) 和对应的固有模态矩阵 $\boldsymbol{\Phi}$，且假定 $\boldsymbol{\Phi}$ 中各列向量均已按模态质量为 1 归一化，即

$$\boldsymbol{\phi}_i^{\mathrm{T}} M \boldsymbol{\phi}_j = \begin{cases} 0, & i \neq j \\ 1, & i = j \end{cases} \tag{11.3.3}$$

$$\boldsymbol{\phi}_i^{\mathrm{T}} K \boldsymbol{\phi}_j = \begin{cases} 0, & i \neq j \\ \omega_i^2, & i = j \end{cases} \tag{11.3.4}$$

由此可给出广义质量矩阵 M_{hh} 和广义刚度矩阵 K_{hh}：

$$M_{hh} = \boldsymbol{\Phi}^{\mathrm{T}} M \boldsymbol{\Phi} = I, K_{hh} = \boldsymbol{\Phi}^{\mathrm{T}} K \boldsymbol{\Phi} = \mathrm{diag}(\omega_1^2, \omega_2^2, \cdots, \omega_n^2) \tag{11.3.5}$$

对应于前 n 阶模态，引入 n 维模态坐标 $\boldsymbol{\xi}$，并进行模态坐标变换：

$$u = \boldsymbol{\Phi}\boldsymbol{\xi} \tag{11.3.6}$$

将式(11.3.6)带入式(11.3.2)，并前乘矩阵 $\boldsymbol{\Phi}^{\mathrm{T}}$，得

$$\boldsymbol{\Phi}^{\mathrm{T}} M \boldsymbol{\Phi}\ddot{\boldsymbol{\xi}} + \boldsymbol{\Phi}^{\mathrm{T}} K \boldsymbol{\Phi}\boldsymbol{\xi} = 0 \tag{11.3.7}$$

根据式(11.3.3)和式(11.3.4)，有

$$M_{hh}\ddot{\boldsymbol{\xi}} + K_{hh}\boldsymbol{\xi} = 0 \tag{11.3.8}$$

如果求解出式(11.3.8)中的模态坐标响应 ξ，则飞机结构上任意点的物理位移 u 均可按照式(11.3.6)经模态坐标变换来获得。传感器安装位置处的物理位移可以表示为

$$u_s = T_s \boldsymbol{\Phi} \xi \tag{11.3.9}$$

其中，T_s 是插值矩阵。根据传感器安装位置，$T_s\boldsymbol{\Phi}$ 的意义可以这样解释：如果该位置恰好位于有限元模型中的某个结点上，则其表示该结点对应自由度上各阶固有振型分量所组成的行向量；如果该位置位于某两个结点之间，那么其表示这两个结点在该处对应自由度上的各阶固有振型分量进行插值后所组成的行向量。T_s 即可根据上述意义进行构造。

11.4　舵面／飞机环节的传递函数

对于处于自由飞行状态，即自由-自由边界条件下的飞机，其运动自由度包括了机体结构的运动（包括全机沉浮、俯仰等刚体运动和飞机结构的弹性振动）以及气动伺服弹性耦合引起的操纵面附加偏转运动。因此，建立广义坐标下的气动弹性运动方程时，选取的广义坐标应包括结构模态运动坐标 ξ、附加舵面偏转δ_c（单输入情况）。即广义坐标向量应扩阶为 $\boldsymbol{\eta} = \begin{bmatrix} \xi \\ \delta_c \end{bmatrix}$。这样一来，飞机的模态矩阵就扩阶为 $\boldsymbol{\Phi} = \begin{bmatrix} \boldsymbol{\Phi}_h & \boldsymbol{\Phi}_c \end{bmatrix}$，其中下标 h,c 分别表示飞机结构固有模态和附加的舵面偏转模态。其中，结构模态矩阵 $\boldsymbol{\Phi}_h$ 可通过模态分析得到，并且采用质量归一化；附加舵面偏转模态 $\boldsymbol{\Phi}_c$ 可采用舵面的单位刚体偏转位移来形成。由于采用了人工模态位移阵，扩阶后的模态矩阵便不再像 $\boldsymbol{\Phi}_h$ 一样具有正交性，所以飞机的广义质量矩阵和广义刚度矩阵也不再是对角矩阵。

使用上述扩阶后的模态矩阵 $\boldsymbol{\Phi}$ 和广义坐标 $\boldsymbol{\eta}$，以亚声速情况为例，用某种气动力理论，比如偶极子网格法计算得到对应一系列减缩频率 k 的广义气动力系数矩阵 $Q(k)$，则广义坐标下飞机在附加舵偏激励下的气动弹性运动方程形式如下：

$$\begin{bmatrix} M_{hh} & M_{hc} \end{bmatrix}\begin{bmatrix} \ddot{\xi} \\ \ddot{\delta}_c \end{bmatrix} + \begin{bmatrix} B_{hh} & 0 \end{bmatrix}\begin{bmatrix} \dot{\xi} \\ \dot{\delta}_c \end{bmatrix} + \begin{bmatrix} K_{hh} & 0 \end{bmatrix}\begin{bmatrix} \xi \\ \delta_c \end{bmatrix} - q_\infty \begin{bmatrix} Q_{hh}(k) & Q_{hc}(k) \end{bmatrix}\begin{bmatrix} \xi \\ \delta_c \end{bmatrix} = 0 \tag{11.4.1}$$

其中，M_{hh}、B_{hh}、K_{hh} 和 Q_{hh} 分别是对应于结构固有模态的广义质量矩阵、广义阻尼矩阵、广义刚度矩阵和广义气动力矩阵；$q_\infty = \dfrac{1}{2}\rho V^2$ 为动压；M_{hc}、Q_{hc} 分别是广义交叉质量矩阵和广义交叉气动力矩阵，可定义为

$$M_{hc} = \boldsymbol{\Phi}^T M \boldsymbol{\Phi}_c \tag{11.4.2}$$

$$Q_{hc} = \boldsymbol{\Phi}^T A \boldsymbol{\Phi}_c \tag{11.4.3}$$

其中，M 为总体质量矩阵；A 为气动力影响系数矩阵。且

$$Q(k) = \begin{bmatrix} Q_{hh}(k) & Q_{hc}(k) \end{bmatrix} \tag{11.4.4}$$

将式(11.4.1)展开，并将与附加舵偏激励有关的气动力和惯性力移项到右端，可得

$$M_{hh}\ddot{\xi} + B_{hh}\dot{\xi} + K_{hh}\xi - q_\infty Q_{hh}(k)\xi = -M_{hc}\ddot{\delta}_c + q_\infty Q_{hc}(k)\delta_c \tag{11.4.5}$$

在经典的频域气动伺服弹性稳定性分析理论中，只能处理单输入／单输出问题（Single Input Single Output，SISO），故在这里我们只考虑一个舵面偏转自由度 δ_c。考虑频域简谐响应，即采用 $s=\mathrm{j}\omega$ 代替式(11.4.5)中的微分算子，可求得图11.1.2中弹性飞机环节的频响函数为

$$G_p\,(\mathrm{j}\omega)=\frac{\xi}{\delta_c}=\boldsymbol{D}_{hh}{}^{-1}\boldsymbol{D}_{hc} \tag{11.4.6}$$

其中

$$\boldsymbol{D}_{hh}=-\boldsymbol{M}_{hh}\,\omega^2+\boldsymbol{B}_{hh}\mathrm{j}\omega+\boldsymbol{K}_{hh}-q_\infty\boldsymbol{Q}_{hh}\,(k) \tag{11.4.7}$$

$$\boldsymbol{D}_{hc}=\boldsymbol{M}_{hc}\,\omega^2+q_\infty\boldsymbol{Q}_{hc}\,(k) \tag{11.4.8}$$

注意，由式(11.4.6)得到的频响函数是一个列向量，反映了舵面偏转单位角度后引起的惯性力与气动力所激励出的飞机各阶广义坐标的运动分量。实际上传感器所感受到的运动并非这些广义坐标分量，而是物理运动量，因此必须将这些广义坐标分量转换到物理坐标上，这一点在第11.3节中已经进行了讨论，不再赘述。

如果把传感器的坐标变换环节也用频响函数来描述，则有

$$\boldsymbol{H}_s(\mathrm{j}\omega)=\frac{u_s}{\eta}=\boldsymbol{T}_s\boldsymbol{\Phi} \tag{11.4.9}$$

对于过载传感器的情况，可对式(11.3.2)进行拉氏变换，并令 $s=\mathrm{j}\omega$，结合式(11.4.9)可得

$$\boldsymbol{H}_a(\mathrm{j}\omega)=(\mathrm{j}\omega)^2\boldsymbol{H}_s(\mathrm{j}\omega)/g=-\omega^2\boldsymbol{T}_s\boldsymbol{\Phi}/g \tag{11.4.10}$$

由图11.1.2可知，弹性飞机环节与传感器环节具有串联关系，根据式(11.4.6)和式(11.4.10)的定义，就得到串联的弹性飞机／传感器系统的传递函数为

$$G(\mathrm{j}\omega)=\boldsymbol{G}_p(\mathrm{j}\omega)\boldsymbol{H}_a(\mathrm{j}\omega) \tag{11.4.11}$$

以后我们就不再对其加以区分，直接将式(11.4.11)称为"舵面／飞机"环节的传递函数。这里仅考虑带一副舵面和一个传感器的情况，则 $G(\mathrm{j}\omega)$ 应为标量。

至此，我们得到了广义坐标下的开环气动伺服弹性方程，对其进行了简化，并推导出了"舵面／飞机"环节的频响函数表达式，如果再给出伺服控制系统的传递函数，就可以在频域进行气动伺服弹性系统的稳定性分析。下面我们将对此进行讨论。

11.5　频域气动伺服弹性稳定性分析

前面讲过，伺服控制系统包括飞行控制系统和伺服作动系统，其传递函数一般由主管飞行控制系统的部门提供。本节直接给出伺服控制系统的传递函数，并讨论如何进行频域内的气动伺服弹性稳定性分析。

根据上述讨论，气动伺服弹性系统由"舵面／飞机"环节和伺服控制系统组成，可将图11.1.2中的系统重新划分，如图11.5.1所示。若伺服控制系统的频响函数为 $H(\mathrm{j}\omega)$，则直接应用上节的结果，并断开图11.5.1中的比较环节，可得气动伺服弹性系统的开环频响函数为

$$\mathrm{TF}_{\mathrm{ASE}}:G(\mathrm{j}\omega)H(\mathrm{j}\omega) \tag{11.5.1}$$

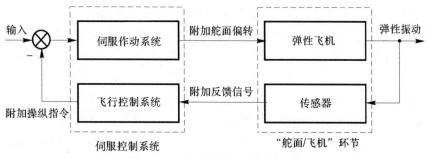

图 11.5.1　飞机气动伺服弹性系统

在经典控制理论中,根据系统的开环频率特性可以给出闭环系统的稳定性特性。这里我们先来回顾一下控制理论中的这部分内容。

首先按照"舵面／飞机"环节和伺服控制系统环节,将图 11.5.1 的飞机气动伺服弹性系统闭环反馈控制系统表示为一般的闭环负反馈系统,如图 11.5.2 所示。

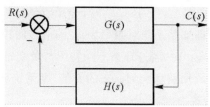

图 11.5.2　一般闭环负反馈系统框图

假设图 11.5.2 所示系统的开环传递函数为 $G(s)H(s)=\dfrac{M(s)}{N(s)}$,式中 $M(s)$、$N(s)$ 为 s 的多项式,其最高幂次分别为 m、n,且 $n \geqslant m$。开环系统的稳定性取决于开环系统的特征方程:

$$N(s) = 0 \tag{11.5.2}$$

的根(称为极点)的分布情况。而通常气动伺服弹性稳定性分析的前提是开环系统是稳定的(未发生气动弹性不稳定现象),即式(11.5.2)所有根均位于复平面的左半平面内。

闭环系统的稳定性则取决于闭环系统特征方程

$$1 + G(s)H(s) = 0 \tag{11.5.3}$$

的根的分布情况,并且闭环系统特征方程式(11.5.3)的分子就是 $M(s)+N(s)$,因此闭环特征方程可写成

$$M(s) + N(s) = 0 \tag{11.5.4}$$

可见,$N(s)$ 和 $M(s)+N(s)$ 分别为开环和闭环系统的特征多项式。引入辅助函数 $F(s)$ 将二者联系起来,注意 $G(s)H(s)=\dfrac{M(s)}{N(s)}$,有

$$F(s) = \frac{M(s)+N(s)}{N(s)} = 1 + G(s)H(s) \tag{11.5.5}$$

在频域中,式(11.5.5)成为

$$F(j\omega) = 1 + G(j\omega)H(j\omega) \tag{11.5.6}$$

式(11.5.5)和式(11.5.6)确定了系统开环频率特性和闭环特征式之间的关系。根据奈奎

斯特稳定性判据,闭环系统稳定的充要条件是:当 $\omega = 0 \to \infty$ 时,系统开环幅相频率特性曲线(奈奎斯特图)正向(逆时针方向)包围 $(-1, j0)$ 点的圈数 N 等于开环特征方程的正实部根数 P 的 $1/2$,即

$$N = P/2 \tag{11.5.7}$$

否则闭环系统不稳定。

而进行闭环气动伺服弹性稳定性分析的前提是开环气动伺服弹性系统是稳定的(没有出现气动弹性不稳定),即 $P = 0$,因此气动伺服弹性系统闭环稳定的充要条件是系统开环幅相频率特性曲线(奈奎斯特图)不包围 $(-1, j0)$ 点,即

$$N = 0 \tag{11.5.8}$$

否则闭环系统不稳定。

求得系统开环频响函数后,使用奈奎斯特稳定性判据就可以判断系统的闭环稳定性。如果闭环稳定,则还需要知道系统的稳定裕度,包括相位裕度和幅值裕度,它们表征了控制系统的抗干扰能力。这里所说的稳定裕度与控制理论中的稳定裕量是同一个概念。

如图 11.5.3 所示,在复平面上,当 $\omega = \omega_p$ 时,若开环奈奎斯特图与单位圆有交点 P,在该点可定义系统的相位裕度 γ,即如果系统对频率为 ω_p 的信号的相角延迟量增大为 γ 时,则系统将处于临界稳定状态。当 $\omega = \omega_a$ 时,若开环奈奎斯特图与负实轴有交点 A,在该点可定义系统的幅值裕度 h,即如果此时系统增益增大到原来的 h 倍,则系统就处于临界稳定状态。

依照定义,相位裕度表达式为

$$\gamma = 180° + \angle G(j\omega_p) H(j\omega_p) \tag{11.5.9}$$

幅值裕度表达式为

$$h = \frac{1}{|G(j\omega_a) H(j\omega_a)|} \tag{11.5.10}$$

按照工程习惯,通常采用分贝值来定义幅值裕度:

$$h = -20 \lg |G(j\omega_a) H(j\omega_a)| \tag{11.5.11}$$

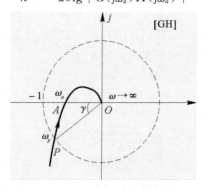

图 11.5.3　系统的奈奎斯特图

在我国的《军用飞机结构强度规范　第 7 部分:气动弹性》(GJB 67.7A—2008)中规定,飞机气动伺服弹性稳定裕度必须满足:幅值裕度 h 不小于 6 dB,相位裕度 γ 绝对值不小于 $60°$(表示其相位无论延迟或超前不小于 $60°$,闭环系统均保持稳定)。

例如,某飞机的俯仰回路气动伺服弹性系统,在典型工况下的开环奈奎斯特图如图 11.5.4

所示,开环系统在此工况下是稳定的,且奈奎斯特曲线不包围(−1,j0)点,因此闭环气动伺服弹性系统是稳定的。根据式(11.5.9)和式(11.5.11),可判定其幅值裕度为 20.58 dB,相位裕度为 ±180°(表示其相位无论延迟或超前 180°,系统均保持稳定)。

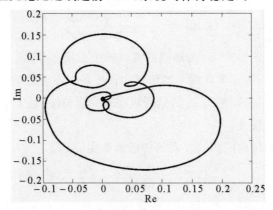

图 11.5.4　气动伺服弹性系统的典型奈奎斯特图

前面讲述的飞机气动伺服弹性稳定性分析的概念、方法和过程,也适用于其他有关飞行器的气动伺服弹性稳定性分析。

11.6　不利耦合的排除

利用 11.5 节的内容,我们可以分析得到一架飞机的气动伺服弹性稳定性结果。按军用飞机结构强度规范的要求,带有飞行控制系统或增稳系统的飞机不应当出现气动伺服弹性不稳定现象。若气动伺服弹性系统闭环不稳定或者稳定裕度不满足规范要求,则必须设法减小飞机结构的弹性振动与伺服控制反馈系统之间的不利耦合,以满足设计规范的要求。

根据 11.3 节的内容我们知道,气动伺服弹性问题形成的原因是传感器受到弹性飞机振动的干扰,因此,尽量减少或消除这种干扰,就可以消除闭环反馈,避免气动伺服弹性问题的出现。工程中,可以采取的方法有两种:

一种方法是在安装传感器时,对其安装位置进行合理选择,即避开机身振动的影响,例如将垂直过载加速度计安装在机身一弯振型的节点位置上,将俯仰角速度陀螺安装在机身一弯振型斜率为零的位置上(见图 11.6.1),这可以从根本上解决问题,但这种情况属于理想情况,在实际情况中一般难以实施。

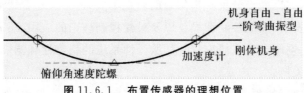

图 11.6.1　布置传感器的理想位置

另一种方法是在传感器环节后串联一个结构陷幅滤波器,因为传感器输出信号中包含弹性飞机振动的干扰分量,该分量的频率分布基本是固定的,一般接近飞机弹性振动的固有模态频率,使用陷幅滤波器可以有效地限制这类干扰信号的幅值,使其衰减至很小水平,从而使闭环系统达到足够的稳定裕度。当然,采用陷幅滤波器还需要注意其对相位的影响。

结构陷幅滤波器传递函数的一般形式为

$$G_{\mathrm{NF}}(s) = \frac{s^2 + 2\zeta_1\omega_n s + \omega_n^2}{s^2 + 2\zeta_2\omega_n s + \omega_n^2} \qquad (11.6.1)$$

其分子和分母均为二阶形式,ω_n 为陷幅滤波器的中心频率(单位为 rad/s),对应于此频率附近的信号会被大幅衰减,而远离此频率的信号的幅值基本不受影响。如果 $\zeta_1 = 0$,则 $G_{\mathrm{NF}}(s)$ 成为理想的带阻滤波器,对于频率为 ω_n 的信号可实现完全滤波。通常 $0 < \zeta_1 < \zeta_2 < 1$,可用其来调节陷幅滤波器的相位特性。

下面给出一个典型的结构陷幅滤波器的传递函数实例:

$$G_{\mathrm{NF}}(s) = \frac{s^2 + 10s + 249\ 4}{s^2 + 37.92s + 249\ 4} \qquad (11.6.2)$$

其伯德图如图 11.6.2 所示。在设计中,需要特别注意其相位特性对 ASE 稳定性和飞行控制系统稳定性的影响。

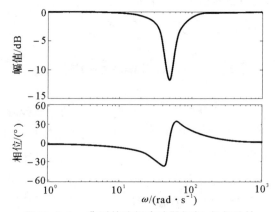

图 11.6.2　典型的陷幅滤波器幅频、相频特性

11.7　状态空间方法简介

前述的频域气动伺服弹性稳定性分析方法,是建立在传递函数及其频域特性分析的基础之上的,而传递函数及频域特性均属于系统的外部描述,不能充分反映系统内部的状态。它在本质上是复频域法,因而更能充分反映出系统的内在本质与特性。随着载荷减缓及主动气动弹性机翼概念的提出和发展,先进控制律设计以及最优控制理论的应用,还需要建立时域气动伺服弹性模型,使用状态空间方法来研究气动伺服弹性系统的稳定性和响应特性。这里首先给出状态空间方法及其相关概念。

作为学习这部分内容的预备知识,我们先来了解状态、状态变量、状态向量、状态空间和状态方程的概念。

状态:指在一个系统中决定系统所处状况的最小数目的变量的有序集合,例如单自由度弹簧-质量系统中的质块在某时刻的位移、速度、加速度。

状态变量：系统的状态变量是指可以完全确定系统所处状态，且数目最小的一组变量。假如用 $x_1(t),x_2(t),\cdots,x_n(t)$ 来表示系统的状态变量，必须满足如下条件：

(1) 在任何时刻 $t=t_0$，状态变量在 t_0 时刻的值 $x_i(t_0),i=1,2,3,\cdots,n$，即完全确定了系统在该时刻的状态。

(2) 一旦已知 $x_i(t_0),i=1,2,3,\cdots,n$ 以及系统的输入 $u(t),t\geqslant t_0$，则系统的响应就可完全确定。

仍以单自由度弹簧-质量系统为例，已知某一时刻质块的位移和速度，那么该系统的状态或者说能量分布就完全确定下来，以此作为初始条件，当一确定的外激励作用于该系统上，则其受迫振动响应可以通过求解微分方程得到。系统的位移和速度就可以作为该系统的状态变量。

状态向量：系统的状态变量 $x_1(t),x_2(t),\cdots,x_n(t)$ 所构成的列向量 $\boldsymbol{x}(t)$ 就称为该系统的状态向量，记为 $\boldsymbol{x}(t)=[x_1(t)\ x_2(t)\ \cdots\ x_n(t)]^{\mathrm{T}}$。对于一般的系统，状态向量并不唯一，例如单自由度弹簧-质量系统，其状态至少包括质量的位移、速度、加速度中的两者，即三者取其二即可组成系统的状态向量，在建模时应视实际情况而定。

状态空间：以状态变量 $x_1(t),x_2(t),\cdots,x_n(t)$ 为 n 个坐标轴所构成的 n 维空间称为状态空间。系统在任何时刻的状态可以用状态空间的点来表示，其运动也就是状态空间中的点的运动。

状态方程：描述系统状态变量与输入、输出之间关系的一阶微分方程组称为系统的状态方程。

图 11.7.1 给出了一般反馈控制系统的框图。

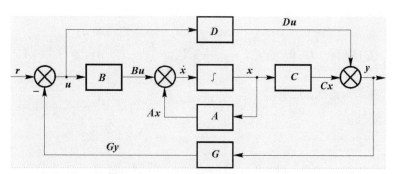

图 11.7.1　状态空间反馈控制系统

按照方块图的信号流，被控系统的状态空间方程为

$$\left.\begin{aligned}\dot{\boldsymbol{x}}&=\boldsymbol{Ax}+\boldsymbol{Bu}\\\boldsymbol{y}&=\boldsymbol{Cx}+\boldsymbol{Du}\end{aligned}\right\}\tag{11.7.1}$$

定义输入信号为

$$\boldsymbol{u}=\boldsymbol{r}-\boldsymbol{Gy}\tag{11.7.2}$$

式(11.7.1)和式(11.7.2)构成了反馈控制系统的状态空间方程。

下面将介绍如何建立时域气动伺服弹性系统的状态空间方程。

11.8 时域气动伺服弹性系统的状态空间方程

重新考察式(11.4.1)，其中广义气动力影响系数矩阵 $Q(\mathrm{j}k) = \begin{bmatrix} Q_{hh}(\mathrm{j}k) & Q_{hc}(\mathrm{j}k) \end{bmatrix}$ 是减缩频率 k 的函数，要建立时域内的气动伺服弹性运动方程，首先要获得时域广义气动力矩阵的表达式。目前广泛使用的方法是对已知的频域广义气动力 $Q(\mathrm{j}k)$ 进行有理函数拟合，得到非定常气动力的拉氏域表达式，从而得到其时域表示，即时域气动力。拟合的方法有 Roger 法、修正的矩阵 Padé 法、最小状态法等，这里仅介绍 Roger 法。

11.8.1 时域气动力拟合

将广义气动力矩阵 $Q(\mathrm{j}k)$ 表示成 Padé 多项式为

$$Q(\mathrm{j}k) = A_0 + \mathrm{j}kA_1 + (\mathrm{j}k)^2 A_2 + \sum_{i=1}^{l} \frac{\mathrm{j}k}{\mathrm{j}k+\beta_i}A_{i+2} \tag{11.8.1}$$

其中，β_i 表示气动力滞后根，共有 l 项，一般需要事先给出。且 $\mathrm{j}k = \mathrm{j}\omega b/V \approx sb/V$（注意该式仅在复平面的虚轴附近近似成立），因此式(11.8.1)可由频域直接扩展到拉氏域。问题在于如何拟合出系数矩阵 A_i，$i = 0,1,2,\cdots,l+2$。为简明起见，令 $l = 2$，即只有两个气动力滞后项 β_i，$i = 1,2$。而：

$$\frac{\mathrm{j}k}{\mathrm{j}k+\beta_i} = \frac{k^2}{k^2+\beta_i^2} + \frac{\mathrm{j}k\beta_i}{k^2+\beta_i^2} \tag{11.8.2}$$

按照式(11.8.2)的形式可以把式(11.8.1)的实部和虚部分离如下：

$$Q_{\mathrm{R}}(k) = \begin{bmatrix} I & 0 & -k^2 I & \dfrac{k^2}{k^2+\beta_1^2}I & \dfrac{k^2}{k^2+\beta_2^2}I \end{bmatrix} \begin{bmatrix} A_0 \\ A_1 \\ A_2 \\ A_3 \\ A_4 \end{bmatrix} = S_{\mathrm{R}}(k)\tilde{A} \tag{11.8.3a}$$

$$Q_{\mathrm{I}}(k) = \begin{bmatrix} 0 & kI & 0 & \dfrac{k\beta_1}{k^2+\beta_1^2}I & \dfrac{k\beta_2}{k^2+\beta_2^2}I \end{bmatrix} \begin{bmatrix} A_0 \\ A_1 \\ A_2 \\ A_3 \\ A_4 \end{bmatrix} = S_{\mathrm{I}}(k)\tilde{A} \tag{11.8.3b}$$

式中

$$S_{\mathrm{R}}(k) = \begin{bmatrix} I & 0 & -k^2 I & \dfrac{k^2}{k^2+\beta_1^2}I & \dfrac{k^2}{k^2+\beta_2^2}I \end{bmatrix}$$

$$S_{\mathrm{I}}(k) = \begin{bmatrix} 0 & kI & 0 & \dfrac{k\beta_1}{k^2+\beta_1^2}I & \dfrac{k\beta_2}{k^2+\beta_2^2}I \end{bmatrix}$$

$$\tilde{\boldsymbol{A}} = \begin{bmatrix} \boldsymbol{A}_0 \\ \boldsymbol{A}_1 \\ \boldsymbol{A}_2 \\ \boldsymbol{A}_3 \\ \boldsymbol{A}_4 \end{bmatrix}$$

在实际分析中，我们使用下面的过程来对式(11.8.1)的系数矩阵进行拟合。

对一系列的减缩频率值 k_i，计算式(11.8.3a)和式(11.8.3b)，并联立如下：

$$\begin{bmatrix} \boldsymbol{Q}_R(k_1) \\ \boldsymbol{Q}_I(k_1) \\ \vdots \\ \boldsymbol{Q}_R(k_n) \\ \boldsymbol{Q}_I(k_n) \end{bmatrix} = \begin{bmatrix} \boldsymbol{S}_R(k_1) \\ \boldsymbol{S}_I(k_1) \\ \vdots \\ \boldsymbol{S}_R(k_n) \\ \boldsymbol{S}_I(k_n) \end{bmatrix} \begin{bmatrix} \boldsymbol{A}_0 \\ \boldsymbol{A}_1 \\ \boldsymbol{A}_2 \\ \boldsymbol{A}_3 \\ \boldsymbol{A}_4 \end{bmatrix} \tag{11.8.4}$$

或简记为

$$\tilde{\boldsymbol{Q}} = \boldsymbol{S}\tilde{\boldsymbol{A}} \tag{11.8.5}$$

一般情况下，需要考虑的减缩频率数目较多，式(11.8.5)是个矛盾方程组，其最小二乘解为

$$\tilde{\boldsymbol{A}} = (\boldsymbol{S}^\mathrm{T}\boldsymbol{S})^{-1}\boldsymbol{S}^\mathrm{T}\tilde{\boldsymbol{Q}} \tag{11.8.6}$$

从而可以拟合出系数矩阵 $\boldsymbol{A}_0, \boldsymbol{A}_1, \boldsymbol{A}_2, \boldsymbol{A}_3, \boldsymbol{A}_4$，如果需要的话，这个过程也很容易扩展到包含更多滞后项的情况。利用式(11.8.1)对式(11.4.1)中的气动力矩阵进行拟合后，将所得系数矩阵分块表示为

$$\boldsymbol{A}_i = \begin{bmatrix} \boldsymbol{A}_{hh\,i} & \boldsymbol{A}_{hc\,i} \end{bmatrix}, \quad i = 0,1,2,\cdots,l+2 \tag{11.8.7}$$

11.8.2　时域气动弹性方程

将气动力拟合式(11.8.1)代入式(11.4.1)，并且注意到 $jk = j\omega b/V \approx sb/V$，则有时域运动方程：

$$\begin{bmatrix} \boldsymbol{M}_{hh} & \boldsymbol{M}_{hc} \end{bmatrix} \begin{bmatrix} \ddot{\boldsymbol{\xi}} \\ \ddot{\boldsymbol{\delta}}_c \end{bmatrix} + \begin{bmatrix} \boldsymbol{B}_{hh} & \boldsymbol{0} \end{bmatrix} \begin{bmatrix} \dot{\boldsymbol{\xi}} \\ \dot{\boldsymbol{\delta}}_c \end{bmatrix} + \begin{bmatrix} \boldsymbol{K}_{hh} & \boldsymbol{0} \end{bmatrix} \begin{bmatrix} \boldsymbol{\xi} \\ \boldsymbol{\delta}_c \end{bmatrix} -$$
$$q_\infty \left\{ \boldsymbol{A}_0 \begin{bmatrix} \boldsymbol{\xi} \\ \boldsymbol{\delta}_c \end{bmatrix} + \left(\frac{b}{V}\right)\boldsymbol{A}_1 \begin{bmatrix} \dot{\boldsymbol{\xi}} \\ \dot{\boldsymbol{\delta}}_c \end{bmatrix} + \left(\frac{b}{V}\right)^2 \boldsymbol{A}_2 \begin{bmatrix} \ddot{\boldsymbol{\xi}} \\ \ddot{\boldsymbol{\delta}}_c \end{bmatrix} + \sum_{i=1}^{l} \boldsymbol{A}_{i+2}\boldsymbol{x}_i \right\} = \boldsymbol{0} \tag{11.8.8}$$

其中，气动力状态向量定义为

$$\boldsymbol{x}_i = \frac{\left(\dfrac{sb}{V}\right)}{\left(\dfrac{sb}{V}\right) + \beta_i} \begin{bmatrix} \boldsymbol{\xi} \\ \boldsymbol{\delta}_c \end{bmatrix} \tag{11.8.9}$$

注意，忽略初始条件，拉氏变量可代换成微分算子，由式(11.8.9)可得微分方程式：

$$\dot{\boldsymbol{x}}_i + \left(\frac{V}{b}\right)\beta_i \boldsymbol{x}_i = \begin{bmatrix} \dot{\boldsymbol{\xi}} \\ \dot{\boldsymbol{\delta}}_c \end{bmatrix} \tag{11.8.10}$$

$$\dot{\boldsymbol{x}}_i = -\frac{V}{b}\beta_i \boldsymbol{x}_i + \begin{bmatrix} \dot{\boldsymbol{\xi}} \\ 0 \end{bmatrix} + \begin{bmatrix} \boldsymbol{0}_{n\times 1} \\ \dot{\delta}_c \end{bmatrix} = -\frac{V}{b}\beta_i \boldsymbol{x}_i + \begin{bmatrix} \boldsymbol{I}_{n\times n} \\ \boldsymbol{0}_{1\times n} \end{bmatrix}\dot{\boldsymbol{\xi}} + \begin{bmatrix} \boldsymbol{0}_{n\times 1} \\ 1 \end{bmatrix}\dot{\delta}_c \qquad (11.8.11)$$

令 $\boldsymbol{D} = \begin{bmatrix} \boldsymbol{I}_{n\times n} \\ \boldsymbol{0}_{1\times n} \end{bmatrix}$，$\boldsymbol{F} = \begin{bmatrix} \boldsymbol{0}_{n\times 1} \\ 1 \end{bmatrix}$，则有

$$\dot{\boldsymbol{x}}_i = -\frac{V}{b}\beta_i \boldsymbol{x}_i + \boldsymbol{D}\dot{\boldsymbol{\xi}} + \boldsymbol{F}\dot{\delta}_c \qquad (11.8.12)$$

将式(11.8.8)和式(11.8.12)写成矩阵方程形式为

$$\dot{\boldsymbol{x}}_{ae} = \boldsymbol{A}_{ae}\boldsymbol{x}_{ae} + \boldsymbol{B}_{ae}\boldsymbol{u}_{ae} \qquad (11.8.13)$$

式中

$$\boldsymbol{x}_{ae} = \begin{bmatrix} \boldsymbol{\xi} \\ \dot{\boldsymbol{\xi}} \\ \boldsymbol{x}_a \end{bmatrix}, \boldsymbol{x}_a = \begin{bmatrix} \boldsymbol{x}_1 \\ \vdots \\ \boldsymbol{x}_l \end{bmatrix}, \boldsymbol{u}_{ae} = \begin{bmatrix} \delta_c \\ \dot{\delta}_c \\ \ddot{\delta}_c \end{bmatrix}$$

$$\boldsymbol{A}_{ae} = \begin{bmatrix} \boldsymbol{0}_{n\times n} & \boldsymbol{I}_{n\times n} & \boldsymbol{0}_{n\times(n+1)} & \cdots & \boldsymbol{0}_{n\times(n+1)} \\ -\overline{\boldsymbol{M}}^{-1}(\boldsymbol{K}_{hh} - q_\infty \boldsymbol{A}_{hh0}) & -\overline{\boldsymbol{M}}^{-1}\left(\boldsymbol{B}_{hh} - q_\infty \frac{b}{V}\boldsymbol{A}_{hh1}\right) & q_\infty \overline{\boldsymbol{M}}^{-1}\boldsymbol{A}_3 & \cdots & q_\infty \overline{\boldsymbol{M}}^{-1}\boldsymbol{A}_{l+2} \\ \boldsymbol{0}_{(n+1)\times n} & \boldsymbol{D} & -\frac{V}{b}\beta_1 \boldsymbol{I}_{(n+1)\times(n+1)} & \cdots & \boldsymbol{0}_{(n+1)\times(n+1)} \\ \vdots & \vdots & \vdots & \ddots & \vdots \\ \boldsymbol{0}_{n+1\times n} & \boldsymbol{D} & \boldsymbol{0}_{(n+1)\times(n+1)} & \cdots & -\frac{V}{b}\beta_l \boldsymbol{I}_{(n+1)\times(n+1)} \end{bmatrix}$$

$$\boldsymbol{B}_{ae} = \begin{bmatrix} \boldsymbol{0}_{n\times 1} & \boldsymbol{0}_{n\times 1} & \boldsymbol{0}_{n\times 1} \\ q_\infty \overline{\boldsymbol{M}}^{-1}\boldsymbol{A}_{hc0} & q_\infty \frac{b}{V}\overline{\boldsymbol{M}}^{-1}\boldsymbol{A}_{hc1} & -\overline{\boldsymbol{M}}^{-1}\left(\boldsymbol{M}_{hc} - q_\infty \frac{b^2}{V^2}\boldsymbol{A}_{hc2}\right) \\ \boldsymbol{0}_{(n+1)\times 1} & \boldsymbol{F} & \boldsymbol{0}_{(n+1)\times 1} \\ \vdots & \vdots & \vdots \\ \boldsymbol{0}_{(n+1)\times 1} & \boldsymbol{F} & \boldsymbol{0}_{(n+1)\times 1} \end{bmatrix}$$

$$\overline{\boldsymbol{M}} = \boldsymbol{M}_{hh} - q_\infty \frac{b^2}{V^2}\boldsymbol{A}_{hh2}$$

式(11.8.13)对应于图11.5.1中弹性飞机的时域运动方程,注意该方程采用的是模态运动坐标,若同时考虑传感器的输出,还需要建立输出方程:

$$\boldsymbol{y}_{ae} = \boldsymbol{C}_{ae}\boldsymbol{x}_{ae} + \boldsymbol{D}_{ae}\boldsymbol{u}_{ae} \qquad (11.8.14)$$

其中,$\boldsymbol{C}_{ae}$ 的元素由式(11.3.9)确定,即传感器安装位置处的物理响应由模态响应叠加获得,$\boldsymbol{D}_{ae}$ 恒为零矩阵。

式(11.8.13)和式(11.8.14)就是前述"舵面/飞机"环节的状态空间方程形式。实际上,采用时域分析方法时,允许同时考虑多组操纵面和多个通道的传感器,只需对式(11.8.13)和式(11.8.14)适当扩展,即可建立多输入/多输出系统的状态空间方程。

11.8.3　飞行控制系统的状态空间方程

对应图 11.5.1 中的飞行控制系统,这里直接给出其状态空间方程为

$$\left.\begin{array}{l} \dot{\boldsymbol{x}}_c = \boldsymbol{A}_c \boldsymbol{x}_c + \boldsymbol{B}_c \boldsymbol{u}_c \\ \boldsymbol{y}_c = \boldsymbol{C}_c \boldsymbol{x}_c + \boldsymbol{D}_c \boldsymbol{u}_c \end{array}\right\} \tag{11.8.15}$$

其输入为传感器的输出信号 $\boldsymbol{y}_{ae}$,有

$$\boldsymbol{u}_c = \boldsymbol{y}_{ae} \tag{11.8.16}$$

11.8.4　伺服作动系统的状态空间方程

对应图 11.5.1 中的伺服作动系统(舵机),例如第 i 个操纵面的舵机动力学模型可简化表示为如下传递函数形式:

$$\frac{\delta_{ci}(s)}{u_{aci}(s)} = \frac{a_{i3}}{s^3 + a_{i1} s^2 + a_{i2} s + a_{i3}} \tag{11.8.17}$$

其中,u_{aci} 是飞行控制系统馈入舵机的操纵面偏转指令;δ_{ci} 是实际输出的操纵面偏角。舵机的直流增益,即 $s=0$ 时的增益应为 1,也就是说,在定常情况下,舵机的输出等于输入:$\delta_{ci} = u_{aci}$。式(11.8.17)为三阶环节,可视为作动器驱动舵面偏转的二阶振荡环节和代表舵机带宽限制的一阶延迟环节的串联模型。

对于式(11.8.17),需要引入三个状态变量 δ_{ci},$\dot{\delta}_{ci}$,$\ddot{\delta}_{ci}$,来建立对应的状态空间方程表达式,即

$$\dot{\boldsymbol{x}}_{aci} = \boldsymbol{A}_{aci} \boldsymbol{x}_{aci} + \boldsymbol{B}_{aci} u_{aci} \tag{11.8.18}$$

其中
$$\boldsymbol{x}_{aci} = \begin{bmatrix} \delta_{ci} \\ \dot{\delta}_{ci} \\ \ddot{\delta}_{ci} \end{bmatrix}, \quad \boldsymbol{A}_{aci} = \begin{bmatrix} 0 & 1 & 0 \\ 0 & 0 & 1 \\ -a_{i3} & -a_{i2} & -a_{i1} \end{bmatrix}, \quad \boldsymbol{B}_{aci} = \begin{bmatrix} 0 \\ 0 \\ a_{i3} \end{bmatrix}$$

各个舵机的输入量 u_{aci},与飞行控制系统的输出量 $\boldsymbol{y}_c$ 有如下增益关系:

$$u_{aci} = \boldsymbol{G}_i \boldsymbol{y}_c \tag{11.8.19}$$

其中,$\boldsymbol{G}_i$ 为增益矩阵。

对于具有多个操纵面的情况,将 $\boldsymbol{x}_{aci}$ 按顺序组装起来可得到操纵面的状态向量 $\boldsymbol{x}_{ac}$,实际上它对应了式(11.8.13)中的 $\boldsymbol{u}_{ae}$,即

$$\boldsymbol{u}_{ae} = \boldsymbol{x}_{ac} \tag{11.8.20}$$

11.8.5　气动伺服弹性系统的状态空间方程

至此,将式(11.8.13)、式(11.8.15)和式(11.8.18)联立,并考虑其信号流,即可组成开环气动伺服弹性系统的状态空间方程:

$$\left.\begin{array}{l} \dot{\boldsymbol{x}} = \boldsymbol{A}\boldsymbol{x} + \boldsymbol{B}\boldsymbol{u} \\ \boldsymbol{y} = \boldsymbol{C}\boldsymbol{x} + \boldsymbol{D}\boldsymbol{u} \end{array}\right\} \tag{11.8.21}$$

其中,状态向量包含固有模态坐标、操纵面偏转状态和飞行控制系统的状态向量:

$$x = \begin{bmatrix} x_{ae} \\ x_{ac} \\ x_c \end{bmatrix} \tag{11.8.22}$$

式(11.8.21)形成闭环气动伺服弹性系统还需要补充一个反馈方程(例如采用正反馈):

$$u = u_{ae} = Gy \tag{11.8.23}$$

其中,G 为增益矩阵,可由式(11.8.19)的相关增益矩阵组装而成。

将其代入式(11.8.21),可得闭环气动伺服弹性状态空间方程为

$$\dot{x} = \bar{A}x \tag{11.8.24}$$

式中

$$\bar{A} = A + BG\ (I - DG)^{-1}C \tag{11.8.25}$$

求解闭环系统矩阵 $\bar{A}$ 的特征值,绘制其随速度变化的根轨迹图,根据特征根实部由负变正所对应的速度,即可判定该气动伺服弹性系统发生闭环不稳定的临界速度。

闭环气动伺服弹性系统的框图如图 11.8.1 所示。

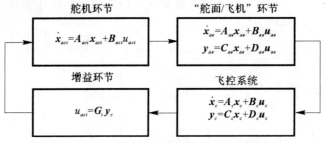

图 11.8.1　飞机气动伺服弹性闭环系统框图

本节所介绍的时域气动伺服弹性状态空间模型可用于飞机的主动控制系统设计,以改善其气动伺服弹性稳定性和响应特性。

思考题

1. 导致飞机气动伺服弹性问题的耦合机制是什么?

2. 飞机气动伺服弹性力学问题涉及哪些学科?

3. 解决飞机气动伺服弹性的不利耦合有哪些主要措施?

参考文献

[1] ROGER K L. Airplane Math Modeling Methods for Active Control Design[C] // Proceedings of the 44th AGARD Structures and Materials Panel. Brussels: AGARD,1977:4.1 - 4.11.

[2] GUPTA K K. STARS—An Integrated Multidisciplinary,Finite-Element,Structur-

al, Fluids, Aeroelastic, and Aeroservoelastic Analysis Computer Program: NASA TM-4795[R]. Washington, D. C. : NASA, 1997.

[3] GUPTA K K, BRENNER M J, VOELKER L S. Development of an Integrated Aeroservoelastic Analysis Program and Correlation with Test Data: NASA TP-3120 [R]. Washington, D. C. : NASA, 1991.

第 12 章　防颤振设计规范与试验验证

12.1　飞机防颤振设计的一般步骤

飞机设计是一个系统工程也是权衡设计的结果,即飞机设计的各个相关专业要相互协调甚至相互让步,才能保证型号设计工作的推进。颤振分析从本质上说是为了防止飞机在正常使用时发生颤振,因此,在飞机设计流程中,颤振分析工作也可以称为防颤振设计。

对于改型设计或改进设计的飞机来说,防颤振设计主要是对改型或改进后飞机的颤振特性进行相应的分析与试验,校核其颤振边界是否仍然满足飞机设计规范或规章对飞机气动弹性稳定性的要求。

对于新设计的飞机来说,其防颤振设计工作流程也几乎是与飞机总体设计的进程齐头并进的,并与飞机的结构设计过程始终伴随。换句话说,在飞机的初步设计阶段,就要开始考虑飞机的颤振问题,这个阶段主要是根据飞机总体气动设计部门确定的气动外形参数和初步估算的飞机结构质量数据和刚度数据,通过机翼颤振临界速度的工程估算公式或近似计算模型,对飞机的颤振特性进行初步估算。在进入详细设计阶段后,则根据结构设计部门提供的结构数据以及总体气动设计等其他相关部门提供的气动外形和飞机装载质量等参数,采用有限元方法,建立飞机详细的结构动力学模型,按照飞机结构设计的相关规范、标准或规章(如我国的《军用飞机结构强度规范》(GJB 67A—2008)、《民用运输类飞机适航标准》(CCAR-25)等)进行飞机的颤振特性分析计算与试验验证。这些颤振计算分析工作,主要包括全机颤振分析、操纵面颤振分析、考虑破损-安全的颤振分析、全机伺服气动弹性稳定性(伺服颤振)分析,以及相应的部件或全机模型风洞颤振试验。在原型机制造出来后,还要进行全机地面共振试验,根据全机地面共振试验结果,对全机结构动力学模型进行修正,再用修正后的结构动力学模型,重新进行一轮颤振特性计算分析。到原型机试飞阶段,还要进行飞机的飞行颤振试验,综合颤振分析计算结果、风洞颤振试验结果和飞行颤振试验的结果,最终确定该型飞机的颤振边界。

图 12.1.1 用流程图形式来说明在飞机设计过程中,所应进行的防颤振设计工作,即飞机设计中的颤振计算分析及颤振试验工作。

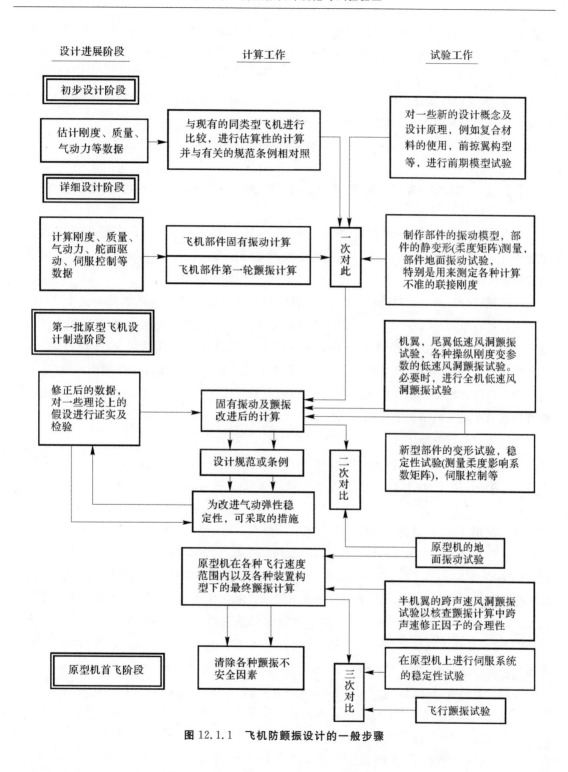

图 12.1.1 飞机防颤振设计的一般步骤

该图只是说明一般的情况,以供飞机设计人员参考。在具体某一型号飞机的设计工作中,颤振计算与试验的内容与时间安排,还要视该型号设计任务的紧迫程度,是否有足够相近的机型可以借鉴等情况,而使颤振设计工作有所增减。例如对于带翼吊构型发动机的民用客机,发动机的展向、弦向位置以及发动机吊舱联接刚度等参数,都是颤振敏感参数或导致颤振特性突变的因素,因此,与此有关的颤振特性计算和试验,尤其是低速风洞颤振试验,都应及早加以规划。

总之,颤振设计是一项保证飞机安全的工作,它应该与飞机结构设计的进展同时推进,结构设计每有一个重大改变,颤振分析(计算与试验)都应该重新启动,随之而行,力图避免当原型机已经制造出来后,由于颤振特性不符合要求而影响飞机的设计定型工作。

12.2 飞机结构强度规范中有关防颤振设计的条款简介

第 8 章已经讲述了飞机颤振临界速度的计算方法,对于飞机设计工作来说,还有一个重要问题就是,计算出颤振速度后,如何运用这个数据来指导飞机设计,这就需要联系到飞机设计的结构强度规范。

在飞机设计工程中,飞机颤振这个气动弹性动力学问题,属于飞机的结构动强度设计的范畴。而在进行军用飞机或民用飞机的结构设计时,为了保证飞机的结构安全,必须根据飞机性能要求,对飞机各使用状态的严重受载情况、强度设计准则、结构承载余量、刚度要求及使用限制等做出规定,这些规定,就是军用飞机结构强度规范或民用飞机适航性条例的内容,它们是国家为飞机设计制定的指令性或指导性文件,是飞机设计时必须遵守的法则,各航空工业大国都有自己的军用飞机结构强度规范和民用飞机适航标准或规定,通常以国家标准、国家军用标准和民用航空规章的形式颁布。

对于军用飞机,目前我国执行的是《军用飞机结构强度规范》(GJB 67A—2008),该规范以分册形式出版,第 7 分册为《军用飞机结构强度规范 第 7 部分:气动弹性》(GJB 67.7A—2008)。

对于民用飞机,目前我国执行的是中国民用航空总局 2011 年 11 月颁布的《运输类飞机适航标准》(CCAR-25-R4)和 2004 年 10 月颁布的《正常类、实用类、特技类和通勤类飞机适航规定》(CCAR-23-R3),在 CCAR-25-R4 和 CCAR-23-R3 的 D 分部中,在条款编号分别为第 25.629 条款和第 23.629 条款的"气动弹性稳定性要求"中,对关于颤振和发散等问题进行了相应的规定,但对于如何满足这些规定以及应该用什么样的分析和试验方法来验证所设计的飞机符合"气动弹性稳定性要求"条款,在 CCAR-25-R4 和 CCAR-23-R3 中并没有做出规定。这也是民用飞机适航标准(规定)与军用飞机设计规范的一个明显区别。

目前公开的美国飞机设计军用规范是早期的《飞机强度和刚度》(代号 MIL-A-8860 系列,1960 年发布)以及后来的《飞机结构通用规范》(代号 MIL-A-87221,1985 年发布)与《飞机强度和刚度》[代号 MIL-A-8860B(AS)系列,1987 年发布]。美国海军 1994 年颁布了规范 MIL-A-8860C,1998 年颁布了《美国国防部飞机结构联合使用规范指南》(JSSG—2006),取代了 1990 年颁布的 AFGS-87221A。2000 年 5 月又颁布 JSSG—2006 第二版。2002 年 7 月美国国防部颁布了 MIL-HDBK-1530B(USAF)《军用飞机结构完整性大纲》,取代了 2002 年 1 月的 MIL-HDBK-1530A。美国国防部 2004 年颁发了 MIL-STD-1530B。针对民用飞机设计,则有

《联邦航空条例》(FAR),其中 FAR-23 部是轻型通用类飞机适航性标准,FAR-25 部则是运输类飞机适航性标准。

另一个航空大国俄罗斯(苏联)一直把飞机强度规范作为内部文件。苏联于 1953 年出版了飞机强度规范,即《飞机强度设计指南》。1961 年,苏联将飞机强度规范分为军用、民用两大类。自 1974 年开始先后颁布了第 1 部至第 4 部《适航性规范》,并逐年发展和修订(如 1978 年、1986 年和 1993 年等不同版本),但都没有对外公开。

飞机结构强度规范的内容,一般是提出一些设计要求,以及为满足这些要求所应该进行的工作,即"验证要求"(计算与试验)。对于如何做这些工作,采用什么方法,规范中不作具体规定。在美国的 MIL-A-87221 中,对于应做哪一些工作,则更少提及。

飞机强度规范大都带有附件性质的出版物,例如我国配合《军用飞机结构强度规范》(GJB 67A—2008)还出版了一本厚达 698 页的《军用飞机结构强度规范使用说明》,其作用是解释规范的基本内容和编写依据,可供从事飞机订货、设计和验证的工程技术人员参考使用。美国的 MIL-A-87221 全书共 444 页,规范正文只有 56 页,而附录(其标题为"飞机结构手册")则有 388 页,占全书的 87%。该规范正文对各类问题分为第 3"要求"及第 4"验证"两部分制定,例如在"要求"部分的 3.7.1 气动弹性条款中 a. 项提出"机体结构不得发生颤振",在"验证"部分的 4.7.1 气动弹性条款中,则提出"计算及试验应能证实机体结构能符合 3.7.1 的要求"。其附录中则对规范的正文中那些有必要进行解释的条款按"提出的理由"、"指导性建议"、"经验教训"三方面分别做出解释。

我国的《军用飞机结构强度规范 第 7 部分:气动弹性》(GJB 67.7A—2008)的正文包括两方面内容(下文中的斜体字内容为规范的正文原文):

(1)在飞机设计、制造过程中防止颤振、发散及其他气动弹性不稳定性的要求。

(2)为保证达到上述要求(即不发生颤振等问题)所需进行的计算及试验工作,这就是第 3 章"要求"及第 4 章"验证"两部分。

在该分册第 3 章的 3.1 节"一般要求"中提出:"*飞机及其部件在其飞行环境内,应具有足够的速度安全余量和阻尼安全余量,以防止颤振、嗡鸣、发散、气动热弹性、气动伺服弹性、持续有限幅值振荡或其他动态气动弹性的不稳定性。*"接着提出,计算或试验应证明满足最低要求的颤振余量及要求的阻尼(衰减率):

分析和/或试验应证明:

a)在等马赫数和等高度线上所得到的飞机飞行限制速度(V_L)或限制马赫数(M_L)包线的所有点上,当量空速(V_{EQU})提高 15% 不会发生颤振(见图 12.2.1);

b)在所有高度上,飞行速度从最低巡航速度直到飞行限制速度,任何临界颤振模态或任何显著的动态响应模态,其阻尼系数(包括气动和结构阻尼两部分)至少应为 0.03(见图12.2.2)。[①]

―――――――――――

① 在规范中用 M 代表 Ma(马赫数)。

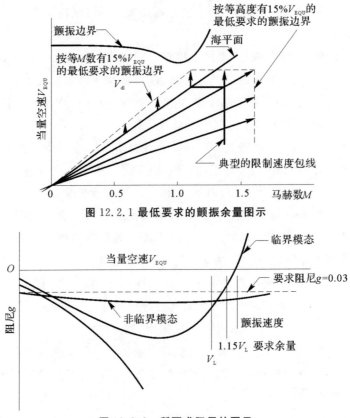

图 12.2.1 最低要求的颤振余量图示

图 12.2.2 所要求阻尼的图示

在我国《军用飞机结构强度规范 第 7 部分：气动弹性》(GJB 67.6A—2008)的使用说明中，对上述安全系数(颤振余量)作说明时，推荐了两种证明阻尼(衰减率)余量是否满足规范要求的方法(见图 12.2.3 和图 12.2.4)。

可用两种方法证明阻尼余量是否满足要求。一种是假定所有模态的结构阻尼都具有 0.03，计算时结构阻尼为零，按 0.03 阻尼线取颤振速度，如图 12.2.3 所示。主要模态在 V_L 下不得超过 $g=0$ 线，在 $1.15V_L$ 下不得超过 $g=0.03$ 线。类似图 12.2.3 中模态(1)那样的阻尼特性的模态可以认为是例外。此模态并非临界模态，即使它不完全满足最小阻尼要求，但一般认为还是可接受的。图 12.2.3 中曲线(2)表示一种"驼峰"形模态，它有不稳定的趋势，当速度增长时，又变得稳定；但在 V_L 速度下，其峰顶不应超过 $g=0$ 线。

另一种方法如图 12.2.4 中所示。此方法用于每个模态的结构阻尼已知的场合。模态阻尼在求解颤振方程之前已放到分析式中，使得飞机的数学模型更为合理。在零空速下，各模态曲线将不从 $g=0$ 线开始，而且在某些情况下，颤振解会与无结构阻尼的解有明显差别。图 12.2.4 中最小可接受阻尼线取 0.03 或比地面振动试验中测量到的结构阻尼高 0.01 中的小者。主要模态在小于 V_L 速度下应不超过这条可接受阻尼线，在小于 $1.15V_L$ 速度下不超过 $g=0$ 线。

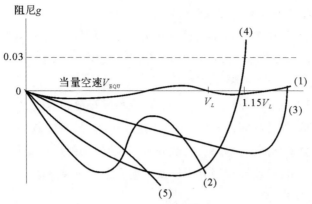

图 12.2.3　阻尼-速度曲线(一)

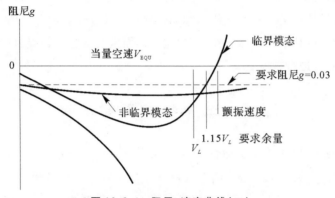

图 12.2.4　阻尼-速度曲线(二)

在军用飞机结构强度规范(GJB 67.7A—2008)的第 4 章"验证"中,规定了必须开展的颤振分析工作的一般原则。

4.1.1　颤振分析

4.1.1.1　颤振分析的一般原则

在进行颤振分析时应考虑:

a)至少应取以下三个高度,包括能达到的最大设计马赫数的最低高度,能达到最大动压的最低高度和开始出现跨声速效应的最低高度。此外,对任何其他需要的高度和速度也应进行分析,以便研究可能在飞行包线内出现的驼峰颤振模态。

b)根据飞机的气动外形和所要进行的颤振计算状态,确定非定常气动力的计算模型(片条、升力面、翼体组合、真实外形)。根据计算马赫数,确定采用亚、跨、超声速非定常空气动力理论。使用的计算方法,应对其可靠性进行评估,或根据试验数据进行修正。

c)如果由于空气动力加热引起较大的刚度降低,则分析中应考虑瞬态和稳态加热效应。

d)应该对正常和破损安全设计情况进行研究。当分析结果表明颤振稳定性处于临界状态,或颤振速度对一个或多个参数的变化敏感时,应对这个(些)关键性参数在所预期的变化范围内进行分析。

e)分析中应采用足够数量的振动模态以考虑到对颤振有影响的重要的飞机动力特性。地面共振试验之后,应使用按试验模态数据修正的动力模型进行校核计算。若经评估后认为可

行,也可直接采用经过处理的振动试验模态数据进行分析。

f)应识别出临界颤振的机理(即颤振模态组成成分)并予以考察。确定估算的颤振边界就是按这些颤振模态确定下来的,当设计构形的颤振临界速度不满足3.2.1.1(颤振)的要求时,颤振机理的认识与分析就更为重要。

在随后的几个条款中,分别对全机颤振分析、机翼颤振分析、尾段(后机身+尾翼)颤振分析、全动翼面颤振分析、外挂物颤振分析、操纵面颤振分析、操纵面调整片颤振分析、后缘襟翼颤振分析、其他操纵面和翼面颤振分析、发散分析、气动伺服弹性稳定性分析、壁板颤振分析、(翼吊螺旋桨发动机飞机的)旋转颤振分析以及破损安全气动弹性稳定性分析的模型使用及分析工况等做出了详细的规定。

《军用飞机结构强度规范 第7部分:气动弹性》(GJB 67.7A—2008)的4.2节"地面试验"中,对与防颤振设计相关的地面试验和气动弹性设计验证试验应开展的工作做出了详尽的规定。飞行器防颤振设计中的试验工作,主要包括地面振动试验、风洞模型颤振试验和飞行颤振试验,下面分别对其进行概述。

12.3 全机地面振动试验

与防颤振设计密切相关的全机地面振动试验(Ground Vibration Test,GVT),是在第一批制造出来的全尺寸真实飞机上进行的。其目的是测试获得飞机全机结构的模态特性,这些模态特性测试结果,可用来检验或修正全机颤振特性计算中所用的飞机全机结构动力学有限元模型。飞机的全机结构动力学模型修正也称为结构动力学模型确认,是建立高可信度颤振分析模型的最终保证。对于改型飞机或有改进装载构型的飞机有时也需进行全机地面振动试验,过去这项试验也称为全机地面共振试验(Ground Resonance Test,GRT),因为当时的试验原理是基于共振现象的,采用使飞机产生共振的方法获得全机模态的试验方法,也称为纯模态试验(注意,这里所说的纯模态是工程意义上近似的纯模态,因为理论上要激发出多自由系统的纯模态,激励点必须等于其自由度数,这对于工程结构来说是不可能实现的)。

12.3.1 全机地面共振试验的基本原理

由结构振动理论可知,当外加简谐激振力与结构的某一阶固有频率相等时,结构会发生共振。由于结构阻尼的存在,共振结构的响应幅值不会发散,但会剧增而达到一个有限的大幅值,同时位移响应与激振力的相位差为90°。因此,若逐渐增加激振力频率,并记录被测试结构的位移响应幅值及其与激振力的相位差(如果将激振力的相位作为基准并视为零,则这个相位差就是位移响应的相位),我们会发现位移响应幅值和相位都将随激振频率的改变而变化,并可以绘制得到以频率为横坐标、位移响应幅值和相位分别为纵坐标的两条曲线,前者称为位移幅值-频率响应曲线(简称"幅频曲线"),后者称为相位-频率响应曲线(简称"相频曲线")。一旦发现位移幅频曲线出现峰值(即按幅值共振指标)或相位差达到90°(即按相位共振指标),就可以认为此时的激振频率就是被测试结构的某一阶共振频率,当结构阻尼水平不大时,在工程上也将其视为结构的该阶固有频率(也称为该阶模态频率),对一个结构来说,这样的固有频率有很多个(不同的固有频率,按从小到大的阶序排列,排在第几位就称为第几阶固有频率),随着激振频率由低到高的增加,就可以逐个确定各阶固有频率。从原理上来说,当结构在某阶固有频率下振动时,如果能够在结构上布置足够多的位移传感器或加速度传感器,同时记录下结构以某阶固有频率振动时各测点的位移或加速度幅值,则可测试获得该阶固有模态(也称为固有振型)。

由于飞机结构复杂且存在分布的结构阻尼,因此实际进行全机地面振动试验远非像上面从原理上说的那样简单。实际操作中,有很多技术实现上的难题,例如,要使布置在飞机结构上的众多传感器测试的响应具有相同的相位差,就是一件十分困难的事。而采用人工操作的方法逐级提高外激振力的频率对飞机结构进行激振、同时测试记录各个测点的振动响应也比较耗时,使得试验周期较长。工程实际中为了提高试验的效率,通常采用激振频率以某种设定的速率连续自动变化的稳态正弦力(频率连续增加或减少,称为连续"扫频"激振,扫频速率增加或减少的规律可以是线性变化的,也可以是按对数规律变化的),甚至用幅值和频率都随机变化的随机激振力来对飞机结构进行激振,以缩短全机地面振动试验的周期。

12.3.2　全机地面振动试验的基本原理

从振动理论上来讲,如果采用脉冲激振方法,仅需一次脉冲激励,就可由各传感器记录的瞬态振动响应数据,用现代模态识别方法,辨识出飞机结构的各阶模态频率和模态振型,当然这要依靠良好的数据分析处理软件(通常它们都集成在称为"模态分析仪"的设备之中)。相对于正弦扫频激振方法,脉冲激振方法显然效率很高,但对于飞机这样庞大而复杂的组合结构,由于脉冲激振的能量相对较小,难以激发出所需要测试的多阶模态,这种基于脉冲激振的实验模态分析技术目前在飞机全机地面振动试验中很少得到实际应用。随着结构实验模态分析技术的发展,现在的全机地面振动试验基本上都是采用基于频响函数测试的频域模态参数识别方法。

全机地面振动试验中使用的频响函数测试有多种激励方法,典型的方法是正弦步进扫描激励和随机激励。同时,对于一些比较难以激发的、局部结构非线性比较明显的部件模态,如外挂物模态、操纵面模态,有时也采用纯模态试验方法进行地面共振试验。即如前所述,采用稳态正弦激振技术,通过调节激振频率和多点调力技术使飞机结构达到某阶固有模态的相位共振状态,然后用布置在飞机结构各个测点处的传感器(通常是加速度传感器)获得共振状态下的振动响应幅值,从而直接获得相应固有模态的振型和频率。各阶模态阻尼则是通过幅频响应函数曲线,用半功率带宽的方法获得。如果需要对应的模态质量和模态刚度,则需要预先提供对应于各测点处的集中质量矩阵,按照定义计算得到模态质量,再根据模态质量、模态刚度与模态频率的关系,得到模态刚度。

12.3.3　全机地面共振试验技术与全机地面振动试验技术的优缺点分析

上面提到的基于相位共振的直接模态测试方法和基于频响函数测试的模态参数识别方法

各有优缺点。如果采用基于相位共振的直接模态测试方法获得飞机的全机固有模态特性,这就是进行所谓的全机地面共振试验,其关键是采用稳态正弦激振这类技术调谐出飞机的某阶纯模态振动,其前提是假设飞机结构是线性系统,其缺点是,凡未能成功调谐出来的模态都会被遗漏掉。因而它要求由高度熟练的专业技术人员来从事纯模态调谐工作,这一点至为关键,因为模态调谐的过程本质上带有一定的主观性。稳态正弦激振试验的另一个问题是,为了完成试验,需长时间占用被试飞机和场地,在飞机上调谐出各阶纯模态所需的时间,往往比基于相位共振的模态测试试验的周期要长。当然,该方法的优点是调谐出的纯模态在物理上更加直观,特别是在模态密集(各阶固有频率相差很小)的情况下,使试验人员容易分辨出全机模态的属性并对模态进行正确的命名。

如果采用基于频响函数测试的模态参数识别法来获得飞机的全机固有模态特性,由于不需要通过调谐技术来使飞机达到某阶固有频率下的共振状态,只需要通过特定的激振技术,激发起飞机的全机振动,从而获得飞机结构的频响函数矩阵,因此这种试验称为全机地面振动试验。发展这种试验方法的初衷,就是为了解决纯模态试验方法周期长(当然花费也大)的缺点,因此,试验时间短是它的最大优点,而且,不需要特别的经验,只要激振点不在某阶模态的节线上(通过变换激振点,从频响函数曲线的尖峰数变化情况就可判定激振点是否在某阶模态的节线上),激振力足够大,一次就可以激励出所关心频带内的各阶固有模态,避免出现遗漏模态的情况。这种方法的另外一个优点是,通过模态参数识别,可以同时获得各阶固有模态的频率、振型、阻尼比以及模态质量、模态刚度等所有模态参数。这类试验方法的缺点是,各阶固有模态是通过测试的频响函数数据,拟合出一个理论频响函数(这个过程通常称为频响函数曲线的最小二乘拟合,简称"曲线拟合")来进行模态参数识别。因此,测试噪声的影响、曲线拟合方法的精度等,都会使得辨识得到的固有模态不会像相位共振方法得到的模态那么"纯",所以,对这种方法识别得到的固有模态就存在一个置信度的问题。为了提高全机地面振动试验测试模态的置信度,在数据测试阶段,通常采用激振力信号与结构加速度响应信号的相干函数(也叫凝聚函数)来判定和保证高品质的测量数据。在识别出固有模态后,则可以通过模态置信准则来判定所识别的固有模态的真伪与品质。具体的方法可以参阅实验模态分析方法的专著。

12.3.4 试验飞机的支持方式

原则上,用于飞机颤振特性计算分析的飞机全机固有振动特性是指它在空中自由飞行时的固有振动特性,显然,试验时飞机的支持方式会对模态试验测试结果产生很大的影响。因此,在进行全机地面振动试验时,还必须解决被测试飞机的支持问题,即如何模拟飞机在空中的自由飞行状态,通常称为"自由-自由"支持状态。对于小型飞机,可以用软橡皮绳悬挂方式来模拟飞机飞行时的全机"自由-自由"状态,对于大型飞机,则采用专用的空气弹簧来对飞机进行支撑。这种空气弹簧具有承载大、刚度小的特点,通常都是根据实际的性能需要进行定制,因此价格相对昂贵。最简单和最经济的一种方式,是飞机在停机状态下对起落架的轮胎放气,使轮胎变软后充当飞机自然的软支撑弹簧。当然这种方式因起落架未收起而与自由飞行状态的飞机相比有一定的差距。无论采用哪一种方式,都会产生由于柔软支持带来一些接近刚体运动的振型(又称为刚体模态,对地面上"自由-自由"支撑的一架飞机,其刚体模态是飞机的刚体沉浮、刚体俯仰、刚体滚转和偏航、刚体航向平移和侧向平移六个刚体模态,其中,前四个刚体模态频率是必须模拟的),在飞机结构强度规范中,规定这些近似刚体模态的频率应小于飞机弹性变形模态最低阶固有频率的 1/3,才满足对全机"自由-自由"状态的模拟。

　　图 12.3.1 是全机地面振动试验的布局示意图。图 12.3.2 是巴西飞鸿 100 超轻型喷气式飞机地面振动试验现场,图中可以清楚看到悬吊飞机的四根橡皮绳。

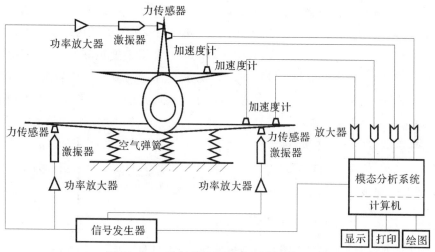

图 12.3.1　全机地面振动试验的布局示意图

图 12.3.2　巴西飞鸿 100 超轻型喷气式飞机地面振动试验现场

12.3.5 飞机部件共振试验及结构刚度矩阵测试原理

有时,也需要将某些飞机部件固定在地面台架上做共振试验,其目的往往是实测某些难以用分析手段获取的部件支持刚度。它的原理基于单自由度质量弹簧振子的固有频率公式:$k = m \times \omega^2$,其中 k 为刚度系数,m 为质量,ω 为固有频率。例如对发动机架或外挂物的挂架与机体结构的联接刚度或全动尾面根部枢轴在机身上的支持刚度测试,就可以采用这种方法。

对于飞机结构的刚度矩阵测试,则是通过先测试柔度矩阵,再对柔度矩阵做求逆运算得到。根据其定义,刚度系数(或刚度矩阵)实际上是很难测试的,只能通过静力试验测试获得飞机结构的柔度影响系数矩阵(简称为"柔度矩阵")。理论上,在飞机结构的某一点处加载单位载荷,测出飞机结构上所有测点处的变形(位移),就可以获得柔度矩阵的一列,依次在各测点处施加单位载荷,就可获得结构的柔度矩阵,对柔度矩阵求逆运算即可得到刚度矩阵,但是受实际条件限制,静力试验测量的结构位移变形(不是结构内部的应变)往往很难得到足够准确的测量值,甚至测出的柔度矩阵往往不具备应有的对称性。工程实践中,如果柔度矩阵两个对称位置的柔度影响系数差别不大,则可以用两者的平均值作为该系数之合理值。如果差别太大,就要对试验的测试设备和测试方法进行检查,发现并排除问题后重新进行测试。除了对称性检查外,还有一项重要的"正定性"检查。刚度矩阵如果不是正定的,则肯定是错误的,因为它意味着,对某种变形状态 x,飞机结构的势能($\frac{1}{2} x^{\mathrm{T}} K x$)是一个负数,其物理意义是:为了使飞机结构具有这种变形状态,不但不需要对结构做功,结构自身反而会释放出能量,这显然是不可能的,不能采用这种错误的刚度矩阵进行飞机结构的固有振动分析。

一旦检查出由静力试验测试得到的柔度矩阵不具有正定性,就要在整个静力试验的各环节中查找原因并予以纠正。相比之下,由地面振动试验的结果反过来推算出刚度矩阵反而更为可靠,因此静力试验获得的刚度矩阵测试结果,往往只用来与地面振动试验结果推算的刚度矩阵进行验证比较。

12.4 低速风洞颤振模型试验

风洞是以人工的方式产生可控制的气流,用来模拟飞机或其他实体周围气体的流动情况,并可量度气流对实体的作用效果以及观察气流作用下物理现象的一种管状实验设备。风洞主要由洞体、动力系统和测量控制系统组成,各部分的形式因风洞类型而不同,对使用者来说,除了关心风洞的风速(马赫数)范围等性能参数外,关心的另外一个参数就是风洞试验段的几何参数。试验段的功能是对模型进行必要的测量和观察。根据风洞的性能和用途,其试验段具有不同的截面几何形状。风洞对气流的控制性好,可重复性高,从飞机空气动力学和飞行力学的观点来看,飞机在静止的空气中飞行与飞机静止而空气以相同速度流过飞机,是完全等效的。但是,由于风洞所能产生的风速大小和试验段几何尺寸的限制,在对飞机进行风洞颤振试验时,都是采用缩小几何尺寸的动力学相似的模型(简称为"缩比模型")飞机进行试验,以保证试验得到的颤振特性(颤振临界速度、颤振频率等)可以换算并应用到全尺寸真实飞机上。

风洞颤振试验是飞机研制工作中的一个不可缺少的组成部分,它在飞机研制中起着十分重要的作用。新设计的飞机必须经过风洞颤振试验的考核。风洞中的气流需要有不同的流速和不同的密度,甚至不同的温度,才能模拟各种飞机的真实飞行状态。风洞中的气流速度一般用气流的马赫数(Ma)来衡量。一般根据风速范围对风洞进行分类:$Ma < 0.3$ 的风洞称为低速风洞,这时气流中的空气密度几乎无变化;在 $0.3 < Ma < 0.8$ 范围内的风洞称为亚声速风洞,这时气流的密度在流动中已有所变化;在 $0.8 < Ma < 1.2$ 范围内的风洞称为跨声速风洞;在 $1.2 < Ma < 5$ 范围内的风洞称为超声速风洞;$Ma \geqslant 5$ 的风洞称为高超声速风洞。风洞也可按用途(如冰风洞、热风洞、声学风洞等)、结构形式(直流式风洞、回流式风洞)、试验时间(暂冲式风洞、连续式风洞)来分类。

风洞颤振模型试验的目的,是确定模型发生颤振时气流的马赫数、密度和速度,以及颤振的频率。风洞颤振模型试验就其所使用的风洞速度范围,可以分成低速风洞颤振试验和高速风洞颤振试验两大类。低速风洞尺寸较大,模型所受的空气动力较小,便于设计、制造和调整参数,试验费用较低,一般用于研究设计参数对颤振特性的影响。高速风洞则适合于校核性的模型颤振试验或专门研究马赫数效应的模型颤振试验。根据试验任务需求和试验条件,部件的风洞颤振试验使用的模型包括半模飞机模型、单独翼面模型(机翼、尾翼)、带操纵面翼面模型、尾段(后机身+尾翼)模型等。不言而喻,全机颤振风洞试验则使用带有所有部件的全机结构模型(简称"全机模型"),而且为了保证模型的试验结果能够应用到原型飞机的结构设计上,模型结构必须是与原型结构动力学相似的。这里所谓的相似就是成比例,而且模型试验中所说的相似,不仅是指模型与原型间的几何外形和尺寸成比例,两者的物理参数之间也应具有比例换算关系。动力学相似就是指模型结构与原型结构的几何外形和尺寸以及与动力学特性相关的参数都满足比例换算关系。当然,无论是部件颤振模型还是全机颤振模型,在进行动力学相似模型设计时,不必要求模型结构与原型结构的布局形式和结构细节完全相同来进行几何缩比(这样的模型也称为全真动力学相似模型),而只需要求模型结构与原型结构满足动力学特性相似即可(这样的模型也称为畸变动力学相似模型,畸变相似的概念将在后面介绍)。因为风洞颤振试验的缩比模型不仅要正确设计出来,而且要按照相似设计的几何尺寸和动力学特性最终制造出来,因此,在进行风洞颤振试验的缩比模型设计时,应该同时考虑制造工艺的可行性问题。当缩比模型的比例尺很小时,由于可用材料的限制(不同材料之间的参数不是连续变化的)和制造工艺的可行性,几乎不可能完全按照原型飞机的结构细节,通过一一对应的"拷贝"方式来制造出一个缩小尺寸的模型。而且从颤振风洞模型试验的目的来看,也没有必要进行所谓的"全真"缩比。

下面首先简要介绍相似理论的基本知识,然后以一个单独机翼的部件风洞颤振试验的缩比模型设计为例,说明动力学相似模型的设计方法和过程。

12.4.1　相似理论的基本知识

经典的相似理论主要包括相似正定理、相似第二定理、相似逆定理三个基本定理。相似模型设计,简称"相似设计",就是指在工程实践中以相似理论为指导,设计一个与原型结构相似的模型,如果只是保证这个模型的静力特性与原型的相似,就称两者是静力学相似,如果设计能够保证两者的动力学特性具有比例换算关系,则称为动力学相似。相似第二定理又叫白金汉定理,在各种工程领域的相似设计中最为常用。相似模型设计主要包括三种方法,即量纲分析法、方程分析法和定律分析法。此处仅介绍动力学相似模型设计使用的量纲分析法。

1. 量纲分析法

量纲分析法通过研究影响原型结构系统各个物理量的量纲之间的关系,根据相似准数(相似理论中称为 π 数)来推导出模型与原型两个系统的参数间的相似关系,确定在进行相似模型设计时应满足的条件的一种相似模型设计方法。在相似理论被引入结构振动系统的模型试验研究之中后,二十世纪四十年代,就有学者系统地研究了利用量纲分析法建立原型结构动力学与相似模型动力学之间的相似条件。量纲分析法经过不断完善与发展,已经成为相似模型设计中一种重要的方法。

任一物理问题所服从的规律均可写成有量纲物理量的关系式:

$$a = f(a_1, a_2, \cdots, a_k, a_{k+1}, \cdots, a_n) \tag{12.4.1}$$

其中,$a_1, a_2, \cdots, a_k$ 是 k 个基本量(不能够由别的物理量导出的物理量),$a_{k+1}, a_{k+2}, \cdots, a_n$ 是 $(n-k)$ 个导出量(可由基本量导出的物理量)。

一个物理量的量纲与其单位是不相同的,"量纲"表征物理量的属性,是物理量"质"的表征,而"单位"是物理量的度量,是物理量"量"的表征。所有的物理量可以分成有量纲量和无量纲量,有量纲量又分为基本量纲量和导出量纲量。国际单位制中,规定物理学领域一共有 7 个基本量纲:质量 M(单位:千克,kg)、长度 L(单位:米,m),时间 T(单位:秒,s),热力学温度 Θ(单位:开尔文,K)、电流 I(单位:安培,A),物质的量 N(单位:摩尔,mol),发光强度 J(单位:坎德拉,cd)。在气动弹性力学领域进行风洞颤振试验的动力学相似模型设计时,一般只涉及三个基本量纲:质量 M、长度 L、时间 T。如果考虑热颤振问题,就要涉及热力学温度 Θ。

在相似理论的基本量纲分析中有如下的 π 定理:

某个物理现象涉及 k 个基本物理量,$(n-k)$ 个导出物理量,则这 k 个物理量之间的关系可由 $(n-k)$ 个无量纲的 π 项的关系式来表示,即

$$f(\pi_1, \pi_2, \cdots, \pi_{n-k}) = 0 \tag{12.4.2}$$

$\pi_1, \pi_2, \cdots, \pi_{n-k}$ 对应于各导出量 $a_{k+1}, a_{k+2}, \cdots, a_n$,是自变量。它们也就是量纲分析法得出的相似准数。基本物理量(不要与基本量纲这个概念混淆)应该是最简单、有代表性且容易测量的物理量,比如前面说的基本物理量:质量、长度、时间,当然也可以选密度、速度等物理量,但所选的基本物理量的量纲必须包含三个基本量纲或其组合。例如,可以选长度、质量、时间作为三个基本物理量,也可以选密度、长度、时间三个物理量作为基本物理量。

在利用量纲分析法进行复杂结构的动力学相似模型设计时,正确选择物理量是建立与其相应的量纲方程并导出正确的相似性结论的关键。

2. 畸变相似模型

在设计相似模型时,由于原型结构本身的复杂性以及尺寸参数的限制等,很少采用完全几

何相似的模型,这是因为在相似模型设计的工程实践中,对于一些薄壁结构(如飞机机翼的蒙皮结构)来说,其长宽方向与厚度方向的尺寸往往相差两个数量级以上,制作各个方向都等比缩放的缩比模型是很难实现的。因此,在这种情况下,只能采用不完全几何相似模型,即畸变相似模型。因此在相似模型试验的工程实践中,畸变相似模型的应用更为广泛(注意,畸变相似模型的动力学特性仍是完全相似的)。在相似第二定理的描述中,当相似模型和原型的所有 π 项中有一个或几个起支配作用的模型设计条件不能被满足时,所得到的相似模型称为畸变相似模型。由此可知,风洞颤振模型试验使用的动力学相似模型实际上是畸变相似动力学模型。

12.4.2　颤振模型设计与制造的基本考虑

(1)几何相似。以机翼颤振模型设计为例,首先,风洞颤振试验使用的模型机翼的平面形状与原型的实物机翼应该几何相似,对于低速风洞颤振试验的机翼模型,因为机翼翼型所产生的定常气动力对颤振特性没有影响,所以,通常不要求机翼颤振模型的翼剖面形状与实物机翼相似,一般都采用对称翼型以方便加工制造。但是,对于高速风洞颤振试验机翼模型,由于翼型对机翼翼面上激波的产生有很大影响,在设计高速风洞颤振试验的机翼相似模型时,应保证与原型机翼翼型的几何相似。基于同样的原因,对于带后机身的 T 形尾翼颤振模型,由于平尾的定常气动力会参与到颤振耦合中,在设计这种风洞颤振试验模型时也应保持其翼型与原型尾翼翼型的几何相似。

(2)动力学相似。前面已经说过,所谓动力学相似就是要使得模型的动力学特性与原型的动力学特性具有一定的比例关系,即两者之间可以进行线性的换算。与颤振特性有关的物理量都按照一个与其量纲一致的比例尺进行伸缩(放大、缩小)。颤振模型设计中使用的三个基本物理量为长度、质量和时间。

(3)模型构造。机翼低速颤振模型的刚度模拟,一般采用单梁、梁架或两者的组合来实现。模型的空气动力外形,通过与梁(梁架)单点相连的木质或塑料框段,再蒙上绵纸(通过喷洒涂布油使其光顺张紧)或热缩膜来保证,并在框段上配置适当的配重以满足对模型惯性特性的模拟。

对于大展弦比长直机翼及长后掠机翼,通常采用"单梁＋维形盒段"形式的构造,如图12.4.1所示。机翼截面的弯曲刚度 EI 和扭转刚度 GJ,仅由一根展向变剖面的单梁来提供,而维形盒段的中央肋(通常是加强肋)与翼梁固接(可视为单点连接),相邻两个盒段之间留有空隙,空隙的大小以足以使机翼弯曲、扭转变形时,两盒段不会接触而产生附加刚度为宜。试验时该空隙可填充低密度海绵后用柔性乳胶膜粘贴、密封,使盒段之间既不会有气流穿泄,也不会使两盒段相互牵连参与受力而引起附加的刚度(因为这些附加刚度未考虑在模型的翼梁设计中)。最后,在盒段的外表面蒙棉纸后,喷洒涂布油使它张紧形成光顺的表面,保证模型机翼具有良好的流线型气动外形。也可根据模型加工的实际情况,用热缩膜来维持外形。加工装配时,要注意保证梁的位置在各盒段的刚心连线上。

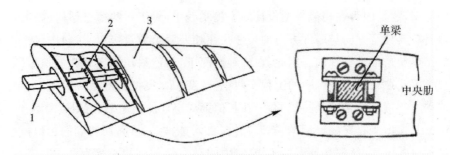

图 12.4.1　低速风洞机翼颤振模型盒段构造

1—单梁；2—中央肋；3—蒙皮

12.4.3　低速颤振模型设计实例

下面以一个机翼动力学相似模型设计的实例，来对其设计过程进行详细的说明。首先选定三个基本物理量：长度 l、质量 m 和速度 V，根据实际可用的试验条件来确定它们的比例尺。

(1)按照实物尺寸与风洞试验段尺寸，选定模型的长度比例尺。假设实际机翼的半翼展长度为 10 m，试验所用风洞的试验段为长方体，试验段宽度为 1.25 m，模型机翼沿风洞试验段的宽度方向放置，考虑模型阻塞度要求，为保留足够安装空隙，取模型机翼的长度为试验段宽度的 4/5，即确定模型机翼长度为 1.0 m，则选定长度比例尺为 $K_l=l_m/l_p=1/10$，这里，K_x 表示物理量 x 的比例尺，下标 m 和 p 分别代表"模型"及"原型"。

(2)按照计算得到的原型机翼颤振速度与风洞可使用的最高风速，选定速度比例尺。假定计算得到的原型机翼颤振速度为 $V_F=200$ m/s，风洞可以使用的最大风速为 60 m/s，在风洞颤振模型试验的工程实践中，通常会给风速留一个余量，避免因设计误差或其他不确定因素导致动力学相似的颤振模型在风洞可使用速度范围内，试验不出模型实际的颤振临界速度(即实际颤振临界风速高于风洞的最大风速)。假设在本例中取风洞的最大风速的 5/6，即 50 m/s，于是选定速度比例尺为 $K_V=V_m/V_p=50/200=1/4$。以下用符号 $[x]$ 代表物理量 x 的量纲，则 $[V]=[l]/[t]$，从而有 $[t]=[l]/[V]$。本例中既已选定长度 l 的比例尺为 1/10，速度 V 的比例尺为 1/4，因此，时间 t 的比例尺为

$$K_t=t_m/t_p=K_l/K_V=(1/10)/(1/4)=4/10=2/5$$

另一个相关的动力学参数——频率 ω，其量纲为 $[\omega]=[1/t]=1/[t]$。显然，对本例的颤振模型，$K_\omega=\omega_m/\omega_p=1/K_t=2/5$，即如果风洞颤振试验得出的颤振频率是 15 Hz($\omega_m=15$ Hz)，则可换算出原型机翼的颤振频率为 $\omega_p=(2/5)\times\omega_m=(2/5)\times15$ Hz=6 Hz。

(3)按照计算原型机翼颤振速度时所取的空气密度，与风洞试验室内的空气密度，来选定密度的比例尺。假定计算原型机翼的颤振速度时是以海平面为基准的，而通常认为风洞试验室的空气密度也与海平面的相差无几(在实验室海拔高度不高的情况下，可以忽略其海拔高度引起的空气密度变化，这一点在工程实践中是可以接受的)，故本例中选定密度比例尺为 $K_\rho=\rho_m/\rho_p=1/1$。

由于 $[\rho]=[m/l^3]=[m]/[l]^3$，即 $[m]=[\rho][l]^3$，故本例中，质量比例尺可以确定为 $K_m=m_m/m_p=K_\rho K_l^3=(1/1)\times(1/10)^3=1/1\,000$。即如果原型机翼有一个质量为 1 500 kg 的外挂物，那么根据质量比例尺，可换算得出该外挂物的模型的质量是 1.5 kg。

综上所述，在进行低速风洞颤振模型的动力学相似设计时，可以选定长度、速度、密度作为基本比例尺来进行动力学相似模型设计。

根据前面的内容，在低速风洞颤振模型设计中，对于大展弦机翼这类细长型结构部件，一般不必采用全真动力学相似设计，通常采用所谓的梁式结构模型，即设计一根弹性梁结构来模拟原型机翼结构的刚度特性，而在特定的一些部位配置集中质量块，并将其刚性连接于梁上来进行机翼模型对原型机翼惯性特性的模拟。因此，下一步是设计确定机翼模型唯一的模拟刚度特性的受力件——翼梁结构。为了制造方便，该翼梁常采用截面参数沿展向变化的矩形截面梁。记它的宽度为 b，高度为 h（梁的长度已经在开始设计时确定为 1.0 m），按以下步骤来确定翼梁的截面几何参数。设计所需的原始数据是原型机翼截面的抗弯刚度 EI 和抗扭刚度 GJ（注意，此处将 EI、GJ 分别视为一个变量），二者量纲相同，都是

$$[EI]=[GJ]=[E][I]=([F]/[l]^2)[l]^4=[F][l]^2$$
$$=[m][a][l]^2=[m]([l]/[t]^2)[l]^2=[m][l]^3/[t]^2 \tag{12.4.3}$$

这里 $[F]$，$[a]$，$[t]$ 分别为力、加速度和时间的量纲。从而弯曲刚度的比例尺为

$$K_{EI}=(EI)_m/(EI)_p=K_m K_l^3/K_t^2 \tag{12.4.4}$$

对于本例

$$K_{EI}=(1/1\,000)(1/10)^3/(2/5)^2=1/160\,000 \tag{12.4.5}$$

同样，扭转刚度的比例尺为

$$K_{GJ}=(GJ)_m/(GJ)_p=1/160\,000 \tag{12.4.6}$$

由此看到，本例中的翼梁截面弯曲刚度、扭转刚度需按 1/160 000 的比例进行缩小，这样惊人的缩小比例，实际上对于低速风洞颤振动力学相似模型是带有普遍性的。由此也可以理解，为什么该机翼的颤振动力学相似模型要采用单梁结构来模拟机翼结构的刚度特性，若采用和原型结构形式完全一样的梁、长桁、翼肋和蒙皮组成相似的薄壁结构，如果其截面刚度要达到这样小的缩小比例，则其中某些结构元件根本无法加工制造。

对本例中所设计的机翼模型，假设原型机翼结构在翼根截面处的垂向弯曲刚度和扭转刚度分别为 $(EI)_p=11.30\times10^6$ kN·m² 和 $(GJ)_p=8.44\times10^6$ kN·m²，则按上述 1/160 000 的比例尺，应该有 $(EI)_m=70.625$ kN·m²，$(GJ)_m=52.75$ kN·m²。若采用硬铝材料来制造模型机翼的翼梁，根据材料力学知识，可计算出在翼根处模型机翼翼梁的矩形截面尺寸为：宽度 $b=12$ mm，高度 $h=10$ mm。

依此类推，可以沿展向确定出模型机翼的翼梁在若干个站位处矩形截面的宽度及高度。为了设计和制造上的方便，通常是把单梁设计成"阶梯梁"形式，即对翼梁进行分段设计，每一段称为一个节段，各节段内截面的尺寸相同，沿展向各节段的截面尺寸是变化的，根据原型机翼在各节段交界截面的弯曲刚度和扭转刚度数据，按缩比换算成机翼模型在各截面处的弯曲刚度和扭转刚度，再计算出模型机翼翼梁各矩形截面的尺寸，设计完成后，对各节段的截面尺

寸稍加修正,使其与原型机翼的结构柔度相同。最后画出翼梁的加工图纸进行加工,从而完成动力学相似模型机翼的刚度模拟设计。当然,实际中有时还需要模拟机翼剖面的面内弯曲刚度,一般需要在前述矩形截面基础上采用增加矩形截面凸缘的设计方法(十字梁),来保证在垂直平面内有要求的弯曲刚度和扭转刚度,而在机翼自身平面内有足够的弯曲刚度,以避免机翼的面内弯曲模态参与到颤振模态的耦合中而使风洞颤振模型试验的结果失真。具体做法可参考相关的文献。

下一步是对模型机翼的惯性分布进行设计。对于本例的模型机翼,其质量缩小比例尺是 1/1 000,比刚度的缩小比例尺(1/160 000)要大得多。这反映出来的物理事实是,机翼模型的结构骨架(翼梁以及如图 12.4.1 所示的随后要固定在翼梁上的维持气动外形的木质翼型盒段)一般都达不到模拟原型机翼惯性分布时应有的质量分布和量级要求(通常称模型是“欠重”的),从而需要附加配置所谓的配重来弥补(通常采用易于切割和改变外形的铅块)。图 12.4.2 所示为一个盒段的剖面示意图。假设该盒段模型各个惯性参数的值与它应具备的惯性参数值的差值分别为:盒段总质量 m'、对刚心的质量静矩 S'_a 和对刚心的转动惯量 I'_a,如果采用图 12.4.2 所示的前后两个配重的构型方案,为满足上述三个惯性特性的相似模拟,配重块应符合以下三个方程式,即

$$\left. \begin{array}{l} m_1 + m_2 = m' \\ -m_1 r_1 + m_2 r_2 = S'_a \\ m_1 r_1^2 + m_2 r_2^2 = I'_a \end{array} \right\} \tag{12.4.7}$$

式中,r_1,r_2 分别是两个配重块到翼梁截面中心(即翼剖面刚心)的距离。这样,上面三个方程中一共有四个未知数,因此必须要增加一个约束方程才能求解。这个约束条件就是配重块实际布置时的空间几何约束条件——考虑翼肋的实际弦长,配重块的位置不能超出翼弦长度的范围,即

$$r_1 + r_2 \leqslant l, \quad r_1 > 0, r_2 > 0 \tag{12.4.8}$$

对每一个盒段分别建立上面的方程,联立求解就可以确定待定参数 m_1,m_2,r_1,r_2,考虑到盒段翼肋的静强度,配重通常固定在盒段的中央加强肋上。

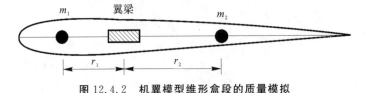

图 12.4.2　机翼模型维形盒段的质量模拟

到此为止,就完成了机翼风洞颤振试验的动力学相似模型的刚度模拟及惯性模拟设计。不可避免的是,通常这样设计出来的相似模型,其动力学特性与理论上根据原型机翼动力学特性按照相似比换算的动力学特性还会有一点差别。在冻结相似模型的设计图纸进行加工制造前,还需要在确定了用于制造翼梁、维形盒段的具体材料参数后,根据设计图纸,建立模型机翼的动力学有限元模型,计算出所关注频段内的机翼模型固有模态参数,与缩比模型理论上换算得到的固有模态参数进行对比,通过对缩比模型的设计参数进行适当的修正,使得用设计的动

力学相似模型计算得到的固有模态参数与直接用缩比尺计算的固有模态参数理论值(主要是感兴趣的各阶固有模态)的误差满足精度要求。对设计好的风洞颤振模型,还需要进行静强度校核,确定满足要求后,冻结设计图纸进行加工制造。在模型加工制造出来后,考虑到加工误差、装配误差和材料参数的分散性,还应该进行动力学相似模型的静变形测试及固有振动特性试验,以分别对模型的刚度特性和动力学特性作最后的检验。经确认无误后的机翼动力学相似模型,就可以用于进行风洞颤振试验。

12.4.4　小展弦比机翼模型设计问题

对于一些战斗机的小展弦比机翼,仅模拟展向剖面弯曲刚度 EI 和扭转刚度 GJ 的单梁式结构已经不能够准确模拟原型机翼的刚度分布特性,它们的风洞颤振试验模型一般要用梁架式结构来模拟其刚度分布特性。我国早期的梁架式结构风洞颤振试验模型是用于米格-19 这类飞机的三角形机翼的颤振模型设计,限于当时的技术水平,也仅是用梁架式结构来进行机翼根部三角区的刚度模拟。因为该类机翼原型的外翼部分仍是双梁双闭室薄壁工程梁结构(从结构力学的观点来看,其变形仍然是梁式结构弯曲与扭转变形的组合,按照结构力学的观点,依然可以用一个单梁结构来模拟外翼部分各个机翼截面的弯曲刚度 EI 和扭转刚度 GJ),故仍可以采用前述的单梁模型来模拟外翼部分的刚度分布。在机翼根部的三角区内,模型的承力件可以大体上按原型结构布局进行设计。同时,尽量选用试验段尺寸较大的风洞,从而动力学相似模型的长度比例尺可以取较大的值,使得在模型机翼根部三角区内的梁架式主承力元件按刚度比例缩小后能方便地制造出来。

通常对于一般小展弦比三角形机翼的飞机,其机翼颤振模型则应该完全用梁架构型来进行原型机翼结构的刚度模拟。只要能够按现行的加工工艺设计出来,一般可以采用整体铣切加工,或采用现代的 3D 打印制造工艺进行加工。

12.4.5　低速风洞颤振试验的其他问题

低速风洞颤振试验的过程,基本上就是逐级提高风洞的风速直至模型发生颤振为止。但在具体实施时,还有如下一些技术事项。

1.模型支撑设计

风洞颤振模型试验,除了模型设计及具体的吹风试验操作外,一个相关的技术问题是模型在风洞中的支持。对于机翼这种部件模型的风洞颤振试验,模型的支撑设计相对简单,除非试验任务对模型的支持有明确的要求,通常认为机身结构对机翼是一种固定支持,因此采用机翼模型根部固定支持在特制的夹具(模拟刚体机身)上这种支持方式。机翼模型可以采用水平放置和垂直放置两种方式,如图 12.4.3 所示。当然,在实际设计模型的支撑夹具时,还要考虑夹具对气流的扰动,通常是设计一个整流罩来减小夹具对气流的干扰。对于尾翼部件的颤振试验,如像在尾翼颤振计算中的要求,通常还要设计一个动力学相似的弹性后机身,组成尾段部件的动力学相似模型。通常根据机身模态振型,将后机身的端部截面取在低阶模态,如一阶弯曲模态的波腹位置,而风洞试验时将尾段模型的后机身端部固支在夹具上。

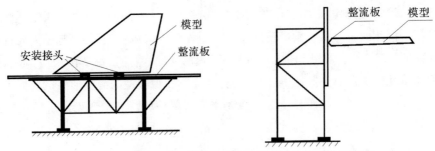

图 12.4.3   机翼部件的颤振模型在风洞中的支持方式示意图

而在做全机的风洞颤振模型试验时,全机颤振模型需要悬吊在风洞试验段中,在风洞中模拟飞机飞行时的无约束"自由-自由"状态的悬挂设施设计更是一个专门的技术问题。图 12.4.4 是全机低速颤振模型在风洞中悬吊支持的示意图。

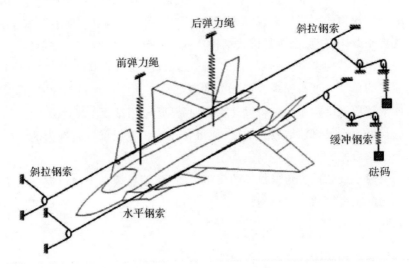

图 12.4.4   全机低速颤振模型在风洞中的悬吊支持示意图[15]

2. 模型(及风洞)的防护

实际进行风洞颤振模型试验时,还有一个具体的技术问题,即模型的保护措施。颤振是一种动不稳定现象,在物理上表现为结构的发散性振动,因此,一旦模型发生颤振,无论对试验模型本身还是对风洞设备,都有相当大的危害。如果模型因为颤振而发生破坏,模型的残骸会随气流高速飞向下游,撞击在直流式风洞的动力装置——风扇上,而对回流式风洞(大部分风洞是回流式),则残骸的对风洞的破坏性更大。因此进行颤振模型的风洞试验时,对颤振模型的防护是一个重要的环节。

对于低速风洞颤振试验,通常采用在模型上固定防护绳,模型发生颤振时,采取双向拉紧防护绳、同时对风洞紧急停车的方法来进行模型的防护(见图 12.4.5)。对于高速风洞颤振模型试验的模型防护措施则困难得多。具体防护方法视风洞和模型本身的条件制定,除风洞紧急停车的措施外,通常同时采取将模型快速抽出风洞或用防护装置快速卡紧模型等措施。

颤振模型防护是一个针对特定模型的一项具体技术措施。在进行模型风洞颤振试验时，可参考上述模型防护措施，举一反三，进行具体的防护措施设计。

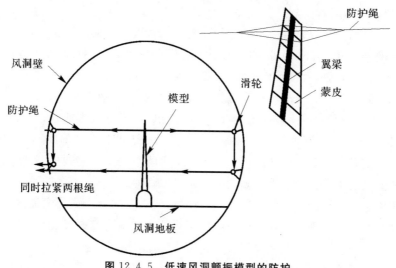

图 12.4.5　低速风洞颤振模型的防护

3. 模型的激励与响应信号测试

风洞颤振模型试验的第三个相关技术问题，是模型的激励和振动响应信号的测试问题。颤振实质上也是一种特殊的振动，因此，风洞颤振模型试验中的响应信号测试，与一般振动试验的响应信号测试方法基本相同。

对低速风洞颤振模型试验来说，一般可以连续增加风速，通过保护绳对模型施加初始扰动（轻轻拉紧模型防护绳中的一根，使模型有一个初始变形，然后突然放松，对模型施加阶跃扰动，或突然拉拽保护绳对模型施加脉冲扰动），同时逐级增加风速，直到模型发生颤振，同时拉紧两根保护绳，然后风洞停车，记录下发生颤振时的风速。但是，开展风洞颤振模型试验的目的，不仅仅是获得模型的颤振临界速度，还需要获得颤振频率、颤振模态等参数，这些参数无法通过人眼观测获得。因此，必须通过振动传感器来对颤振模型的响应信号进行记录，通过相应的信号处理和数据分析来获得这些参数。风洞颤振模型试验使用的传感器，一般为加速度计和应变计。对于单梁式模型，应变计通常预先粘贴在翼梁的根部部位，在制作模型时，将加速度计预埋安装在模型合适的位置上（通常是翼尖部位），传感器的导线从模型内部沿翼梁引出在根部汇集，留出接线头。对高速风洞颤振模型试验，对传感器的安装和振动信号的测试也是类似的。

12.5　高速风洞颤振模型试验

我国的《军用飞机结构强度规范　第 7 部分：气动弹性》（GJB 67.7A—2008）的条款"3.2.1.10其他跨声速气动弹性现象"规定："当升力面或飞机的其他构件暴露于激波诱发的分离气流中，或者处于其他跨声速飞行范围特有的气动弹性不稳定环境中，其设计应满足

3.2.1.1(颤振)和 3.2.1.2(气动伺服弹性)的要求。"

跨声速颤振与纯亚声速或纯超声速颤振的区别在于,跨声速颤振中有非定常气动力与定常平均气流的耦合作用。激波与气流分离的存在影响了非定常气动力从而影响颤振特性。因此,飞机姿态、操纵面变形、静气动弹性变形效应、雷诺数以及附面层转捩,都被认为可能潜在地影响跨声速颤振速度。虽然推荐使用模型试验,但在使用颤振模型来判定这些非线性效应时,对于试验是否能够准确模拟平均流场,需要加以注意。

当飞机的任何一个升力面处于跨声速流中时,可采用本条规范来指导设计。对跨声速颤振问题,目前在学术研究领域一般采用 CFD/CSD[①] 时域耦合分析方法进行数值仿真研究,同时也发展出了基于 CFD 的频域跨声速颤振计算方法。由于计算效率的原因,这些方法尚未在飞机设计的工程实践中得到广泛的应用。目前的飞机防颤振工程实践中,除了用第 7 章介绍的考虑跨声速效应的压缩性修正因子确定跨声速颤振临界速度外,更多的是通过风洞模型颤振试验和在跨声速范围内的飞行颤振试验,来研究激波诱发的升力面分离流振荡或其他有关的跨声速气动弹性不稳定现象。在进行跨声速风洞颤振试验研究时,风洞试验模型的尺度比(即模型尺寸与原型尺寸的比例)在风洞试验段尺寸允许的情况下要尽可能地大。风洞模型颤振试验和飞行颤振试验两者都要研究颤振系统的阻尼随攻角的变化趋势,在实际允许的情况下,攻角要尽可能地大。

高速风洞有暂冲式及增压连续式两种。目前,国内使用的高速风洞大都是暂冲式,西北工业大学于 2003 年建成了我国首座、亚洲最大的增压连续式跨声速风洞(见图 12.5.1)。图 12.5.2 是暂冲式跨声速风洞原理示意图,改变其第二喉道的形状,可以在试验段得到不同马赫数的气流。

图 12.5.1 我国首座增压连续式跨声速风洞

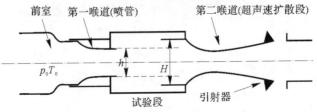

图 12.5.2 暂冲式跨声速风洞示意图

---

① CFD/CSD:计算流体力学/计算结构动力学,全称为 Computational Fluid Dynamics/Computational Structural Dynamics。

12.5.1　高速风洞颤振模型设计

高速风洞颤振模型也包括部件颤振模型和全机颤振模型,具体用哪种模型进行试验,应视飞行器颤振设计的任务要求和试验条件而定。高速风洞颤振模型设计时,首选的三个基本比例尺是:长度、密度及速压(注意对比:低速颤振模型设计时选的是速度),长度比按风洞试验段尺寸与原型(飞机或机翼)的尺寸来确定。密度比则按风洞中的空气密度及原型飞机飞行高度处的空气密度来确定。注意到在低速风洞颤振模型试验中,空气密度可以认为是不变的常数,但在高速风洞中的空气密度则是可以改变的,因此必须事先估计一下当试验中模型发生颤振时试验段内的空气密度。速压比则根据风洞前室驻点压力 p_0 可达到的限度,与原型飞机计算获得的颤振速压来定。选取速压比例尺有两种方法:一是根据原型飞机的实际颤振速压,使模型的颤振发生在风洞速压带的中点附近。用这种方法确定速压比,可以通过试验得到更多的颤振点,在变参数研究时能够得到一条较完整的结果曲线。其缺点是,如果飞机的颤振速压较高,则速压比例尺 q_m/q_p 就只能取得很低,例如 0.2～0.3,从而使得颤振模型结构受力件的尺寸太小,制造困难。第二种方法是考虑到现代战斗机的颤振设计点通常为低空跨声速区($H=0,Ma\approx1$),按海平面的空气密度及声速值,可以按常规工程颤振速度计算方法,估算出此时的速压约为 75 kN/m²,再计及安全系数 1.32[＝1.15(颤振安全系数)×1.15(跨声速修正系数)],则要求飞机的颤振速压不小于 99 kN/m²。若取 $q_m/q_p＝0.5$,则只要通过风洞颤振模型试验验证出颤振模型在速压 49.5 kN/m² 以下不发生颤振,就可以认为该型飞机满足设计要求。此法的优点是速压比大,模型容易制造。其缺点是得到的颤振试验点少,一般用于型号飞机的验证性模型颤振试验,若进行变参数研究,不易得到完整的变参数结果曲线。

进行高速风洞颤振模型(以下简称"高速模型")设计时,应使高速模型的马赫数 Ma_m 与原型的马赫数 Ma_p 相同。如果只用一个高速模型来模拟一定的飞行马赫数范围,就要求风洞不仅其 p_0 可以调整,而且 T_0 也可以调整。如果 T_0 不能调整,模型的密度必须可以调整,这也就是说必须准备一套大小相同,而质量不同的考虑不同设计状态的多个模型。(由于经济上的考虑,实际工作中,此法很少采用。)

高速风洞颤振模型的设计方法有全结构相似法("全真"动力学相似模型)和准结构相似法(畸变动力学相似模型)。如前所述,全结构相似就是把真实原型结构上的每一个受力构件按选定的几何比例尺逐一缩比下来,即原型结构在某一处有一根梁或肋,则在模型上的对应位置上也布置一根梁或肋,同时蒙皮也按比例尺进行缩比。如果机翼内部有油箱,则油箱结构也全部模拟,并通过注入燃油或密度相同的液体来模拟燃油分布。全结构相似模型能够精确反映真实结构动力学特性和颤振特性,但相应地也带来了结构设计复杂性和加工的困难性,而且有造价高、加工周期长等问题。此外,考虑到制造工艺可行性,如果模型的几何比例尺较大,还需要使用大尺寸试验段的风洞(风洞试验段尺寸小,相应地模型的长度比例尺就太小,实际上无法制造全结构相似的缩比模型),这些问题都限制了全结构相似缩比模型在高速风洞颤振模型设计中的应用。而准结构相似模型(部分相似模型)参照真实结构的布置将部分受力形式相同的结构等效合并后再进行缩比,也可将部分梁肋的承载能力折算到蒙皮上以减少模型中梁肋的数量。内部装载可以用填充适当密度的泡沫塑料来模拟。准结构相似模型既能较好地反映真实结构的动态特性和颤振特性,又能使模型的设计和加工简单、易行。

可见,高速风洞颤振模型试验比低速风洞颤振模型试验困难得多。汇总其主要原因如下:

(1)高速风洞的试验段尺寸一般比低速风洞试验段尺寸小得多。

(2)模型的静强度问题更加突出,因为它要承受风洞启动时冲击气流的作用,模型保护系统必须细心设计。

(3)如果是在暂冲式高速风洞中试验,则因气流持续时间非常短暂,必须采用合适的数据采集处理及颤振识别系统。如果条件允许,可以在增压连续式高速风洞中进行模型颤振试验,则试验的响应数据采集要方便得多,但对颤振模型设计的要求是相同的。

12.5.2 高速风洞颤振模型试验的"密度修正"方法

高速风洞颤振模型试验的进程是,对某一个试验马赫数,逐级增加前室驻点压力,直到模型发生颤振为止。如前所述,这时风洞试验段的空气密度很大程度上不会是模型设计时所估计的值,通常高速模型还会出现超重情况,因此,由这个点还不能直接用来按速压比例尺换算成原型飞机尺度的颤振速压。工程中通常采用所谓的"密度修正"方法来获得可供设计使用的颤振速压。

我们用一个模型超重的例子来说明"密度修正"方法的具体实施。假设我们要考察的原型飞机是在 $H=5\,000\,\text{m}$ 的高度飞行,该处的空气密度为 $\rho_p=0.75\,\text{kg/m}^3$,设计初期希望在马赫数 $Ma=0.8$、风洞试验段当地空气密度为 $\rho_m=1.5\,\text{kg/m}^3$ 时模型发生颤振,得到的模型颤振速压为 $(q_F)_m$,故暂取密度比例尺为 $\rho_m/\rho_p=1.5:0.75=2:1$。但是在高速风洞颤振模型制作出来后,往往发现是超重的(现在采用复合材料制作模型,有时也能使模型不超重,视具体模型而定),例如,假设模型超重 25%(即超重比为 1.25),那么就把密度比例尺乘以超重比,将其修改为 $\rho_m/\rho_p=2\times1.25=2.5$,由于 ρ_p 已经设定为 $5\,000\text{m}$ 高空的 $0.75\,\text{kg/m}^3$,故希望试验中颤振发生时的 ρ_m 等于 $2.5\times0.75=1.875\,\text{kg/m}^3$。但一般情况下,当颤振发生时,$Ma=0.8$,但当地气流密度不会正好是 $1.875\,\text{kg/m}^3$。如果试验中实测的气流密度是 $\rho=2.0\,\text{kg/m}^3$,现在就取 $Ma=0.8$,$\rho=2.0\,\text{kg/m}^3$,用基于偶极子网格法的气动力计算方法和频域颤振求解方法算出一个模型颤振速压 $(q_m)_{2.0}$;又取 $Ma=0.8$,$\rho=1.875\,\text{kg/m}^3$,再算出一个颤振速压 $(q_m)_{1.875}$,这两个颤振速压理论计算值的比

$$(q_m)_{1.875}/(q_m)_{2.0}=f_\rho \qquad\qquad (12.5.1)$$

其中,f_ρ 就是所谓的"密度修正因子"。然后,把实测出来的模型颤振速压 $(q_F)_m$ 乘以密度修正

因子 f_ρ，就得到密度修正后的模型颤振速压 $(\widetilde{q}_F)_m$，即

$$(\widetilde{q}_F)_m = (q_F)_m f_\rho \tag{12.5.2}$$

考虑到加工出的模型对应的实际比例尺与设计时使用的比例尺的偏离，需要将 $(\widetilde{q}_F)_m$ 再除以修正后的速压比例尺 $(K_q)_{修正}$，就是可供原型飞机设计使用的颤振速压值 $(q_F)_p$：

$$(q_F)_p = (\widetilde{q}_F)_m / (K_q)_{修正} \tag{12.5.3}$$

下面具体介绍 $(K_q)_{修正}$ 的工程计算方法。

模型加工生产完毕，需通过一系列试验，比如称重、地面振动试验等，校核该模型与设计目标的符合性。一般情况下模型重量、固有振动频率与设计要求相比较，会出现不同程度的偏离。因此，对大多数设计时使用的比例尺，必须要用工程方法进行修正。速压比例尺的修正公式为

$$(K_q)_{修正} = (K_q)_{设计} \left[(K_m)_{修正} / (K_m)_{设计}\right] \left[(K_\omega)_{修正} / (K_\omega)_{设计}\right]^2 \tag{12.5.4}$$

其中，修正的质量比例尺 $(K_m)_{修正}$ 通过模型称重的质量除以原型的目标质量换算得到；修正的频率比例尺 $(K_\omega)_{修正}$ 通过模型 GVT 得到的主要模态(参与颤振耦合的)频率均值与原型的目标频率均值之比换算。

12.6　飞行颤振试验

飞机的飞行颤振试验又简称为"颤振试飞"。颤振试飞时采用准确有效的方法判别颤振稳定性边界，谨慎、逐步地进行飞机的速度包线扩展，保证试飞安全顺利进行，最终满足国军标对颤振的要求(对于军用飞机)或适航符合性对颤振的要求(对于民用飞机)。我国的《军用飞机结构强度规范　第 7 部分：气动弹性》(GJB 67.7A—2008)在 4.3 节"飞行试验"中要求："*应进行飞行颤振试验以证实飞机没有气动弹性不稳定性(包括持续有限幅值振荡)，并在直至规定的飞行状态的限制速度下具有满足 3.2.1.1 要求的阻尼余量。应该用飞行颤振试验结果来证实分析的设计数据，并应连同计算和地面试验结果确证已经满足 3.2.1.1 的气动弹性要求。对带飞行控制增稳系统的飞机，应进行气动伺服弹性稳定性飞行试验，以验证在整个规定的飞行限制速度包线范围内，所有临界构形都无任何气动伺服弹性不稳定性。*"

气动弹性稳定性飞行试验应在理论计算、模型风洞试验、地面刚度和振动试验之后进行。它主要是用来证实，在**飞行包线内**的不同飞行情况下：飞机不会发生气动弹性不稳定性，在**直至规定的限制速度下**具有满足要求的阻尼和系统稳定裕度。用飞行试验结果来证实分析的设计数据，并连同计算和地面试验结果来确证已经满足气动弹性稳定性要求。《军用飞机结构强度规范　第 7 部分：气动弹性》(GJB 67.7A—2008)中还对用于飞行试验的飞机和试验设备做出了相应的规定，特别是对飞行颤振试验状态给出了指导性意见："*飞行试验应以由马赫数和高度预先确定的试验点上得到的试验数据，按规定的风险度逐渐提高的顺序进行。试验点应按如下方式选择：即在等高度条件下，应以安全的适当增量逐渐增加马赫数，直至限制速度。*

应选择三个或三个以上高度用下降顺序来试验,其中包括按照限制速度包线、能达到最大设计马赫数的最低高度、开始出现跨声速效应的最低高度和能达到最大设计动压的最低高度。对于某些形式的操纵面,应考虑在高高度进行飞行试验。同时,在选取最低飞行高度时,应考虑飞行员与飞机的安全。试验应以安全的适当增量进行,并在数据分析确定进一步飞行的安全性之后再向外扩展。"

　　由于显而易见的人身安全因素,飞行颤振试验进行的过程与风洞颤振模型试验过程完全不同。飞行颤振试验从来不会试图逐步提高飞行速度(或速压)直到进入颤振状态,而只会是保持在颤振前(亚临界颤振)的状态下,测量亚临界状态下飞机结构振动的模态频率及振动衰减率,小心谨慎地(往往在地面监测人员的指导下)逐步提高飞行速度(或速压),并且总是与设计的速度包线保持足够的距离。在进行飞行颤振试验前,必须获得足够准确的颤振设计数据(计算结果和风洞试验的结果),这样使得进行飞行颤振试验的试飞员对在这种风险试飞科目中将会遭遇到的潜在危险点有预先的认识。典型的飞行颤振试验测控系统图 12.6.1 所示。

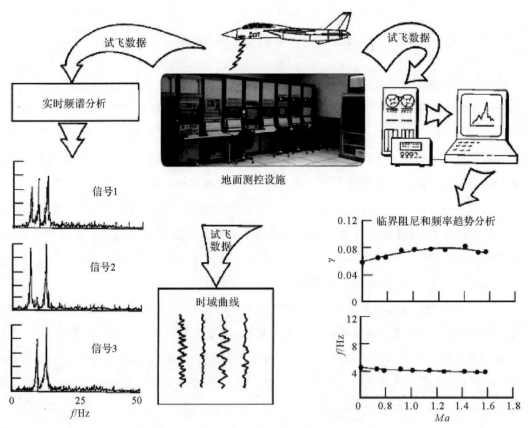

图 12.6.1　典型的飞行颤振试验测控系统

典型飞行颤振试验工况如图 12.6.2 所示。

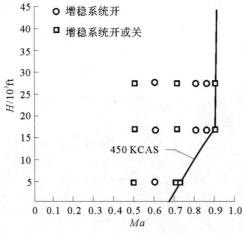

图 12.6.2　典型的飞行颤振试验工况

在飞行颤振试验监控中,需要通过准确、可靠的模态参数识别方法获得飞机结构模态的频率和阻尼。飞行颤振试验有两个对试验测试不利的特点,即测量信号的低信噪比和高密集型的频谱,这对试验结果的信号分析与数据处理带来困难。

飞机在大气中以大速度飞行时存在气流扰动的影响,测试数据存在较大的噪声,因此其模态参数难以准确获得。通常需要采用合理的激励技术和信号分析技术,识别获得飞机结构模态频率和阻尼。若激励能量不足,则得不到准确的模态数据结果;若激励能量太大,有可能损坏飞机结构,影响飞行安全。

现将颤振试飞中一些有关技术问题简要介绍如下。

1. 激励方法

对试验用的飞机在飞行中予以特定的激励,然后记录并分析其在激励作用下的瞬态响应或强迫响应。

(1)冲击式激励。用专门设计制造的小火箭对飞机进行冲击激励,或用敲击驾驶杆的方式对操纵面施加冲击激励,测试飞机结构在冲击激励下的瞬态响应。这种激励方法的优点是,不需要对飞机进行专门的改装。

(2)大气紊流激励。利用大气中自然的紊流扰动,对飞机结构进行持续的激励,测试飞机结构在紊流激励下的响应。这种激励方式的优点同样是不需要对飞机结构进行改装,也不需要试飞员对激励装置进行操作。

以上两种激励,都需要有准确有效的数据处理软件,由记录数据中提取各模态的频率及振动衰减率信息。特别是利用大气紊流激励的颤振试飞,对这种激励下测试的信号进行数据处理,需要先进的信号分析和数据处理方法以及模态参数识别手段。

(3)简谐激励。旋转偏心轮是颤振试飞时常用的简谐激励装置,因为需要对飞机进行改装,需要机翼有较大的安装空间,通常用于大型飞机的颤振试飞激励。对于较大型的飞机也常常采用安装于翼梢处、能做简谐振动的小翼面，产生简谐气动力来对飞机进行激励（见图 12.6.3）。简谐激励装置的优点是，产生的稳态响应具有较高的信噪比，但因为要逐个激出与颤振耦合相关的各个模态，需用较长的试飞测试时间。飞行颤振试验与地面振动试验相比，由于经济性考虑，前者对缩短试验时间的要求更为迫切。

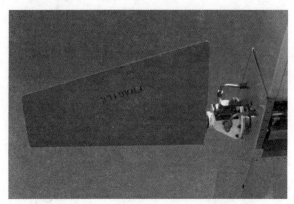

图 12.6.3　飞行颤振试验的翼梢激振小翼

（4）扫频激励。扫频激励又叫正弦扫频激励，即施加正弦激励的频率是连续变化的，扫频激励的频率范围覆盖所关心的各模态频率，因此可以一次激励出所有关心的模态。用旋转偏心轮和振动小翼面都可以进行扫频激励，其测试时间显然比简谐激励的短，但扫频速度越高，则响应信号的信噪比也会越低。

（5）其他激励方式。除了上述常规的颤振试飞激励方式外，从原理上来讲，凡是能够在机翼上安装并产生可控激振力的激励方式，都可以用于颤振试飞激励。例如，已经得到应用的称为带旋转开缝圆筒的固定小翼激励技术，其原理图如图 12.6.4 所示。在一个固定的小翼面后缘有一个带展向开缝的旋转圆筒，当圆筒以某个转速转动时，引起小翼面上流场的简谐变化，从而产生简谐非定常空气动力就可以对机翼进行激励。控制圆筒转速，就可以产生所需的简谐激励或扫频激励。各种颤振试飞的激励技术特点对比见表 12.6.1。

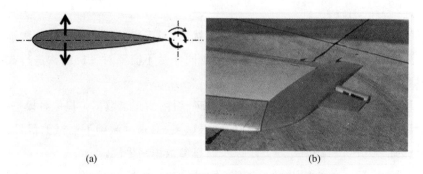

(a)　　　　　　　　　　　　　　(b)

图 12.6.4　带开缝旋转圆筒的固定小翼颤振激励器

(a)带开缝旋转圆筒固定小翼原理图；(b)在飞行颤振试验飞机的翼梢上安装情况

表 12.6.1　颤振试飞的各种激励技术对比

类型	脉冲激励		扫频激励				随机激励
方法	操纵面激励	小火箭激励	操纵面激励	偏心惯性激励	气动振荡小翼激励	开缝旋转圆筒固定小翼	大气紊流激励
激励原理	驾驶员脉冲激励驾驶杆(盘)使操纵面产生突发运动进行激励	固体火箭的燃料爆炸燃烧,喷射产生的反作用力对结构进行激励	激励信号加入飞行控制系统,通过飞行控制系统驱动操纵面振荡,产生气动激励	利用旋转系统的不平衡质量产生的惯性力对结构施加激励	采用安装在机翼翼面的独立小翼,将激励信号通过伺服驱动机构,使小翼振荡,作用其上的空气动力产生激励	信号通过伺服机构驱动开缝圆筒转动,在固定小翼上产生气动力进行激励	利用大气紊流对飞机进行激励
优点	激励频率可小于 10 Hz,不需要额外的激励装置,激发的瞬态响应容易分析稳定性,脉冲短,一个试验点可进行多次	装置简单,质量轻,改装容易,不影响飞机的模态特性,激发的瞬态响应容易分析稳定性,脉冲短,一个试验点可进行多次,高频特性好	不影响飞机颤振特性,可重复使用,无需改装,激励频带较宽,易于进行同相或反相激励	不影响飞机气动外形,易于进行同相或反相激励,可重复使用,激励频带较宽	激励频率、幅值可控,易于进行同相或反相激励,可重复使用,激励频带较宽,对模态可提供足够激励	能量要求低,与飞机交连接口少,激励频带较宽,激励位置可设计,具有气动小翼激励的优点	不需要改装飞机,不需要任何附加设备
缺点	信号可重复性差,激励频率受人体生理条件限制,能量有限	难于同相或反相激励,不能重复使用,小火箭通常要定制,激励能量有限	频率响应受操纵面助力器限制,高频激励效果差	低频能量有限,高频能量容易太大,附加质量可能对模态有一定影响	有附加质量,对机翼、安定面尖部的气流会产生影响,所需驱动能量较大	有附加质量,对机翼、安定面梢部的气流会产生影响	激励能量较低且不可控,高频效果差,信噪比较低

2.数据采集

飞行颤振试验中的试验数据采集一般是采用遥测技术,安装在颤振试飞飞机上的振动加速度传感器和应变传感器采集到结构振动响应信号后,这些数据通过遥测设备传输到颤振试飞的地面测试控制中心,测试的信号经过地面人员的实时分析,识别出模态频率及振动衰减率并立刻将指令送回给机上试飞员,告诉试飞员下一步应该做什么(例如提高或降低飞行速压)以及如何做。如图 12.6.5 所示,给出了一架喷气式客机上进行颤振试飞时的传感器布置的示意图。

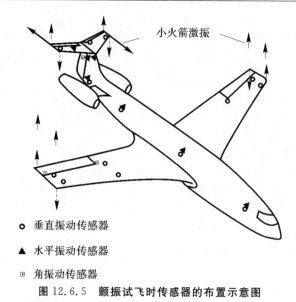

○ 垂直振动传感器

▲ 水平振动传感器

⊡ 角振动传感器

图 12.6.5　颤振试飞时传感器的布置示意图

3. 数据处理

颤振试飞中采用实时频谱分析监控重要模态的信号变化,通常对颤振耦合的关键模态,如机翼弯曲模态和扭转模态,需要监控其频率重合(接近)趋势。颤振试飞中通过专用软件识别得到重要模态的频率和阻尼。绘制速度-频率曲线、速度-阻尼曲线,根据阻尼的变化趋势,参考颤振特性的理论分析结果,确定飞机的颤振裕度。同时需要了解试飞员对飞机的操纵和振动评价,以及全面了解飞机的飞行特性,确保飞行安全。

颤振试飞所用的数据处理软件的质量及数据处理效率,对颤振试飞工作起到非常重要的作用,尤其是对于那些采用大气紊流这种随机方式激励的颤振试飞来说,更是如此。数据处理软件的核心功能,就是根据飞行状态下测试的响应数据对飞机结构模态参数(模态频率和模态阻尼因子或运动衰减率)的辨识,然后按照某种颤振边界预测技术,预测出颤振临界速压(颤振试飞工程中,通常采用速压而不是速度,这是因为用速压参数不必考虑飞行高度这个参数),或由颤振试飞技术人员根据识别的模态阻尼因子随速压变化的曲线走势,判定下一步可以达到的飞行速压,实时告知试飞员,以保证安全地逐步扩展飞行包线。

4. 临界颤振点的确定

在用飞机的操纵面对飞机进行扫频激励时,可进行对称或反对称正弦扫频或恒频激励。用副翼可以激励出全机反对称模态、用升降舵可以激励出全机对称模态、用方向舵可以激励全机反对称模态。扫频方式中,线性扫频在 $0\sim10\ \mathrm{Hz}$ 范围内效率较高,对数扫频在 $10\sim40\ \mathrm{Hz}$ 范围内效率较高;恒频激励通常针对颤振关键模态进行扫频,激励时间通常在 $3\sim5\ \mathrm{s}$。对大型飞机,操纵面脉冲激励可以激励出 $5\mathrm{Hz}$ 以下的低频模态,由于颤振主要是低阶模态间的耦合,因此操纵面激励通常可以满足大型飞机颤振试飞的激励需要。颤振试飞扩展包线时,试验点顺序可以根据等高度方法或等马赫数方法进行。通常依据从大高度到小高度、从小速压到大速压的原则安排颤振试验点,并且根据颤振试飞测试结果,参考分析结果综合判断颤振安全性,制定试飞计划。颤振试飞时对每个试验点的加速度传感器数据和应变传感器数据进行实时的分析和确认,保证颤振试飞安全。在掌握准确、可信的模态数据的前提下,对比分析结果,采用阻尼因子(衰减率)随速压变化曲线外推法或其他预测方法获得颤振边界和颤振裕度。

　　临界颤振点(临界颤振速压)将由所获取的运动衰减率数据,按某种外推办法推算出来。因此,这个外推结果一般只具有参考意义。但在设计包线内,飞机是否颤振安全,颤振试飞结果是可以给出可靠信息的。典型的颤振临界速压(颤振临界马赫数)外推结果如图 12.6.6所示。

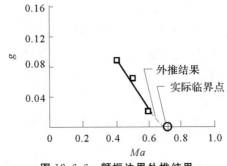

图 12.6.6　颤振边界外推结果

　　至此,对有关防颤振设计的一般步骤、强度规范和试验工作进行了简要的介绍。分析和试验工作在飞机防颤振设计中具有重要地位,在工程实践中必须依据相关规范开展工作。

思考题

1.飞机设计中,防颤振设计的一般步骤是什么?

2.飞机结构强度规范中,对颤振设计做出了哪两方面的余量规定?

4.飞机颤振分析中,为什么要进行全机地面共振试验? 地面共振试验的结果有何用途?

5.飞机防颤振设计中,除了颤振计算分析、风洞颤振模型试验,还需要做什么试验工作?这些工作中有哪些风险因素?

参考文献

[1] 管德.飞机气动弹性力学手册[M].北京:航空工业出版社,1994.

[2] 军用飞机结构强度规范编写组.军用飞机结构强度规范　第 7 部分:气动弹性:GJB 67.7A—2008 [S].北京:总装备部军标出版发行部,2008.

[3] FAA. FAR Part 25:Airworthiness Standards:Transport Category Airplanes [S]. Washington,D. C.:FAA,2011.

[4] 管德.气动弹性试验[M].北京:北京航空学院,1986.

[5] 李德葆.实验模态分析及其应用[M].北京:科学出版社,2001.

[6] 邹滋祥.相似理论在叶轮机械模型研究中的应用[M].北京:科学出版社,1984.

［7］ 赵德玉. 全机跨音速颤振风洞试验方法介绍［C］. 第七届全国空气弹性学术交流会论文集. 湖州：中国空气动力学会，2001：28-33.

［8］ POTOTZKY A S. Scaling Laws Applied to a Modal Formulation of the Aeroservoelastic Equations ［C］// 43rd AIAA Structure，Structural Dynamics，and Materials Conference. Denver，Colorado：AIAA，2002：1 − 11.

［9］ JORDAN T L，HUTCHINSON M A，WATKINS V E，et al. National Aeronautics and Space Administration Langley Research Center's Design Criteria for Small Unmanned Aerial Vehicle Development［R］. VA：National Aeronautics and Space Administration，Langley Research Center，2007.

［10］ 钱卫，吴江鹏，赵铁铭，等. 颤振风洞试验中结构相似动力学模型的设计［C］//首届全国航空航天领域中的力学问题学术研讨会. 成都：中国力学学会，2004：153 − 156.

［11］ KEHOE M W. A Historical Overview of Flight Flutter Testing：NASA Technical Memorandum 4720 ［R］. CA：NASA，1995.

［12］ 李秋彦，陈国平，杨智春. 带飞行控制系统飞机颤振试飞的结构动响应研究［J］. 机械科学与技术，2007，26(9)：1163 − 1166.

［13］ 霍幸莉，田福礼，裴承鸣. 环境激励下运输类飞机颤振试飞技术研究［J］. 强度与环境，2011，38(1)：24 − 27.

［14］ 杨飞，梁技，章俊杰，等. 现代民用飞机颤振试飞适航验证的关键技术［J］. 航空科学技术，2012(5)：22 − 25.

［15］ 李秋彦，李刚，魏洋天，等. 先进战斗机气动弹性设计技术［J］. 航空学报，2020，41(5)：1 − 29.